플로팅 건축, 새로운 건축 패러다임

Floating Architecture as a New Building Paradigm

문창호 지음
Moon, Chang Ho

플로팅 건축,
새로운 건축 패러다임

Floating Architecture
as a New Building Paradigm

CONTENTS

008	요약(국문 요약 / Abstract)
012	들어가는 말(Prologue)

제1부 | 플로팅 건축 계획
Planning of Floating Architecture

018	1. 플로팅 건축의 종류
021	2. 플로팅 건축의 함체와 계류
023	3. 플로팅 건축의 역사와 현황
028	4. 플로팅 건축의 지속가능성
033	5. 플로팅 건축의 법적 지위
037	6. 플로팅 건축의 현황과 전망

제2부 | 플로팅 건축 사례
Realized Floating Architectures

052 Australia
- R_AU_01   Four Season Hotel

058 Austria
- R_AUS_01   Floating Cafe_Murinsel

063 Canada
- R_CA_01   Riversbend Floating Homes
- R_CA_02   Richmond Marina
- R_CA_03   Ladner Reach Marina
- R_CA_04   Fort Langley Residential Marina
- R_CA_05   Sea Village
- R_CA_06   Floating Cottage Prefab on Lake Huron
- R_CA_07   UBC Boathouse
- R_CA_08   Floating Dining Room

106 Germany
- R_D_01   Floating Homes in Hamburg
- R_D_02   KAI 10
- R_D_03   IBA Dock
- R_D_04   AR-CHE Aqua Floathome

130	**Finland**	
	R_FS_01	Arctia Headquarters
135	**Italy**	
	R_I_01	Floating Off-grid Greenhouse
139	**Japan**	
	R_JP_01	Aquapolis
	R_JP_02	Sakaigahama Marine Park Aquarium
	R_JP_03	Floating Pier
	R_JP_04	Waterline Floating Restaurant
158	**Korea**	
	R_KR_01	Floating Stage
	R_KR_02	Seoul Floating Islands
	R_KR_03	Seoul Marina
172	**Netherlands**	
	R_NL_01	Floating Homes in GoudenKust
	R_NL_02	Floating Homes in Terwijde
	R_NL_03	Floating Pavilion
	R_NL_04	Floating Houses in IJburg
	R_NL_05	Autark Home
	R_NL_06	Floating Homes in Lelystad
199	**Nigeria**	
	R_NIG_01	Makoko Floating School
204	**Norway**	
	R_N_01	Floating Sauna

207	**Singapore**	
	R_SIN_01	Floating Stadium
211	**Sweden**	
	R_S_01	Näckros Villa
	R_S_02	Floating Hotel 'Salt and Sill'
222	**Tanzania**	
	R_TAN_01	Manta Resort Underwater Hotel Room
228	**Thailand**	
	R_THA_01	River Kwai Jungle Rafts
	R_THA_02	The FloatHouse River Kwai Resort
237	**UK**	
	R_UK_01	Brockholes Visitor Center
	R_UK_02	The Egg Home
246	**USA**	
	R_USA_01	Oregon Yacht Club
	R_USA_02	Sea Village Marina
	R_USA_03	Tenas Chuck Moorage
	R_USA_04	Jantzen Beach Moorage
	R_USA_05	Ducks Moorage LLC
	R_USA_06	Fennell Floating House
	R_USA_07	Coastal Floating Home
	R_USA_08	Lake Erie Floating Homes
	R_USA_09	Island Cove Floating Home Moorage
	R_USA_10	Newport Seafood Grill
	R_USA_11	Lake Union Floating Home
	R_USA_12	The Float House
	R_USA_13	Cottonwood Cove Marina
	R_USA_14	Villiot Float Home

제3부 | 플로팅 건축 계획안 사례
Planned Floating Architectures

330 **Czech**
    P_CZE_01   Floating Pool

334 **Hong Kong**
    P_HK_01   Floating Cemetery

338 **Japan**
    P_JP_01   Marine City
    P_JP_02   Triton City
    P_JP_03   Green Float

347 **Mexico**
    P_MEX_01   Floating Hotel_Maya

350 **Qatar**
    P_QAT_01   Floating Stadium

355 **Russia**
    P_RUS_01   Anaklia
    P_RUS_02   The Ark

362 **UAE**
    P_UAE_01   Floating Hotel
    P_UAE_02   Floating Mosque

367 **UK**
    P_UK_01   WaterNest 100

372   맺는 말(Epilogue)
375   참고자료(References)
386   플로팅 건축 연표(Chronology of Floating Architecture)
388   플로팅 건축 위치도(Location Map of Floating Architecture)

요 약
Abstract

| 국문 요약 |

평소 건축과 도시를 연구하고 교육함에 있어서 대학이 위치한 지역의 특성화를 추구할 필요가 있다고 생각하고 있다. 건축과 관련하여 군산 지역의 여건을 살펴보면, 근대 역사문화도시라는 역사적인 측면과 바다, 강, 호수가 있는 물의 도시라는 자연 환경적 측면이 있다. 군산대 건축공학과는 후자인 물과 관련된 건축 특성화에 관심을 두고 추진해왔다.

군산대 건축과는 교육과학기술부 지원을 받아서 2004년부터 5년간 NURI(New University for Regional Innovation)라는 교육사업을 통하여 '수해양건축'을 주제로 학부생을 대상으로 교육특성화를 시행하였다. 이 특성화된 교육사업을 시행하는 과정에서 물과 관련된 건축의 가능성을 발견하였다.

교육사업의 많은 성과를 바탕으로, 국토교통과학기술진흥원에 플로팅 건축 관련 연구개발 과제를 신청하여, 2010년 12월 지역혁신과제로 선정되었다. 군산대, 한국해양대, 전남대 등 3개 대학, 15명의 교수진, 10여 개 산업체가 협동하면서 플로팅 건축 연구를 진행해오고 있다.

필자는 전공이 건축 계획/설계이기 때문에 참고자료를 수집하기 위하여, 연구기간 여름방학을 이용하여 최대한 해외 플로팅 건축을 답사하고자 노력하였다. 2011년 유럽지역, 2012년 미국 및 캐나다 서부지역, 2013년 미국 동부 및 북부지역의 주요 플로팅 건축 현장을 둘러보았다.

이러한 건축 답사를 통하여 축적한 자료가 이 책을 쓰는 계기가 되었다. 그간 이론적으로 연구한 결과를 정리하여 '플로팅 건축 계획', 신축되어 사용되고 있거나 폐기된 건축물의 개요를 정리하여 '플로팅 건축 사례(17개국 53개 사례)', 계획안으로 제시된 것을 정리하여 '플로팅 건축 계획안 사례(8개국 12개 사례)' 등으로 주요 내용을 구성하였다.

    나는 지난 5년간 플로팅 건축에 관심을 갖고 연구해오면서, 새로운 건축 유형에 접하게 되어 힘들었지만 행복한 시간을 보냈다. 플로팅 건축은 기후변화에 따른 해수면 상승으로 인하여 세계적으로 관심이 증대되고 있는 건축 유형이다. 또한 지속가능성 측면에서도 플로팅 건축이 육지의 일반 건축보다는 유리한 측면이 많다. 기본적으로 환경적/경제적 측면의 지속가능성은 물론이고, 특히 자연과 가까이 하면서 편안하고 평화로운 분위기를 갖는 플로팅 건축은 사회/정신적 측면의 지속가능성도 매우 높다고 볼 수 있다.

    아직 플로팅 건축을 낯설게 느끼는 사람이 많고, 땅도 많은데 왜 물에 건물을 지어야 하는가 하는 의문을 제기하기도 한다. 또한 육상의 건축에 비하여 플로팅 건축의 경제성은 높은가 하고 묻는 사람도 있다. 여러 가지 측면에서 플로팅 건축의 가능성과 타당성에 대하여 토론하고 알릴 필요가 있다.

    우리나라의 경우 서울 한강에 설치된 세빛섬이나 서울 마리나와 같은 플로팅 건축이 상업적인 용도에 한정되고 있으나, 좀 더 건축의 본질적인 측면을 고려한다면 주거 건축, 사무소 건축, 공공 건축, 레저시설 등 다양한 용도의 도입도 적극적으로 검토해야 할 것이다.

    앞으로 우리 플로팅건축연구단의 연구 성과가 초석이 되어, 우리나라의 강, 바다, 호수 등 곳곳에 다수의 플로팅 건축이 건립되고, 많은 사람들이 일상적으로 이를 즐기는 상황을 상상해본다. 더 나아가 이러한 경험을 바탕으로 우리 기업이 해외시장에도 진출하여 중요한 역할을 할 날이 올 것으로 기대한다.

| Abstract |

Research and education of architecture/urban need to be related with the characteristics of the region where the University is located. To review the regional condition in terms of architecture, Kunsan is a modern historical & cultural city from historical point and a water city with sea, river and lake from natural environment point. The author and the department of architecture and building engineering in Kunsan National University has been focusing on the research and education of water related architectural issues.

Through the NURI(New University for Regional Innovation) education project(2004~2009) supported by the Ministry of Education and Science, specialized education program for aqua and ocean architecture was developed and offered to the undergraduate students. The possibilities of architecture with water was recognized with a lot of outcomes in the process of specialized education project.

Based on this achievement, the research & development project on the floating architecture was applied to the Korea Agency for Infrastructure Technology Advancement and selected as a regional innovation project in December 2010. The research and development of floating architecture has been proceeded under the collaboration with 15 professors from 3 Universities and 10 related industries.

The author visited to explore a number of existing floating architectures of European countries in 2011, West part of Canada and USA in 2012, and East/North part of USA in 2013 in order to refer the planning and design of architecture.

This book is motivated from these visits. In this book, main contents are consisted of "Planning of floating architecture" from the essays and theoretical studies, "Realized floating architectures" from the built examples(53 floating buildings from 17 countries) which are in use or used, and "Planned floating architectures" from the proposed examples(12 floating buildings from 17 countries).

Last 5 years studying on a new type of architecture was a great pleasure for the author. Floating architecture is a new typology of building with increasing interests all over the world according to the climate change. Floating building on water has many advantageous respects comparing with common buildings on land in terms of sustainability. Floating architecture has not only the environmental/economical sustainability above all, but also a higher level of social/psychological sustainability from the safe and peaceful atmosphere with the direct closeness to the nature.

However, floating architecture is still an unfamiliar term to the public. Also, there are many existing questions related with the motivation and advantages of floating architecture. Possibilities and feasibilities of floating architecture need to be discussed and introduced in various ways.

In Korea, existing floating architectures like Seoul Floating Islands and Seoul Marina are still limited to the commercial purposes, but introduction of diverse architectures such as housing, office building, public building and leisure facility are to be actively investigated considering the fundamental aspect of floating architecture.

The outcomes of our floating architecture research group would play an important role for the practical application of various floating buildings on the river, sea and lake. The author hopes many people can enjoy the water based living, working and leisure activities in near future. Furthermore, this project could be a cornerstone for Korea to be a key nation in the floating building industry of the global market.

들어가는 말
Prologue

플로팅건축연구단을 마무리하며

1995년부터 군산대학교에 재직하면서 건축과 도시에서 특성화에 대한 고민을 해오고 있다. 건축 교육이나 연구에서 타 지역 대학과 차별화할 수 있는 것이 무엇인가? 또 차별화할 필요는 있는가? 물론 건축의 일반적인 내용도 잘 알아야 하겠지만, 일부 기술이나 디자인에서 특성화가 필요하다는 생각이다. 70~80퍼센트 정도 일반 건축에 대한 기본을 잘 연마하고, 20~30퍼센트 정도 군산이라는 지역의 특성을 고려하여 물 관련 건축 연구와 교육도 강화하면 좋을 것 같다는 생각을 갖고 있다.

조그만 시도와 결실이 2004년 시작된 누리사업(NURI, 지방대학혁신역량강화사업)이다. 당시 교육과학기술부 교육사업으로서 학부생을 잘 가르치도록 지원하는 사업이다. 당시 주제로 내세웠던 것이 '수해양건설'인데, 우리 군산의 지역적인 여건을 고려하여 결정한 것이었다. 즉 군산이란 도시가 바다에 접해 있고, 지역에 금강과 많은 호수가 있어서 물이 하나의 건축 테마가 될 수 있을 것으로 생각했다. 또 군산시에서도 도시/건축의 기본방향으로 물의 도시를 내세우고 있다.

2004년도부터 5년간 교육과학기술부로부터 연간 8억 원을 지원받아서 토목공학과와 함께 주로 학부생 특성화 교육에 집중 투자하였다. 장학금, 각종 세미나 및 교육, 국내외 현장실습, 해외 어학연수 등 학부생들의 수해양건축에 대한 역량을 강화하고자 노력하였다. 이 과정에서 국내의 수해양건축 전문가들과 교류하면서 기술적 현황과 문제점을 파악할 수 있었다. 교육사업으로서 기간이 짧은 것이 아쉬웠지만 사업은 많은 성과를 내면서 2009년 마무리되었다.

후속 사업으로 이번에는 학과 교수들 간에 연구사업을 추진해보자는 공감대가 형성되었다. 당시 한국건설교통기술평가원(현 한국국토교통과학기술진흥원)에 상시 과제제안 제도가 있다는 것을 알았고, 어느 날 점심 식사 후 간단한 브레인스토밍을 거쳐서 이영욱/김용이 교수님이 플로팅 건축이라는 주제로 과제를 제안하였다. 큰 기대를 하진 않았으나 2009년 말 기획과제로 선정되었다. 연구결과를 제출했으나 최종 과제 발주로까지 연결되지는 못했다.

추가적인 노력 없이 2010년 플로팅 건축이라는 주제로 지역혁신과제가 공고되어, 평소 이런 연구 분야로 가깝게 지내는 한국해양대, 전남대 건축과 교수진과 힘을 합하여 연구제안서를 작성하여 제출하였다. 당시 필자는 방문교수로 미국 클렘슨 대학에 체류하고 있었는데, 예비 연구단장으로서 선정평가를 받기 위하여 귀국을 얼마 남기지 않은 시점인 연말에 일시 귀국하기도 하였다. 다행스럽게도 최종평가에서 우리 연구단이 선정되어서 5년 동안의 연구를 시작하였다.

매년 실시하는 연차평가에서 건축의 거의 전 분야가 참여하는 우리 연구단은 "나눠먹기가 아니냐?" 하는 지적을 받기도 했다. 그러나 특정 한 분야만을 깊이 있게 연구하는 것도 필요하지만, 건축의 속성상

들어가는 말
Prologue

실제로 건물을 짓기 위해서는 다양한 분야의 협력이 필수적이라는 논리를 세워서 지적에 대응하였다. 우리 연구단의 연구와 기술개발을 통하여 실제로도 다양한 분야에서 플로팅 건축을 짓기 위한 기본 자료가 많은 성과로 나온 것으로 보고 있다.

필자는 전공이 건축 계획/설계분야이기 때문에 참고자료를 수집하기 위하여, 연구기간 여름방학을 이용하여 최대한 해외 플로팅 건축 답사를 하고자 노력하였다. 연구단 송석기 교수님과 함께 2011년 유럽지역, 2012년 미국 및 캐나다 서부지역, 2013년 미국 동부 및 북부 지역의 플로팅 건축을 찾아서 현장을 많이 둘러보았다. 기회가 되는 대로 사용자나 거주자들과 대화를 통하여 거주 동기 및 장점, 문제점 등을 파악하기도 하였다.

해외 플로팅 건축물을 답사하면서 제일 크게 느낀 점은 다양한 장소에 설치된 플로팅 건축의 절묘한 입지선정이었다. 플로팅 건축의 전제조건인 정온수역을 확보하는 것이 중요한데, 바다, 강이나 호수에서 외력에 대하여 최대한 유리한 위치를 선정하고자 노력한 것을 볼 수 있고, 각종 도시의 편익시설에 가까이 하여 접근성을 높인 점도 눈에 뜨인다.

2015년 플로팅건축연구단을 마무리하면서 그간 축적한 자료를 어떻게 정리할까 고민했는데, 최소한의 형식을 갖춰서 책으로 발간하는 것이 바람직할 것으로 판단하였다. 신축된 플로팅 건축 대상은 그간 답사한 것을 주로 하고, 책이나 인터넷에서 자료 수집이 가능한 것도 포함하였다. 새로운 개념으로 제안된 플로팅 건축도 내용에 추가하였다.

이 책의 주된 내용은 그간 연구했던 계획에 관련된 이론적인 내용을 정리한 플로팅 건축 계획(1부), 답사했거나 현재 사용중인 플로팅 건축을 일정한 형식으로 정리한 플로팅 건축 사례(2부), 실현되지는 않았지만 좋은 아이디어로 제시된 플로팅 건축을 정리한 플로팅 건축 계획안 사례(3부) 등으로 구성하였다. 사례를 정리함에 있어서는 실현된 것(Realized)과 계획된 것(Planned)으로 구분하고, 국가 이름을 알파벳 순으로, 가능한 한 건립 연도별로 순서를 정했다.

사진이나 그림 자료를 사용함에 있어서 가능한 한 실제적으로 이해할 수 있도록 상세한 부분까지 삽입하고, 전문적인 용어보다는 가급적 일반적인 용어를 사용하였다. 한국국토교통과학기술진흥원 보고용 책자에 이어서 여기에서는 플로팅 건축의 현황을 한눈에 볼 수 있도록 플로팅 건축 연표와 플로팅 건축 위치도를 첨부하였다. 이 책이 플로팅 건축에 익숙하지 못한 건축 전문가나 일반인들도 쉽게 알 수 있게 되어 플로팅 건축의 대중화에 기여하기를 기대한다.

플로팅 건축,
새로운 건축 패러다임

Floating Architecture
as a New Building Paradigm

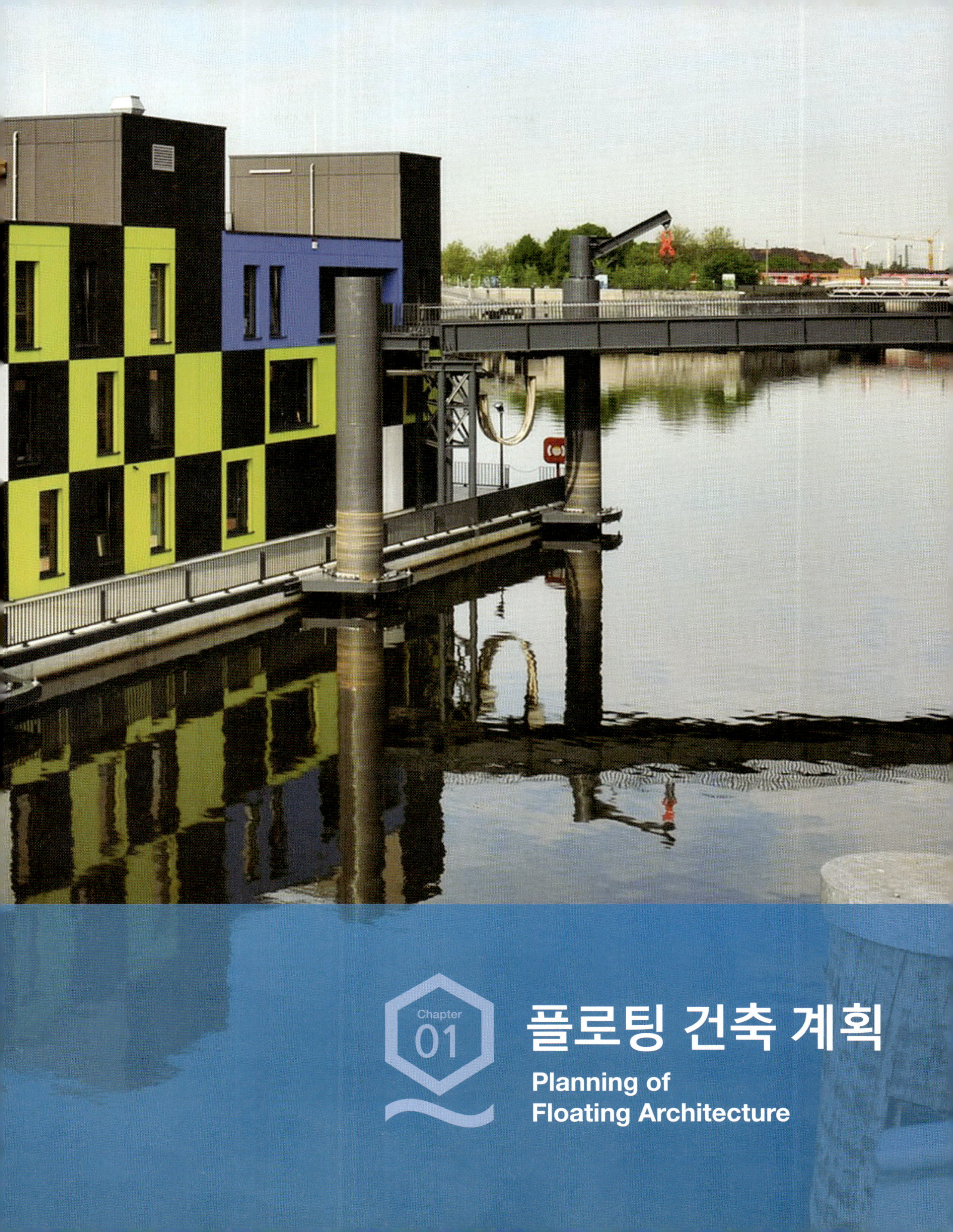

Chapter 01

플로팅 건축 계획

Planning of Floating Architecture

01
플로팅 건축의 종류[1]

부유 시스템을 갖는 통칭 플로팅 건축은 다음과 같은 3가지로 구분될 수 있다. 즉 건물이 위치하는 대지조건에 따라서 플로팅 건축(Floating Building), 수륙양용 건축(Amphibious Building), 플로터블 건축(Floatable Building) 등이 있다.

그림 1
Components of Mega-Float System

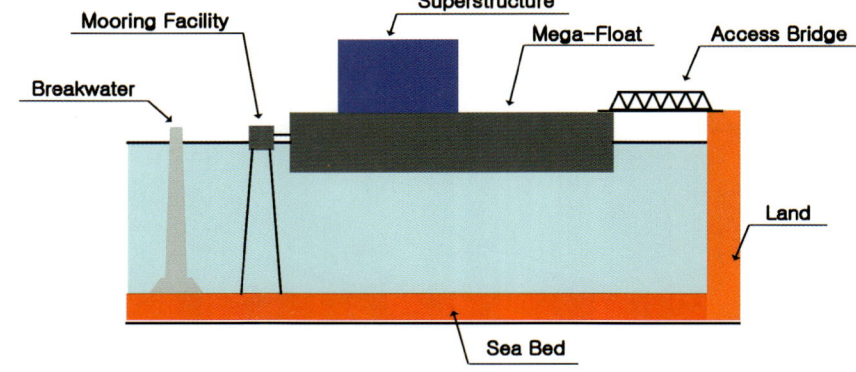

(Source: E. Watanabe, C.M. Wang, T. UTSUNOMIYA and T. MOAN, Very Large Floating Structures: Applications, Analysis and Design, Core Report No. 2004-02, Center for Offshore Research and Engineering, National University of Singapore)

플로팅 건축

플로팅 건축은 부유 시스템(pontoon)을 갖고 있으며, 항상 물위에 떠 있는 거주나 업무를 위한 건축물로 정의될 수 있다. 이 건물은 일정한

그림 2
Floating Building, Netherlands

1) Changho Moon(2015), Floating House for New Resilient Living, Proceeding of 2015 APNHR(The Asia-Pacific Network for Housing Research), Gwangju

위치에 계류되어 있고, 선박과는 달리 항해를 위한 조종 시설을 갖지 않으며, 육상과 건축물사이에 연결된 유연한 공급/회수 라인을 통하여 전기, 상하수도, 도시가스 등의 서비스 시스템을 가동하거나, 시설 자체적으로 모든 서비스를 자급자족하는 처리 시설을 갖기도 한다.

수륙양용 건축 수륙양용 건축은 강둑이나 호수 변에 위치하고 있으며, 자동차를 이용하여 도로로 접근이 가능하고, 보트를 타고 물에서도 건축물에 출입할 수 있다. 갈수기에는 땅바닥이나 구조물 위에 자리 잡고 있다가, 우기나 홍수 시 수위가 상승하면 이에 맞춰서 물위로 떠오르는 건물이다. 따라서 이런 종류의 건축물은 물과 육지의 중간에 있기 때문에 항상 물위에 떠 있는 것이 아니며 호수 주변이나 저속으로 흐르는 강의 둑에서 찾아볼 수 있다.

원리는 플로팅 기초위에 건축물을 짓는 것이다. 돌핀(수직 기둥과 가이드)을 설치하여 수위 변화에 따라서 건축물이 수직으로 움직일 때 떠내려가지 않도록 한다. 플로팅 건축과 마찬가지로 유연한 파이프 배관을 통하여 육상의 스테이션으로부터 전기, 상하수도, 도시가스 등을 공급받는다.

그림 3
Amphibious Building,
Netherlands

(Source: http://www.inspirationgreen.com/floating-homes.html)

플로터블 건축

플로터블 건축은 부유식 기초를 갖고 있어서 홍수 시 침수되지 않고 상승된 수면 위로 떠오르게 하는 구조를 가진 것이다. 부유식 기초는 일상적인 상황에서는 땅 위에 단단하게 고정시킴으로써 건물과 지반과의 연결 상태를 유지한다.

그러나 홍수가 일어났을 때는 부유식 기초가 필요한 만큼 건물이 물 위에 뜰 수 있도록 허용한다. 건축물 하부의 부유시스템은 부력을 제공하기 위하여 물을 밀어내고, 수직 가이던스 시스템은 물이 빠지면 상승했다 하강하는 건물을 정확하게 제자리로 돌아가게 만든다.

그림 4
Floatable Building,
USA

(Source: http://www.care2.com/causes/5-amphibious-houses-built-to-survive-the-coming-floods.html)

02
플로팅 건축의 함체와 계류

플로팅 건축의 함체

함체는 플로팅 건축의 하부 구조체로서 물에 뜨는 부유체를 말한다. 함체의 종류는 폰툰(Pontoon)형과 반잠수(Semi-submersible)형으로 구분된다. 폰툰형은 단순한 형태를 가지며 구조형식이 단순하고 제작이 용이해서 비용이 저렴하다. 반면 반잠수형은 해양 구조물에서 많이 사용되는데 폰툰형에 비해 파랑에 대한 수압 면적이 적으므로 파랑 중에서도 동요가 적은 것이 특징이다[2].

플로팅 건축에서는 폰툰형이 주로 쓰이는데, 폰툰 내부를 비워서 공간으로 사용하는 경우(Dutch style)와 내부를 가벼운 물질로 채우고 사용하지 않는 경우(Canadian style)로 나눌 수 있다. 또한 폰툰의 재료는 콘크리트, PE, 통나무, 알루미늄, 철판 등이 다양하게 사용된다.

표 1
Types of Pontoon

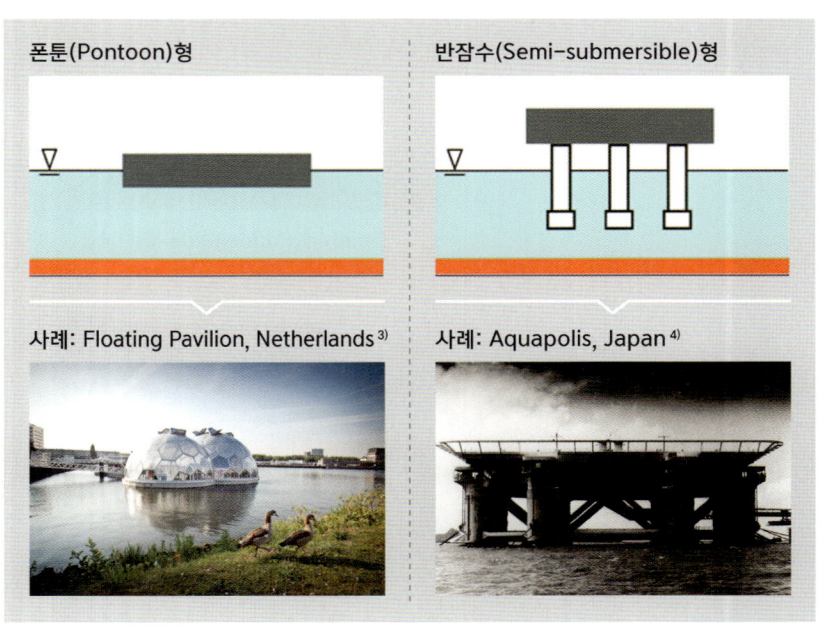

2) 홍사영, 초대형 부유식 해상구조물 설계매뉴얼, 한국해양연구원, 2007.12
3) Jenny Soffel and Natasha Maguder, Can Rotterdam become the world's most sustainable port city?, 2013.8.26, CNN(http://edition.cnn.com/2013/08/19/world/europe/can-rotterdam-become-the-sustainable/)
4) KIYONORI KIKUTAKE, AQUAPOLIS, OKINAWA, 1975, Archive of Affinities(http://archiveofaffinities.tumblr.com/image/45851561964)

플로팅 건축의 계류 시스템

계류시스템은 재질에 따라서 체인, 와이어, 로프로 구분되고, 형식에 따라서 이완 계류, 인장 계류, 부이 계류, 돌핀 계류가 있으며, 배치에 따라서 일점 계류, 다점 계류가 있다[5].

얕은 수심의 범위에서는 돌핀(Dolphin-Fender system)계류로 직접 이동을 구속하는 방법이 사용되며, 그 이상의 깊은 수심에서는 로프, 와이어, 체인 등으로 앵커에 연결되는 현수선(Catenary mooring)을 이용한 계류 및 인장계류(Taut mooring) 시스템, 설계 환경과 평형을 이루는 추진기력을 산출하여 사용하는 DPS(Dynamic positioning system)등이 사용된다.

플로팅 건축에서는 돌핀 계류가 일반적으로 제일 많이 적용되고 있으며, 설치되는 위치에 따라서 체인/케이블계류나 안벽 계류도 적용 사례가 있다.

그림 5
Types of Mooring System(1)

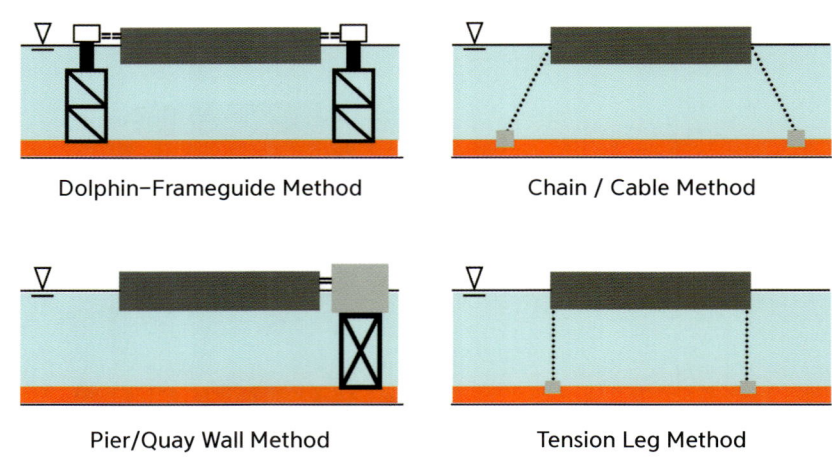

Dolphin-Frameguide Method   Chain / Cable Method

Pier/Quay Wall Method   Tension Leg Method

(Source: E. Watanabe, C.M. Wang, T. UTSUNOMIYA and T. MOAN, Very Large Floating Structures: Applications, Analysis and Design, Core Report No. 2004-02, Center for Offshore Research and Engineering, National University of Singapore)

---

5) 홍사영, 초대형 부유식 해상구조물 설계매뉴얼, 2007.12, 한국해양연구원

표 2
Types of Mooring System(2)

구분	종류	장점	단점	적용
재질	체인	검증된 성능 내구성	수심제약	선박 해양구조물
	와이어	고강성	마착에 약함 천수심 부적합	심해구조물
	로프	경량, 고강성 대수심 적용	내구성부족	초심해구조물
형식	이완계류	검증된 기술	수심제한	선박 해양구조물
	인장계류	대수심	피로파괴 특수 앵커	TLP SPAR
	부이계류	다양성	대변위 표류 피로파괴, 복잡성	천해(중간부이) 심해복합계류(목수부이)
	돌핀계류	표류변위 제한	적용수심 제한 평온한 해역	천수심, 정온해역 VLFS
배치	일점계류	다양성, 가혹환경 적용 Weather vaning	구조물 제한	Single Buoy Mooring Turret
	다점계류	보증된 기술 다양한 적용성	설치작업	Terminal buoy Semi, SPAR
기타	DP	대수심 설치작업 불필요	유지보수 평온한 해역	Drill ship DP-assisted turret

03 플로팅 건축의 역사와 현황[6]

시애틀 플로팅 주택의 간략한 역사

시애틀 지역을 중심으로 현존하는 플로팅 건축의 유래와 역사를 간략하게 정리해보면 다음과 같다[7].

플로팅 주택(houseboat)은 벌목장의 인부를 수용하기 위해서 건축되기 시작하였다. 조악한 1층짜리 주택이 강의 뗏목위에 지어졌다. 1920년대에 와서야 워싱턴호(Lake Washington) 주변에 부유층을 위한 여름 별장이 건립되었고, 유니온호(Lake Union)에는 어부나 보트 제작자 등 물에서 일하는 사람들의 가족을 위한 본격적인 주택이 건립되었다.

1930년대에 불황이 오자 필사적으로 싼 집을 찾는 사람이 많았는데, 이 때 허드레 통나무를 모아서 자신들이 지은 임시숙소 성격을 띠는 플로팅 주택의 수요는 폭발적이었다. 현재까지 존재하는 역사적인 플로팅 주택의 대부분은 이 당시의 것이고 개수는 2,000호를 넘었다.

그림 6
Conventional Log Float for Floating Home

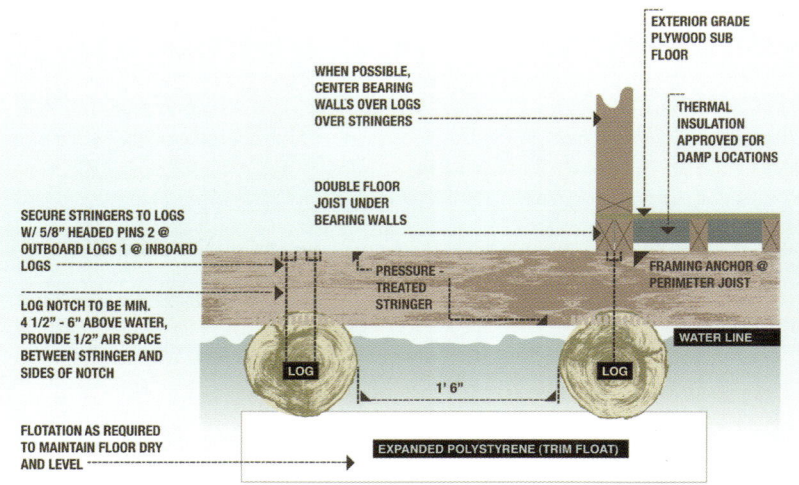

(Source: http://www.nachi.org/inspecting-floating-homes.htm)

---

6) 문창호(2013), 「미주지역 플로팅 주거단지의 건축적 특징」, 『대한건축학회연합논문집』, 15권 2호 (통권 54호), pp.129-137

7) Beth Means and Bill Keasler(1986), A Short History of Houseboats in Seattle, the Seattle Floating Homes Association(http://www.seattlefloatinghomes.org/about/history)

불황이 끝나자 플로팅 주택의 저소득층 집주인들은 떠나고, 정부나 사회의 제약에 대하여 자유로운 생활을 추구하는 보헤미안(Bohemian) 대학생들로 주민이 대체되었다. 대학생들은 재학 중에만 플로팅 주택에서 거주하다가 떠나기 때문에 관리가 제대로 될 수 없었다. 1950년대에는 지방정부에서 슬럼으로 간주하여 플로팅 주택은 철거 및 재개발 대상이 되었고 1,000여호까지 감소하였다.

1960년대와 1970년대에는 거주자들이 노력하여 플로팅 주택협회(Floating Home Association)를 결성하고, 플로팅 주택에 상하수도 연결 등을 통하여 합법화를 이룩하였고, 당시 신축된 다양한 특성의 주택들이 건축가와 소비자들의 관심을 끌었다. 이 때 플로팅 주택들은 통나무 뗏목보다는 콘크리트(+스티로폼) 폰툰 위에 지어졌다.

정부의 철거 권장 방침에 따라서 계류장과 플로팅 주택의 소유자 간의 철거에 따른 분쟁이 끊이지 않았다. 1980년대에 오면서 플로팅 주택 소유자들이 계류장을 구입하거나 임대하는 형식으로 정리가 되기 시작하였다. 또한 시애틀 시에서도 조정할 수 있는 관련 규정을 만들어서 시행하였다.

플로팅 주택의 독특한 생활은 시애틀의 랜드마크로서, 도시의 번잡함 속에서 물에 의한 평화로운 환경이 많은 사람의 관심을 끌고 있다. 태풍 등 자연재해에 공동으로 대처하고 시정부 철거 시책에 대항하면서, 또한 자신들의 매력적인 삶을 지키기 위하여 주민들은 단합된 커뮤니티 의식을 지켜오고 있다.

플로팅 주택의 현황

| 시애틀 |

시애틀 시청의 담당직원(Margaret Glowacki 및 David B. Cordaro, Department of Planning and Development, City of Seattle)과의 미팅을 통하여 플로팅 주택의 간략한 역사와 현황을 파악할 수 있었다. 시애틀 시청에서 플로팅 주택의 관리는 마스터플랜을 통한 해안/연안의 자연환경 관리의 한 부분으로 이루어지고 있다.

대부분의 플로팅 주택 주거단지는 유니온호 주변의 산업지역에 인

그림 7
Floating Homes on Lake Union, Seattle, WA. USA

접하여 위치하고 있다. 시애틀의 플로팅 주택은 현재 전체적으로 500여호가 있는데, 호수의 자연환경 피해를 우려하여 특별한 경우를 제외하고 신축은 불허하고 있다.

물론 개축이나 재건축은 허용되고 있으나, 이때도 환경에 대한 피해가 없도록 하는 다양한 조치가 필요하다. 플로팅 주택은 높이 5.4m이하, 바닥면적 180㎡이하이어야 되고, 지하층 구축은 허용되지 않는다. 화초에 독성 물질 사용을 금지하고, 함체의 적정 깊이 유지도 규제한다.

플로팅 주택에 거주하기를 원하는 수요는 증가하고 있는 반면, 플로팅 주택 호수가 한정되어 있기 때문에 육지의 주택에 비하여 가격이 매우 비싼 편이다.

| 밴쿠버 | 캐나다 밴쿠버 지역은 플로팅 주택의 신축도 비교적 활발한 편이고 플로팅 주택협회가 잘 운영되고 있다. 밴쿠버 지역에는 전체적으로 500여호의 플로팅 주택이 있으며, 주거단지의 주변 자연환경은 양호한 편이다.

플로팅 주택 주거단지는 대부분 Fraser강에 조성되어 있는데, 물은 전반적으로 상당히 탁한 상태로 보인다. 상류에서 토사가 밀려와서 플로팅 주택 하부에 쌓이는 바람에, 일정 기간마다 준설하는 것이 문제

가 되고 있다. 소규모이지만 밴쿠버 항만 구역에도 몇 개의 플로팅 홈 주거단지가 조성되어 있다.

그림 8
Sea Village_01,
Vancouver, BC, Canada

플로팅 건축 전문회사인 IMF(International Marine Floatation System Inc.)사를 방문하여 플로팅 건축 생산현장을 견학하였다. 기본적으로 플로팅 주택은 육지의 공장에서 완제품으로 건조하여 진수하며, 대표자의 설명에 의하면 플로팅 건축이 허가 관청으로부터 건축물로 인정을 받기 때문에 주민들은 선박(ship)보험보다는 주택(house)보험에 가입한다.

포틀랜드 이 지역에서는 최근 패시브 개념과 재생에너지 시설을 도입한 제로에너지 플로팅 주택이 계획되는 등 새로운 시도도 보인다[8]. 미주지역 서부 3지역(시애틀, 밴쿠버, 포틀랜드) 중에서 플로팅 주택 주거단지 신축이 제일 활발한 것으로 나타나고 있다.

Columbia강과 Willamette강에 대부분의 플로팅 주택 주거단지가

---

[8] Urbansun Floating Home, Bureau of Planning and Sustainability, City of Portland, Oregon, 2010 (http://www.portlandoregon.gov/bps/article/437433)

산재해있으며, 각 단지는 20-50호로 구성되어 있는데, 100여호 이상의 대규모 플로팅 주택 주거단지도 있다.

그림 9
Jantzen Beach Moorage,
Portland, OR, USA

포틀랜드 지역에는 전체적으로 3,000여호의 플로팅 주택이 있는 것으로 알려져 있으며, 최근 신축된 현대적인 플로팅 주택은 개별 주택의 규모가 270㎡(80평)정도까지 큰 것도 있다.

04
플로팅 건축의 지속가능성[9]

건축에서 지속가능성

지속가능성이란 일반적으로 특정한 과정이나 상태를 오랫동안 유지할 수 있는 능력을 의미한다. 지속가능성은 생태시스템을 유지하는 범위 내에서 인간 생활의 질을 증진시키는 것이다. 인간에게 있어서 지속가능성은 환경적, 경제적 및 사회적 차원에서 장기간 웰빙이 유지되는 잠재력을 말한다[10].

---

9) 문창호(2014), 「플로팅 건축에서 지속가능 요소 및 적용 방안에 대한 연구」, 『대한건축학회연합논문집』, 제16권 제4호(통권 62호), pp.79-87
10) Sustainability, Wikipedia(http://en.wikipedia.org/wiki/ Sustainability #Definition)

환경적 차원의 지속가능성은 인간의 생활을 지원하기 위한 환경의 용량을 보존하는 측면을 강조하면서 자연환경을 보호하기 위한 결정과 행동을 포함한다[11].

경제적 차원의 지속가능성은 가용자원을 제일 유리하게 이용하게 하는 다양한 전략을 찾을 때 사용되는 용어이다. 이 개념은 장기적인 경제적 혜택을 제공하기 위하여 효율적이고 책임있는 방법으로 자원 이용을 증진하는 것이다[12].

사회적 차원의 지속가능성 개념은 사회적 형평성, 거주 적합성, 건강 형평성, 커뮤니티 개발, 사회적 자본, 사회적 지원, 인권, 노동권, 장소 만들기, 사회적 책임감, 사회 정의, 문화 역량, 지역사회 탄력성, 인간 적응 등까지 망라된다[13].

환경적, 경제적, 사회적 3가지 차원의 지속가능성은 구성요소들의 실제 적용에 있어서는 상호 중첩되기도 한다. 즉 요소에 따라서는 환경적이면서도 경제적이거나 사회적 차원 2가지 이상 차원의 지속가능성을 동시에 가질 수도 있기 때문이다.

플로팅 건축에서 지속가능 요소

Oregon Yacht Club(Portland, USA), Floating hotel "Salt & Sill"(Island of Klädesholmen, Sweden), IBA Dock(Hamburg, Germany), Floating Pavilion(Rotterdam, Netherlands), Brockholes Visitor Centre(Preston, UK), Autark Home(Maastricht, Netherlands), Makoko Floating School(Lagos, Nigeria) 등의 플로팅 건축 사례를 대상으로 추출된 지속가능 요소를 정리해보면 다음과 같다.

공통적인 지속가능 요소로는 플로팅 건축이기 때문에 홍수나 수위 변화에 대응할 수 있고, 이동이 가능하기 때문에 공장(독크)생산하여 원하는 위치에 설치할 수 있고, 따라서 장기간 사용할 수 있으며, 수상

---

11) SmallBizConnect, Environmental Sustainability, Small Business Tool Kit(http://toolkit.smallbiz.nsw.gov.au/part/17/86/371)
12) What Is Economic Sustainability?, wiseGEEK(http://www.wisegeek.org/what-is-economic-sustainability.htm)
13) Social Sustainability, Wikipedia(http://en.wikipedia.org /wiki/Social_ sustainability)

에 있기 때문에 거주자에게 평화로운 분위기를 줄 수 있고, 진입로가 한정되기 때문에 범죄로부터 상대적으로 안전하다.

플로팅 건축의 기능이나 지역에 따라서 적용된 지속가능 요소가 다양함을 볼 수 있다. 즉 태양에너지를 비롯하여 수열 등 다양한 재생에너지가 사용되고 있으며, 조립식 및 모듈러 디자인, 지역 생산 자재 및 친환경 자재 사용, 충분한 단열재 사용, 자연 환기 및 차양 사용, 물 재사용 및 처리, 자연환경 보전 및 복원, 자급자족 설비시스템 도입, 사회적 지원, 지역사회의 유대감 등 환경적, 경제적 및 사회적 차원의 지속가능 요소를 들 수 있다.

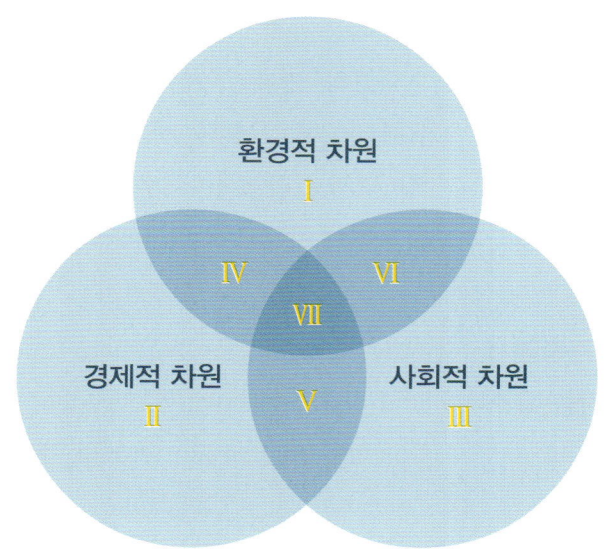

그림 10
3가지 차원의 지속가능 요소

많은 지속가능 요소가 2가지 이상의 차원에 해당되기도 한다. 예를 들면 플로팅 건축에서 재생에너지 적용은 환경적으로 오염을 방지하고, 경제적으로 이득이며, 사회적으로 좋은 인식을 받기 때문에 3가지 차원 모두에 해당된다고 볼 수 있다.

지속가능 요소를 위 그림과 같이 환경적, 경제적, 사회적 차원 및 2가지 이상 중첩되는 차원 등 7개로 나누고, 각 부분에 해당되는 지속가능 요인을 정리해보면 다음과 같다.

(Ⅰ) **환경적 차원**: 홍수 대비, 수위 변화에 대응, 지역의 자재 사용, 재생 신문지 단열재 사용, 상변화물질 도입
(Ⅱ) **경제적 차원**: 3중 ETFE, 두꺼운 단열재 사용, 위치 변경, 열 회수 장치, 플라스틱 통 재사용
(Ⅲ) **사회적 차원**: 평화로운 분위기, 지역사회 개발, 거주 적합성
(Ⅳ) **환경적 + 경제적 차원**: 장기간 사용, 이동 가능, 저에너지주택, 조립식 및 모듈러 디자인, 재생에너지 사용, 자연 환기, 물 재사용 및 처리, 바이오디젤 발전기 사용, 빗물 수집 및 사용
(Ⅴ) **경제적 + 사회적 차원**: 범죄 안전, 지역사회의 유대감, 사회적 자본, 사회적 지원
(Ⅵ) **환경적 + 사회적 차원**: 친환경 자재 사용, 자연환경의 복원
(Ⅶ) **환경적 + 경제적 + 사회적 차원**: 재생에너지 사용, 자연환경 보존, 자급자족 설비 시스템, 유기농 및 리필 제품 이용

플로팅 건축에서 지속가능 요소 적용 방안

일반적으로 건축에서 적용할 수 있는 지속가능 요소 중에서 플로팅 건축에서 보다 관심을 가져야할 것을 정리해보면 다음과 같다.

재생에너지 도입 플로팅 건축이 수상에 건립되는 점을 생각하면 최우선적으로 수열 시스템 도입을 검토할 필요가 있다. 즉 물은 여름에는 공기보다 시원하고 겨울에는 공기보다 따뜻하기 때문에, 한대지역에서는 난방에 적용하고 열대지역에서는 냉방에 적용하면 효율적이다.

일반적으로 수역이 육지에 비하여 풍자원이 풍부하기 때문에 플로팅 건축에서 소규모 풍력발전도 고려대상이 될 수 있다. 최근 소음이 거의 없는 풍력발전기가 개발되고 있기 때문에 플로팅 건축에의 적용 가능성은 높다. 또한 주변에 높은 장애물이 별로 없기 때문에 태양에너지 적용도 검토할 필요가 있다. 풍력과 태양에너지는 상호보완적이기 때문에 플로팅 건축 디자인과 통합을 이룰 수 있다면 2가지의 하이브리드 시스템도 유용하다.

또한 플로팅 건축과 디자인에 있어서 조화를 이룰 수 있는 적절한 시스템이 있다면, 조수간만의 차를 이용하는 조력과 파도의 에너지를 이

용하는 파력 등의 재생에너지를 활용하는 방안도 고려할 수 있다.

자연환경 보존 및 복원 플로팅 건축이 수상에 건립되기 때문에 자연환경을 해치치 않고 최대한 보존되도록 하여야 한다. 경우에 따라서는 지역의 역사를 고려하여 자연환경을 복원해야 하기도 한다. 이렇게 하여 주민이나 이용자들이 자연환경 속에서 평화로운 분위기를 즐길 수 있어야 한다.

조립식 및 모듈러 디자인 플로팅 건축은 수상에서 공사가 쉽지 않기 때문에 공장(도크 등)에서 제작하여 수상이나 육상으로 운반하여 정해진 위치에 설치하는 경우가 많다.

플로팅 건축에 모듈러 시스템을 도입하여 조립식으로 디자인하면 공장에서 시공의 정밀도를 높일 수 있고, 현장으로 운반하여 설치하면 현장의 쓰레기 발생을 최대로 억제할 수 있고 공사 중 이웃들에게 소음이나 분진 등 피해를 최소화할 수 있는 장점이 있다.

자급자족 설비시스템 육지의 다양한 인프라시설이 잘 갖춰진 곳에 건립하는 일반적인 건축물과 달리, 플로팅 건축은 수상에 위치하기 때문에 각종 설비의 연결이 쉽지 않은 경우도 있다. 현존하는 대부분의 플로팅 건축은 설비시스템을 육상의 설비 라인과 연결하여 운영하고 있다.

그러나 태양광발전, 풍력발전, 배터리, 비상발전기를 통한 전기의 자급자족화와 강(또는 호수) 물의 필터링 시스템, 중수도 시스템, 오수정화 시스템을 통한 상하수도의 자급자족화가 실현된다면 플로팅 건축의 입지 선정은 비교적 자유로워질 수 있다.

지역사회 공동시설 플로팅 주거단지의 경우 태풍이나 홍수 등 재난에 대한 공동대응, 시 정부와 행·재정적 지원이나 인프라시설 설치에 대한 협상, 범죄에 대한 공동대처 등을 위한 시설을 계획하여, 지역사회의 공동체 의식 제고를 통한 사회적 차원의 지속가능성을 높일 필요가 있다.

| 기타 | 육지의 일반 건축에서도 마찬가지이지만, 플로팅 건축에서도 지역에서 생산되는 자재 사용, 친환경 재료 사용, 플라스틱 통 재사용, 유기농 제품 및 리필 물품 채택, 빗물 수집 및 사용, 물 재사용 및 처리, 우수한 단열재 사용, 상변화물질 도입, 열 회수 장치 사용 등을 고려할 필요가 있다.

05 플로팅 건축의 법적 지위[14]

그림 11
Representative Floating Building
(IBA Dock_01, Hamburg, Germany)

(Source: http://www.gizmag.com/iba-dock-floating-building/21941/pictures#4)

| 들어가며 | 서울의 한강에 떠있는 세빛섬(Seoul Floating Islands)이 건축물(building)인가 선박(ship)인가? 일반적인 식견으로는 물 위에 떠 있으니 배로 볼 수 있고, 다른 한편으로는 벽과 지붕이 있으니 건축물로 볼 수도 있을 것이다.

---

14) 문창호(2014), 「플로팅 건축물의 법적 지위」, 대한건축학회지 『건축』, 제58권 제12호, pp.4-5

사실 플로팅 건축물(이하 부유식 건축물)은 항해를 위한 동력을 갖고 있는 선박과는 근본적으로 다른 온전한 건축물이다. 현재 이러한 부유식 건축물은 건축법 등 제도상의 미비로 인하여 허가(등기)를 낼 수 없기 때문에 재산권 인정이 불가능하다.

기후 변화에 대응, 수상 거주/레저 활동, 재생에너지 사용, 치유환경적인 분위기 등 여러 가지 장점이 있음에도 불구하고 우리나라에서는 재산권을 확보할 수 없기 때문에 전혀 활성화되지 못하고 있다.

부유식 건축물의 정의, 건축법의 관련 조항 분석을 통하여 부유식 건축물이 왜 건축물로 인정되어야 하는지? 어떻게 하면 제도적으로 가능할지? 부유식 건축물과 연관성이 있을 것으로 지적되어 온 선박법의 관련 내용 등을 논하고자 한다.

건축법 관련 내용

부유식 건축물도 「건축법」의 건축물로 볼 수 있나?

「건축법」 2조에서 '건축물'이란 토지에 정착(定着)하는 공작물 중 지붕과 기둥 또는 벽이 있는 것 등으로 정의하고 있다. 우선 부유식 건축물도 지붕과 기둥 또는 벽을 갖고 있는 공작물이기 때문에 일단 건축물로 볼 수 있다.

그러나 부유식 건축물이 '토지'에 '정착'되어 있는가는 논의와 검토가 필요할 것 같다. 「민법」 212조에 의하면 '토지'란 일정 범위의 지면 또는 지표와 정당한 이익이 있는 범위 내에서의 공중·지하를 포함하는 것을 말한다. 또 「측량·수로조사 및 지적에 관한 법률」 67조 1항 및 「동 시행령」 58조에 의하면 토지의 종류는 대지나 다른 용도의 땅뿐만 아니라 하천이나 호수나 연못 등도 포함하고 있다. 따라서 부유식 건축물이 위치하는 수역(水域)도 범위가 정해지면 토지로 볼 수 있다.

또한 부유식 건축물은 계류 방식에 따라서 하저(또는 해저)나 해변 육지에 계류되어, 수위 변화에 따라서 수직적 변위는 있으나 수평적 변위는 거의 없어서 이동이 없는 상태이기 때문에 토지에 정착된 것으로 볼 수 있다.

한편 건축법에서 '정착'한다는 것은 '실질적, 임의적으로 이동이 불가능하거나 이동이 가능하다 하더라도 이동의 실익이 없어서 상당한 기간 현저한 이동이 추정되지 않는 것을 뜻하는 것'으로 건설교통부 질의회신(건교부 건축58550-1482, 1999.4.26)도 있었다.

이렇듯 부유식 건축물은 토지에 정착되어 있으며, 지붕과 기둥 또는 벽이 있는 공작물이기 때문에 「건축법」에서 정의하는 '건축물'로 보는 데 전혀 문제가 없다고 판단된다.

부유식 건축물의 제도적 허가 방안은?

「건축법」 5조는 이 법을 적용하는 것이 매우 불합리하다고 인정되는 대지나 건축물은 허가권자에게 완화 적용을 요청할 수 있으며, 필요한 사항은 해당 지방자치단체의 조례로 정한다로 되어있다. 「동 시행령」 6조에서 수면 위에 건축하는 건축물 등 대지의 범위를 설정하기 곤란한 경우가 앞에 해당되며 구체적인 조항은 다음과 같다.

즉 「건축법」 40조~47조(대지의 안전 등, 토지 굴착 부분에 대한 조치 등, 대지의 조경, 공개 공지 등의 확보, 대지와 도로의 관계, 도로의 지정·폐지 또는 변경, 건축선의 지정, 건축선에 따른 건축제한), 55조~57조(건축물의 건폐율, 건축물의 용적률, 대지의 분할 제한), 60조~61조(건축물의 높이 제한, 일조 등의 확보를 위한 건축물의 높이 제한) 등에 대하여 완화하는 기준을 조례로 정하여 시행하면, 부유식 건축물을 기존의 「건축법」 테두리에서 적용하는 것이 가능할 것이다.

선박법 관련 내용

부유식 건축물이 선박법의 부유식 해상 구조물인가?

「선박법」 1조 2항에서 '선박'이란 수상 또는 수중에서 항행용으로 사용하거나 사용할 수 있는 배 종류를 말한다. 또한 「선박안전법」 2조에서 '선박'이라 함은 수상(水上) 또는 수중(水中)에서 항해용으로 사용하거나 사용될 수 있는 것과 이동식 시추선·수상호텔 등 해양수산부

령이 정하는 부유식 해상구조물을 말한다. 「동 시행규칙」 3조에서 '부유식 해상구조물'은 이동식 시추선과 수상호텔, 수상식당 및 수상공연장 등의 해상구조물 등을 말하는데, 항구적으로 해상에 고정된 것은 제외한다.

결국 부유식 건축물은 항해를 위한 동력이 없는 것으로 일정한 장소에 항구적으로 고정된 상태이기 때문에, 선박 관련법에서 규정하고 있는 부유식 해상구조물에 해당되지 않는다. 따라서 부유식 건축물은 선박 관련법과는 무관하여 선박 관련법 적용을 받아야한다는 주장은 근거가 없다.

맺으며

유럽이나 미주지역에서 강이나 호수에 떠 있는 플로팅 건축물을 어렵지 않게 볼 수 있다. 해외의 플로팅 건축 사례를 조사해보면 환경적·경제적·사회적 지속가능성 측면에서 강점이 있기 때문에 새로운 건축 타입으로서 가능성을 보여준다.

2010년 출범한 국토교통부 플로팅 건축연구단은 기술적인 측면도 중요하지만, 플로팅 건축물 실현을 위한 제도적 정비가 최우선 과제임을 알게 되었다.

플로팅 건축연구단은 군산시 부유식 건축물 조례 제정을 위하여 조례(안) 작성, 시의원 설명회, 공청회 등을 통하여 노력해오고 있으나 아직 결실을 보지 못하고 있다. 국토교통부와 군산시의 보다 긍정적이고 적극적인 협조가 요청된다.

군산시 조례(안)은 플로팅 건축물이 수상에 건립되는 점을 감안하여 각종 자연재해에 대한 철저한 대비, 화재 시 대응과 피난 방안, 지속적인 시설 점검 및 유지관리 등에 대한 내용이 추가적으로 포함되어있다.

플로팅 건축물의 법적 지위가 확보되면 주변에서 다양하게 검토되고 있는 잠재적인 시설 수요가 현실화되면서, 우리 건축분야의 업역도 넓어지고 일거리도 많이 창출되는 창조경제가 실현이 될 것으로 기대한다.

06
플로팅 건축의 현황과 전망[15]

들어가며

플로팅 건축은 물에 뜨는 부유식 함체(pontoon) 상부에 지은 거주 또는 업무를 위한 건물로서, 일정한 위치에 계류되어 있으며, 각종 전기/상하수도 등 서비스 시스템을 갖고 있는 것으로 정의할 수 있다. 사실 물위에 집을 짓는다고 생각하면 어렵겠으나, 물위에 뜨는 인공 땅을 조성하고 그 위에 건물을 짓는다고 생각하면 이해하기 쉽다.

우리나라 한강에도 '세빛둥둥섬'이라고 하는 플로팅 건축이 등장하여 국민적 관심을 끈 바가 있다. 건립비용이 과다하고 플로팅 건축의 특성을 제대로 살리지 못한 아쉬움이 있다. 육상의 건축에 비하여 지속가능성 측면에서 유리한 플로팅 건축이 새로운 건축 유형으로 부상하고 있으므로 관심을 가질 필요가 있다.

플로팅 건축의 배경, 플로팅 건축의 국내외 현황, 플로팅 건축의 전망 순으로 이야기를 전개하여, 독자들에게 플로팅 건축에 대한 이해도를 높이는 것이 목적이고, 다양한 지역과 분야에서 플로팅 건축이 시도되어 활용되기를 기대한다.

플로팅 건축의 배경

| 플로팅건축연구단 소개 |

플로팅건축연구단은 국토해양부 한국국토교통과학기술진흥원의 상시 과제제안 제도를 통하여 2010년 12월 선정되었다. 연구단은 군산대, 한국해양대 및 전남대 건축과 교수진이 주를 이루고, 군산대 토목과 및 조선과, 전남대 해양토목과 교수가 일부 참여하고 있다. 협력기관으로는 건축관련 및 해양관련 회사가 참여하고 있다.

연구기간은 2015년 6월까지 4.5년간이고, 연구비는 총 70여억 원이며, 연구의 주된 내용은 크게 플로팅 건축의 '엔지니어링 부문'과 '디자인 부문'으로 구성된다. 엔지니어링 부문에서는 주로 함체의 설계

---

15) 문창호(2014), 「플로팅 건축의 현황과 전망」, 『현대해양』, 2014년 8월, 9월, 10월

및 상호작용 분석, 함체의 건전도 평가, 함체의 진동제어, 함체의 모듈러 구조 시스템, 상부 건축물의 연결 및 구조 디자인, 친환경 경량 콘크리트 함체 등을 연구하고 있다. 디자인 부문은 플로팅 건축의 공간계획, 플로팅 건축을 위한 법제도, 플로팅 건축의 친환경 에너지 시스템, 플로팅 건축에서 재생에너지 기술, 플로팅 건축을 위한 공간 디자인 마케팅, 플로팅 건축을 위한 BIM 디자인 과정 등의 연구과제가 진행 중이다.

플로팅 건축의 유래   미국 서부지역 시애틀의 유니온 호수(Lake Union)에는 약 500호의 플로팅 주택에서 주민들이 수준 높은 생활을 하고 있다. 원래 이 지역의 플로팅 주택은 1900년도 초 벌목장의 인부들이 거주를 위한 뗏목 위에 조악한 1층짜리 목조주택을 짓는 것으로 시작되었다. 1930년대 불황이 오자 저렴한 플로팅 주택의 인기는 폭발적이어서 2,000호가 넘는 플로팅 주택이 건립되었다. 이후 자유로운 생활을 추구하는 보헤미안(Bohemian) 대학생들로 주민이 대체되면서 플로팅 주택 관리가 제대로 되지 않아서 환경오염이 심각해졌다. 1950년대에 오면서 지방정부는 이 주거단지를 슬럼으로 간주하여 철거 및 재개발을 추진하여, 플로팅 주택은 1,000여 호까지 감소하였다. 1960년대에 오면서 거주자들이 노력하여 협회

그림 12
Tenas Chuck Moorage,
Lake Union, Seattle, WA, USA

도 결성하고 지방정부와 협상을 통하여 상하수도를 연결하는 등 합법화를 달성하여 현재에 이르고 있다.

한편 네덜란드의 경우 국토의 2/3가 해수면 이하에 있기 때문에 제방을 만들고 내부에는 운하가 발달하였다. 네덜란드 사람들은 물에 친숙하였기 때문에 대지를 구하기 힘든 저소득층 사람들은 오래 전부터 강이나 운하에 플로팅 주택을 짓고 살아왔다. 현대에 오면서 연안의 정수역이나 운하 같은 곳에 플로팅 주택이 많이 신축되었고, 경제적으로 여유가 있는 사람들이 선호하는 주거유형이 되고 있다.

플로팅 건축의 필요성

(1) 기후변화에 따른 지구온난화

기후변화로 인하여 지구온난화가 계속되면서 집중호우에 따른 홍수가 그치지 않고 있다. 태국에서는 2011년 7월부터 4개월 동안 국토의 3분의 1이 잠기고 760명의 사망하는 홍수가 있었고, 2013년 6월에는 폭우로 인하여 독일 다뉴브강 수위가 500년 만에 제일 높아져서 수만 명이 대피했고 사망자도 수십 명 발생했다.

그림 13
Flooding in Europe, 2013

(Source: http://newsinfo.inquirer.net/420141/10-dead-thousands-evacuated-as-floods-sweep-europe)

또한 해수면도 지속적으로 상승하고 있는 것으로 알려지고 있다. 해안에 위치한 지역은 범람의 확률이 높아지고 있다. 제방을 높이는 것만으로는 이러한 지구온난화에 따른 지속적인 해수면 상승에 대처할 수 없다.

보다 근본적으로 건축방식을 바꿀 필요가 있다. 즉 종전의 물을 대함에 있어서 제방을 쌓고 완전하게 차단하는 방식(against water)보다는 차라리 물과 공생하는 방식(with water)으로 패러다임을 전환할 필요가 있다. 즉 강이나 바다의 수위가 높아지는 것에 대하여 적절하게 대응하기 위해서는, 플로팅 건축이나 플로터블 건축(floatable building)이 적절한 대안이 될 수 있다.

(2) 여가 생활 및 힐링(healing) 환경

국민들의 소득수준이 높아지면서 여가 생활을 산보다는 물에서 즐기고자 하는 경향이 나타나고 있다. 3면이 바다로 둘러싸인 우리나라에서 해양공간은 개발 잠재력이 높은 미개척 분야로 볼 수 있다. 현재는 마리나를 중심으로 수상레저가 시도되고 있다. 물을 본격적으로 즐기고자 할 때는 수변보다는 수상으로 다가가는 것이 최상이다.

그림 14
Sea Village_02,
Vancouver, BC, Canada

플로팅 주택, 플로팅 호텔(팬션), 플로팅 이벤트홀, 플로팅 마리나, 플로팅 레스토랑, 플로팅 전시관 등이 훌륭한 대안이 될 수 있을 것이다. 미국의 플로팅 주거단지를 돌아보면서 주민들과 대화에서 '힐링' 환경의 일면을 볼 수 있었다. 그들은 거주 이유로서 "평화로운 분위기가 좋아서", "이웃 사람이 좋아서", "자연환경이 좋아서" 등을 들었다. 필자도 짧은 답사 기간이었지만 플로팅 주택에서의 생활이 매우 평안하다는 느낌을 많이 받았다.

플로팅 건축의 국내·외 현황

필자가 답사한 국내·외의 대표적인 플로팅 건축을 소개하고자 한다. 플로팅 건축이 아직 국제적으로 일반화되지는 않았으며, 근대화된 공법으로 시공된 것도 그리 많지 않다. 그러나 네덜란드와 독일을 비롯한 유럽지역, 미국과 캐나다에서 플로팅 건축이 하나의 건축 산업으로 자리 잡아가고 있다. 우리나라에서 플로팅 건축에 대한 연구개발은 국제적인 경쟁력을 갖춘 새로운 건축 산업으로 발전시켜 나가는 동력이 될 수 있을 것이다.

우리나라의 플로팅 건축

우리나라에서 대표적인 플로팅 건축은 2011년 준공된 세빛둥둥섬이다. 디자인이나 건

그림 15
Seoul Floating Islands,
Seoul, Korea

(Source: http://www.somesevit.co.kr/kr/company/gallery/view.do?seq=118/)

축적인 측면보다는 재정, 운영, 정책적인 측면에서 문제점이 많이 지적되어 아직 제대로 사용되지 못하고 있다. 세빛둥둥섬에는 수상에 위치함으로써 유리한 재생에너지 활용이나 친환경 디자인 등의 요소는 별로 보이지 않고, 야간의 현란한 조명이나 조형성을 추구하는 외형 디자인에만 치우친 느낌이 있어서 아쉽다.

또 한강에는 서울 마리나, 플로팅 스테이지 등도 괜찮은 플로팅 건축물로 활용되고 있다. 그러나 한강의 부유식 매점, 바다 낚시터의 부유식 펜션, 유원지 호수의 부유식 간이 건물 등은 주요 구조부가 플라스틱으로 만들어져서 안전성을 보장할 수 없다. 부유식 방파제나 부유식 부두 등이 콘크리트 구조물로 제작되어 비교적 안전하며, 이를 플로팅 건축의 함체로 이용하면 안전한 부유식 건축물이 실현될 수 있을 것으로 기대한다.

유럽지역의 플로팅 건축

국토 상당부분의 레벨이 해수면보다 낮은 네덜란드는 플로팅 건축의 역사가 깊다. 잔잔한 바다, 강이나 운하에 다양한 형태의 플로팅 또는 플로터블(floatable) 건축이 건립되어서 사용되고 있으며, 특히 계획적으로 조성된 대규모 플로팅 주거단지가 많다. 강의 고수부지에 지어져서 자동

그림 16
Floating Residences in
Terwijde, Utrecht, Netherlands

(Source: http://www.hollandhouseboats.com/project-construction/overview/floating-homes-in-utrecht)

차를 이용하여 도로와 보트를 이용하여 수상으로 출입이 가능한 수륙양용주택은 홍수 시에는 수위에 맞춰서 떠오를 수 있는 플로터블 주택이다. 아래 사진은 폭이 넓지 않은 운하에 건립된 단독주택 플로팅 주거단지이다. 지하층은 2/3쯤 물에 잠겨있기 때문에 겨울에는 따뜻하고 여름에는 시원하여 쾌적한 침실로 이용된다.

독일 함부르크 엘베(Elbe)강에는 2010년 국제건축전시회(International Building Exhibition) 때 본부 건물로 사용되었고, 현재는 도시건축정보센터로 활용되는 IBA Dock가 있다. 엘베강은 하루 수위 차가 3.5m 정도인데, 건물은 계류 시설인 돌핀을 이용하여 수위변동에 적응한다. 폰툰은 콘크리트 박스 형태이고, 상부 건물은 모듈러를 적용한 철재 조립식으로 건립되었다. 모듈러 및 조립식 공법은 공장에서 생산함으로써 정밀도를 높이고, 현장에서는 조립이 간편하며 유지관리에 용이하고 공사 시 쓰레기 발생을 최소화할 수 있는 장점이 있다. 기본적으로 엘베강의 수열을 이용하고, 태양열 및 태양광 시스템을 적용하는 등 다양한 신재생에너지 시스템을 활용하여 에너지 자립도를 높이고 화석에너지 의존도를 최소화(Zero Energy)하고 있다.

그림 17
IBA Dock_02,
Hamburg, Germany

(Source: http://www.archdaily.com/288198/iba-dock-architech/)

미주지역의 플로팅 건축

미국과 캐나다의 서해안에는 플로팅 주거단지가 조성되어 오랫동안 많은 사람들이 거주해오고 있다. 캐나다의 밴쿠버 지역은 Fraser River와 Vancouver Harbour에 많은 플로팅 주거가 산재해있으며, 미국 시애틀 지역은 유니언(Union) 호수에 500여 채의 플로팅 주거가 밀집되어 있다. 유니언 호수의 플로팅 홈은 1933년 영화 〈시애틀의 잠 못 이루는 밤〉의 무대가 되어서 더 유명해졌다.

그림 18
Floating Home,
Lake Union, Seattle, WA, USA

시애틀 지역은 오래전에는 땅을 구입할 수 없는 저소득층이 뗏목 위에 자투리 나무로 지은 임시 주거성격의 조악한 플로팅 주택에 살았지만, 이제는 플로팅 주거단지가 상하수도, 전기, 도시가스 등 설비문제를 해결하고, 물과 자연환경으로 둘러싸인 쾌적하고 매력적인 주거공간으로 인식되면서 고급주택단지로 변모하고 있다. 즉 고소득층이 오래되고 낙후된 플로팅 주택을 구입하여 새로운 디자인과 재료로 플로팅 주택을 리모델링/재건축해나가는 사례가 많다. 한편 포틀랜드 지역은 Willamette River에 기존의 오래된 플로팅 주거와 더불어 주택의 규모도 크고 제로에너지 개념이 도입된 플로팅 주택이 신축되는 등 새로운 플로팅 주거단지의 신축이 활발하다.

그림 19
Floating Home Community,
Portland, OR, USA

    2013년 여름 미국 동부지역 플로팅 건축 답사 시에는 좋은 교훈을 얻을 수 있었다. 뉴저지 근처의 Sea Village Marina의 경우 2012년 10월 허리케인 샌디로 인하여 플로팅 주택 주거단지가 전면적으로 파손되는 피해를 입었다. 특히 플로팅 주택 자체보다는 연결 보행로가 많은 피해를 입었다. 물론 당시 허리케인으로 인한 피해는 인근 육지의 건물도 헤아릴 수 없이 많았다고 한다. 현장에서 플로팅 주거단지 매니져를 만났는데, 우리가 국가 지원으로 플로팅 건축에 대한 연구를 하고 있어서 답사 왔다고 말하니, 그는 좋은 국가 연구 과제를 성공적으로 수행하기 바란다고 덕담을 건네주었다. 따라서 플로팅 건축을 아무리 정온 수역에 건립하더라도 태풍 등 자연재해에 대한 충분한 건축적 고려와 대처가 필요함을 절실하게 인식하는 계기가 되었다.

그림 20
Damage by Hurricane Sandy,
Sea Village Marina, NJ, USA

플로팅 건축의 전망

현재까지 아이디어 차원에서 제시되고 있는 플로팅 건축을 소개하고자 한다. 다양한 기능과 디자인을 가진 플로팅 건축이 제안되고 있으며, 경제적/제도적 문제가 해결되면 차차 실현될 것으로 기대한다. 또한 필자가 생각하는 지속가능성을 염두에 둔 앞으로 플로팅 건축의 방향도 제시하고자 한다.

각종 플로팅 건축 제안

플로팅 묘지(Floating cemetery), 홍콩: 국토가 좁은 홍콩은 묘지를 조성할 땅을 찾기가 힘들다. 그렇다고 고층의 납골 건물도 좋은 해결책으로 받아들이지 않는다. 사설 묘지는 가격이 너무 비싸고, 공공 묘지는 대기 순번이 너무 길다. 후손들은 불교 전통에 따라서 선조를 좋은 묘지에 모시고 싶지만 대부분은 화장으로 처리한다. 2010년 홍콩의 한 건축가가 제안한 것으로 바다에 플로팅 납골 묘지를 만들자는 완전히 새로운 제안이다.

그림 21
Columbarium at Sea, Hong Kong

(Source: http://www.archdaily.com/62362/columbarium-at-sea-tin-shun-but/)

플로팅 풀(Floating pool), 프라하, 체코: 도넛 모양의 플로팅 풀은 2012년 프라하의 Vltava강에 제안되었다. 오염된 강을 정화하고 시민들에게 레크리에이션 시설을 제공하고자 하는 2가지 목적을 가지고 있다. 이 강은 산업화 이전에는 오염되지 않아서 시민들이 여름에는 수영하고 겨울에는 스케이트를 탔던 곳이다. 이 건물은 바닥에 물을 정화할 수 있는 시설을 갖추고 있기 때문에 설치되면 시민들이 예전처럼 강을 즐길 수 있을 것으로 기대하고 있다. 1석 2조의 건물로 우리나라 도시의 오염된 강에도 적용이 가능할 것으로 생각된다.

그림 22
Floating Pool, Prague, Czech

플로팅 스타디움(Floating off-shore stadium): 독일의 한 건축사무소가 'FIFA 월드컵 2022'를 위하여 제안한 플로팅 스타디움이다. 규모는

그림 23
Floating Off-shore Stadium, Qatar

65,000석에 260,000㎡이다. 1회성 국제적인 스포츠 행사(올림픽이나 월드컵 등)를 위하여 육지에 스타디움을 건설하면 행사 후 낮은 이용도로 인하여 대부분 운영상에서 큰 경제적 문제가 노출된다. 이런 점을 극복하고자 바다를 통하여 이동이 가능한 플로팅 스타디움이 제안되었다. 이 스타디움은 국제적인 이동성 확보로 인하여 장기간 재사용이 가능해짐에 따라서 경제적 효율성도 확보되는 장점이 있다. 21세기의 새로운 스타디움으로서의 가능성을 보여준다.

플로팅 모스크(Floating mosque), 두바이: 네덜란드 건축사무소 Water-studio가 두바이에 제안한 플로팅 모스크이다. 외형은 전통적인 이슬람 사원 형태를 갖고 있으며, 대규모 콘크리트+스티로폴의 함체 위에 건립된다. 단열 성능이 뛰어난 외벽 재료를 사용하고, 건물 하부의 바닷물을 끌어올려 건물의 구조체를 관통하며 순환시켜서 실내의 온도는 낮추는 수열시스템을 비롯한 다양한 재생에너지도 사용하여, 에너지 측면에서 거의 자립할 수 있는 수준(zero energy)의 건축이다.

그림 24
Floating Mosque, UAE

플로팅 건축의 지속가능성(Sustainability)

현재 건립되어 사용 중인 플로팅 건축을 환경적, 경제적, 사회적 차원에서 지속가능 요소를 분석해보면 다음과 같다. 환경적 차원으로는 플로팅 건축이 물위에 건립되는 특성을 고려하여 수열을 최대한 이용하고, 주변에 장애물이 없는 장점을 살려서 풍력과 태양 에너지도 활용하여 제로에너지 건축을 추구하는 점을 볼 수 있다. 플로팅 건축의 지속가능 요소 중에서 경제적 차원으로는 이동가능으로 인한 장기간 사용, 자연 환기 및 물/자재 재사용, 조립식 및 모듈러 디자인 등을 들 수 있고, 사회적 차원으로는 평화로운 분위기, 랜드 마크, 지역 사회 단결성, 높은 커뮤니티 의식, 지역 가꾸기 등이 있다. 플로팅 건축은 요즘 사회 모든 분야에서 화두가 되고 있는 지속가능성 측면에서 상당히 유리하기 때문에 이를 적용하기 위한 다각적인 노력이 필요하다.

맺으며

플로팅 건축은 육지의 건축에 비하여 지구온난화에 따른 해수면 상승에 유연하게 대비할 수 있고, 물에서 살거나 레크리에이션을 즐기려는 사람들의 욕구를 최대한 충족시킬 수 있는 장점이 있다. 물론 플로팅 건축은 물위에 떠있기 때문에 재난이나 환경오염에 대한 대비가 철저해야 한다는 제한점도 갖고 있다.

플로팅 건축은 수상에 건립되기 때문에 육지의 건축과는 차별성을 갖는 것이 바람직하다. 현란한 외관 디자인만을 추구하는 것은 플로팅 건축으로서 본연의 의미를 살리지 못하는 것이다. 즉 다양한 재생에너지 사용, 자연환경 보존, 물/자재 재사용, 저에너지 건축, 조립식 및 모듈러 디자인, 평안한 환경, 높은 커뮤니티 의식 등 환경적, 경제적, 사회적 지속가능성을 극대화하는 방향으로 플로팅 건축을 발전시켜나가는 것이 바람직하다.

플로팅 건축,
새로운 건축 패러다임

Floating Architecture
as a New Building Paradigm

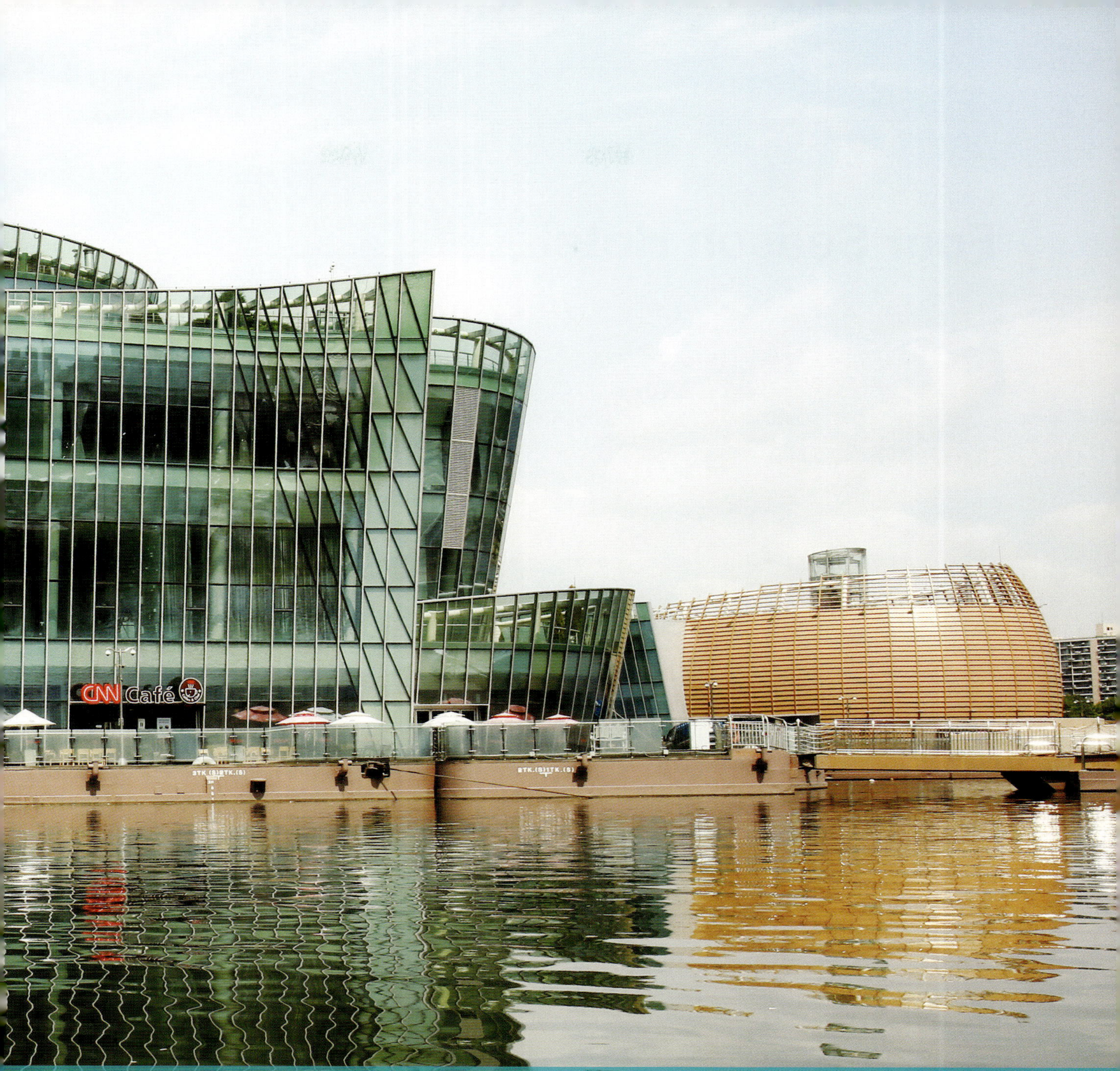

Chapter 02

플로팅 건축 사례

Realized Floating Architectures

Australia

R_AU_01
Four Season Hotel

|개요
Outline | 건축가(Architects): Consafe-Sweden
위치(Location): Queensland, Australia. Saigon, Vietnam. Changjon, North Korea
면적(Project area): 30,000㎡
연도(Project year): 1988 |

그림 25
Four Seasons
Great Barrier Reef Hotel Resort

(Source: Popular Mechanics, January 1988)

그림 26
Postcard of Four Seasons
Great Barrier Reef Hotel Resort

(Source: http://www.queenslandplaces.com.au/node/14069)

그림 27
Overview of
Saigon Floating Hotel

(Source: http://www.skyscrapercity.com/showthread.php?t=488700&page=117)

그림 28
Night View of
Saigon Floating Hotel

(Source: http://www.nknews.org/2014/09/how-saigons-premier-night-spot-ended-up-in-north-korea/)

그림 29
Location 1 of
Hotel Haekumgang

(Source: Google Map)

Australia | Four Season Hotel

R_AU_01

그림 30
Location 2 of
Hotel Haekumgang

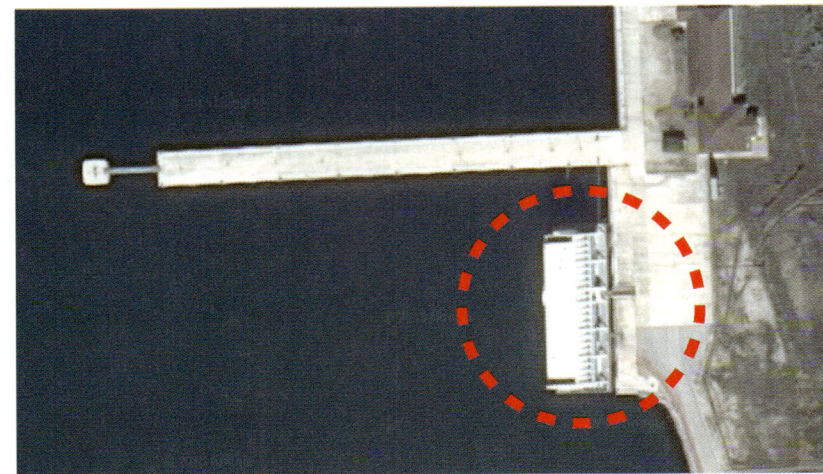

(Source: Google Map)

그림 31
Hotel Haekumgang

(Source: http://www.mtkumgang.com/)

그림 32
Night View of
Hotel Haekumgang

(Source: http://static.panoramio.com/photos/original/9692151.jpg)

그림 33
Lobby of
Hotel Haekumgang

(Source: http://www.mtkumgang.com/)

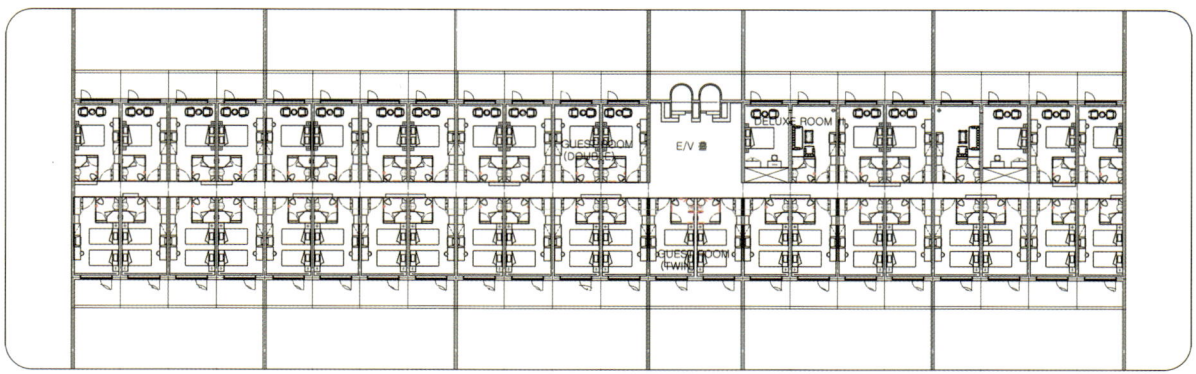

그림 34 Typical Floor Plan of Hotel Haekumgang

(Source: unknown)

설명(Description)[16]

이 호텔은 세계 최초로 해안에 건립된 대규모(객실 규모 200실) 플로팅 호텔로서, 호주 퀸스랜드주 동쪽 연안의 세계 최대 산호초 지역(great barrier reef, 길이 약 2,000km) 관광을 위하여 인근에 정착되었다.

---

16) Eric Hunting(2010), Impact of the Financial Crisis on the Human Colonization of Space In(http://tech.groups.yahoo.com/group/luf-team/message/12488). Saigon Floating Hotel Homepage(http://saigonfloatinghotel.com/). Floating Hotel Near Australia's Great Barrier Reef, Popular Mechanics, 1988.1, p.86(http://books.google.co.kr/books?id=IuQDAAAAMBAJ&pg=PA86&lpg=PA86&dq=floating+hotel+great+barrier+Reef&source=bl&ots=we5xnooT_9&sig=pB3yFrRnOMGOTT6oM7ERhxzAkso&hl=en&ei=yVjPTI2vC8GclgfVxfGWBg&sa=X&oi=book_result&ct=result&resnum=2&ved=0CCEQ6AEwATgK#v=onepage&q=floating%20hotel%20great%20barrier%20Reef&f=false)

Australia R_AU_01
Four Season Hotel

산호초 지역이 항구에서 약 70km 정도로 그리 멀지 않은 곳에 있었기 때문에, 관광회사는 이러한 플로팅 호텔을 제공하면 관광객이 현저하게 증가할 것으로 예상했다.

이 5성급 플로팅 호텔은 Consafe-Sweden사가 설계하고 1987년 싱가포르 Bethlehem 조선소에서 건조하여, 호주로 인도되어 1988년 3월 개장되었다. 싱가포르에서 건조된 이 7층 호텔 건물을 호주로 이동시키는 것도 공학적 모험이었다. 기술자들은 중량화물 캐리어 운반선에 물을 채워서 반잠수 상태로 플로팅 호텔 구조물 아래에 밀어 넣은 후, 운반선의 물을 빼내면 떠오르면서 구조물이 물 밖으로 나온다. 이런 상태로 운반선이 호주의 산호초 지역으로 옮기고 그 자리에서 역순으로 플로팅 호텔을 설치하였다.

현장 작업자들은 호텔과 테니스 코트, 마리나 및 나머지 부대시설들을 연결하였다. 전체 리조트를 정착시킨 방식은 원래 초대형 유조선을 위해 개발된 계류 시스템이다.

이 호텔은 기네스북에 올라있는데 이유는 세계 최초의 플로팅 호텔로서가 아니라, 단일 건물 프로젝트에서 환경관련 연구가 가장 많았기 때문이다. 그만큼 이 호텔의 설치에 따른 환경적 논란이 많았다는 이야기이다.

시설은 각종 호화 편의시설뿐만 아니라 담수화 공장, 하수처리 시설, 수중 관망대, 산호초 관광을 위한 반잠수 선 등을 갖추었다. 또한 테니스 코트, 마리나, 수영장 등 부대시설은 부유식 교량으로 연결되었다. 산호초의 예민한 생태시스템에 악영향을 주지 않기 위하여 호텔의 기계실은 거의 소음이 없는 수준으로 운영하는 것을 목표로 했다.

프로젝트 진행 초기에 몇 가지 사고가 있었다. 400명 승객을 운반하도록 설계된 쌍동선은 첫 서비스 이전에 불이 나서 파괴되었다. 태풍이 몰아쳐서 테니스 코트를 포함한 부대시설이 공식적인 개원 이전에 피해를 입었다.

이후 이 플로팅 호텔은 다시 파란만장한 역사를 겪게 되는데, 1989년 세계적인 경제 침체 시 운영의 어려움을 이겨내지 못하고 베트남으로 팔리게 된다. 일본계 회사가 인수하여 사이공 플로팅 호텔로 이름을 바꾸고 고급 호텔로서 명성을 얻으면서 잘 운영되었으나, 1997년 베트남 정부가 면허를 취소하면서 이용이 중단되었다.

이 호텔은 싱가포르로 이송되어 수리하면서 새로운 주인을 기다리던 중, 2006년 대한민국 현대아산이 인수하고 리모델링하였다. 북한의 장전항에 〈호텔 해금강〉이란 이름으로 설치하고 금강산 관광사업에서 숙소로 이용하였으나, 2008년 7월 남한 관광객 총격 피살 사건 이후 현재까지 운영이 중단된 상태이다.

호텔로의 출입은 호주 연안에 위치했을 때는 선박, 헬리콥터, 보트 등으로 이루어졌으나, 사이공 플로팅 호텔이나 호텔 해금강의 경우는 부두를 조성하고 간단한 잔교를 설치하여 시설로의 출입이 이루어졌다.

Austria

R_AUS_01
Floating Cafe_ Murinsel

|개요 Outline | 건축가(Architects): Vito Acconci, PURPUR.ARCHITEKTUR
위치(Location): Graz, Styria, Austria
면적(Project area): 930 sqm
연도(Project year): 2003 |

그림 35
Location 1 of
Floating Cafe_ Murinsel

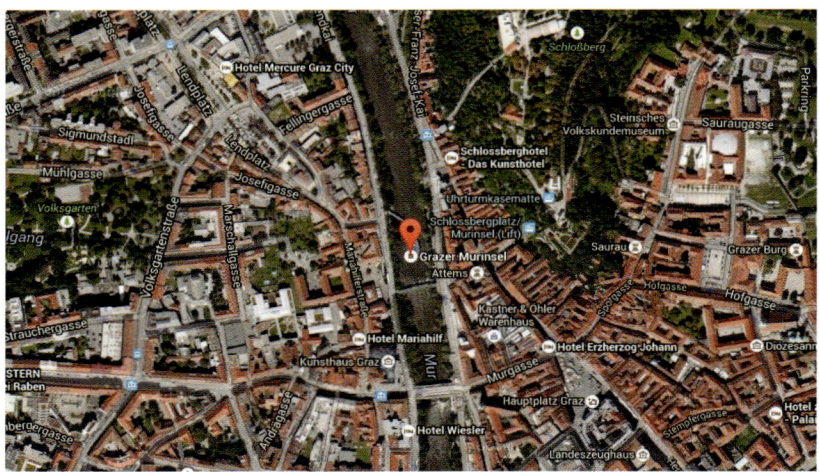

(Source: Google Map)

그림 36
Location 2 of
Floating Cafe_ Murinsel

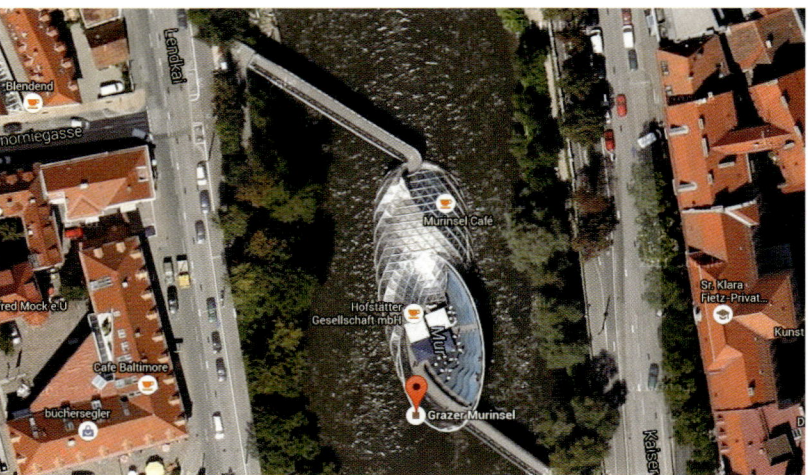

(Source: Google Map)

그림 37
Night view of
Floating Cafe_ Murinsel

(Source: http://pixgood.com/aiola-island-bridge.html)

그림 38
Overview of
Floating Cafe_ Murinsel

(Source: http://www10.aeccafe.com/blogs/arch-showcase/files/2014/01/2003_Mur-Island_01.jpg)

Austria
R_AUS_01
Floating Cafe_ Murinsel

그림 39
Amphitheater of
Floating Cafe_ Murinsel

(Source: http://commons.wikimedia.org/wiki/File:Graz_Murinsel_Innen_02.JPG)

그림 40
Interior of
Floating Cafe_ Murinsel

(Source: http://www10.aeccafe.com/blogs/arch-showcase/files/2014/01/2003_Mur-Island_07.jpg)

그림 41
Walkway of
Floating Cafe_ Murinsel

(Source: http://architecturelinked.com/profiles/blogs/aiola-island-bridge)

그림 42
Site Plan of
Floating Cafe_ Murinsel

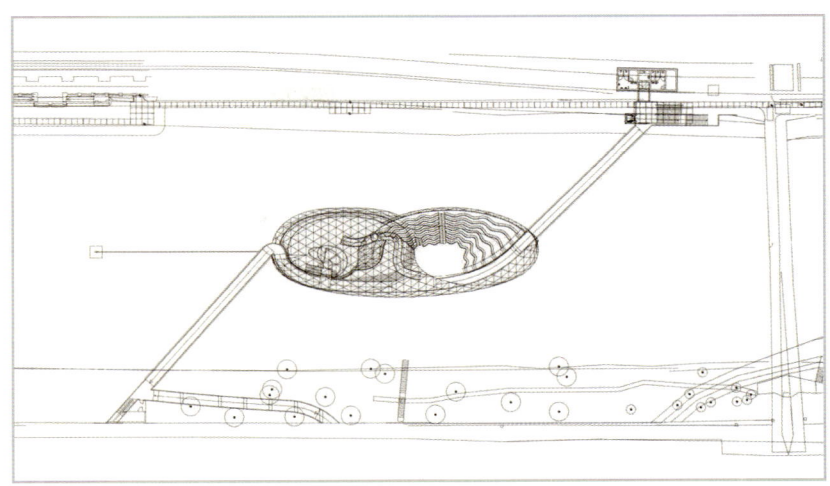

(Source: http://www10.aeccafe.com/blogs/arch-showcase/files/2014/01/2003_Mur-Island_12.jpg)

그림 43
Section of
Floating Cafe_ Murinsel

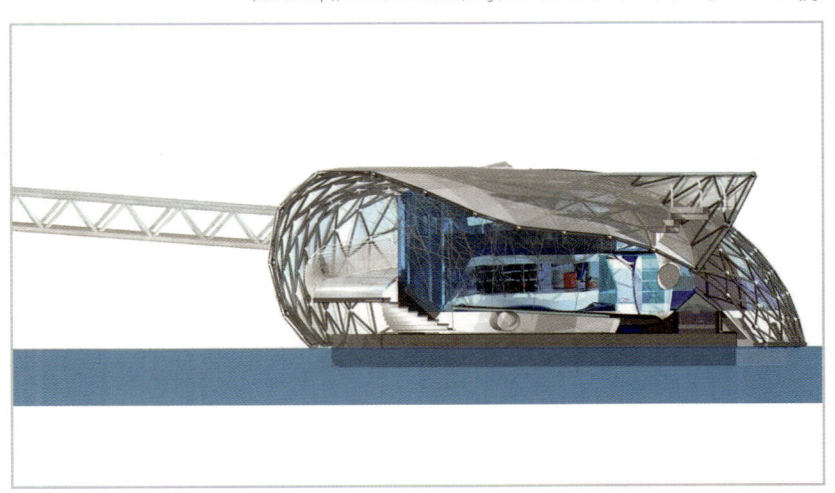

(Source: http://www10.aeccafe.com/blogs/arch-showcase/files/2014/01/2003_Mur-Island_14.jpg)

설명(Description)[17] Austria Graz에 있는 Murinsel(독일어로 Mur island)은 실제로 섬은 아니고, Mur강 가운데 있는 인공 플로팅 플랫폼이다. Graz의 이 랜드마크는 Graz가 2003년 유럽 문화수도가 되는 행사를 맞이하여 뉴욕 예술가인 Vito Acconci에 의뢰하여 디자인되었다.

---

17) Murinsel, Wikipedia(http://en.wikipedia.org/wiki/Murinsel), Graz Tourist Office Homepage(http://www.graztourismus.at/en/see-and-do/sightseeing/sights/island-in-the-mur_sh-1223)

Austria

Floating Cafe_ Murinsel

건물의 형태는 거대한 바다조개를 연상시키며 길이는 47m이다. 건물과 연결된 2개의 보행교가 Mur강 양 둑을 연결한다. 플랫폼 중앙은 계단식 좌석으로 구성된다. 뒤틀어진 둥근 돔 아래에는 카페와 놀이터가 자리 잡고 있다.

Murisel은 Mur강을 Graz주민들에게 돌려주었다. 몇 년 전까지만 해도 강은 하수와 산업 폐수로 오염되어 있었다. Mur강은 19세기의 규제 이후 하상을 12m나 깊게 파낸 사실에 거의 주민들이 관심을 갖지 않았다. 현재는 도시를 연결하고 나누는 강이 수질을 회복했고 주민들과 친근해지고 있다.

이 프로젝트는 접근 가능한 인공 섬으로서 47m 그물 모양의 철 구조물이다. 곡면의 구부러진 형태는 반 개방된 셀과 연계될 수 있다. 개방된 부분에 있는 물결 모양의 청색 벤치는 모든 종류의 이벤트에 적합한 계단식 객석이 된다. 돔형의 유리지붕은 강물로 식혀주며, 청색과 백색의 카페는 Mur강을 가까이서 즐길 기회를 제공한다. 심지어 지역주민들에게도 새로운 느낌을 준다. 카페와 계단식 좌석 사이에는 밧줄과 미끄럼틀로 만들어진 3차원 미로는 어린이들에게 'island adventure'를 약속한다.

소위 이 섬은 사실상 배로 볼 수 있다. 이것은 닻에 계류되어 있고, 강의 양 둑을 연결하는 2개의 보행교에 의해서 추가적으로 고정되어 있다. 이 섬은 항해등(navigation lights)도 갖고 있는데 Mur강에서 길 잃은 다른 배에게 경고하기 위함이다. 이 섬은 야간에도 밝은 청색으로 빛나고 있기 때문에 어쨌든 간과될 수도 없다.

'문화수도' 이후, 주민들이 이 섬과 사랑에 빠지지 않았더라면, 이 섬은 다른 도시에 팔렸을 것이다. 그래서 현재 이 섬은 강에 잘 계류되어 있다. 아마도 향후 50년은 지속되고, 100년 빈도 홍수에도 이 섬은 파괴되지 않을 것이다. 그것은 Graz University of Technology가 기술적인 분석을 담당하면서 약속했기 때문이다.

Canada

R_CA_01
Riversbend Floating Homes

|개요
Outline | 건축가(Architects): -
위치(Location): Richmond, BC, Canada
면적(Project area): - sqm
연도(Project year): - |

그림 44
Location 1 of
Riversbend Floating Homes

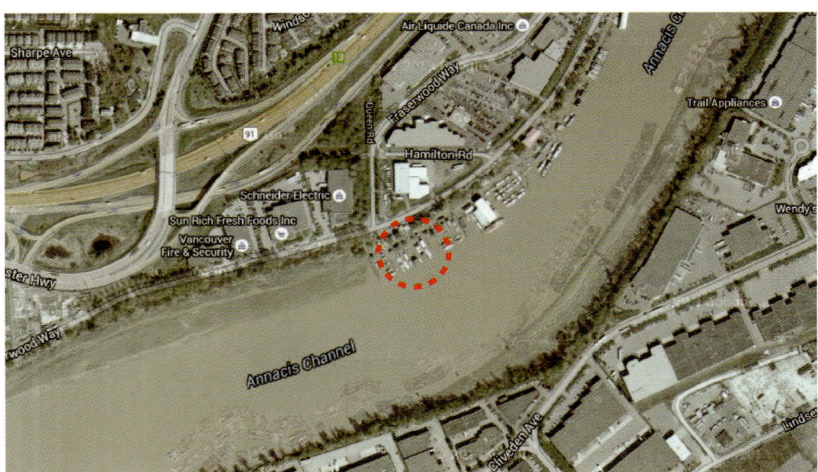

(Source: Google Map)

그림 45
Location 2 of
Riversbend Floating Homes

(Source: Google Map)

Canada — Riversbend Floating Homes

R_CA_01

그림 46
Front of
Riversbend Floating Homes

그림 47
Entrance of
Riversbend Floating Homes

그림 48
Access Bridge of
Riversbend Floating Homes

그림 49
Overview 1 of
Riversbend Floating Homes

그림 50
Overview 2 of
Riversbend Floating Homes

그림 51
A Unit of
Riversbend Floating Homes

Canada   R_CA_01
Riversbend Floating Homes

그림 52
Parking Lot of
Riversbend Floating Homes

설명(Description)   이 주거단지는 도시 외곽에 위치하고 있으며, 플로팅 주택과 요트가 같은 폰툰과 계류시설을 이용하고 있어서 주택과 요트가 혼재된 상태로 보인다. 물이 맑지 않고 집들의 상태로 상당히 노후화된 것으로 보인다. 11호 규모로서 소규모이며 매우 한적한 느낌을 준다. 주변에 쇼핑센터, 학교 등 커뮤니티 시설이 부족하여 생활에는 다소 불편할 것 같다.

폰툰의 재료는 대부분 목재이고 최근 신축한 것은 콘크리트도 있다. 계류는 돌핀 방식으로 목재가 대부분이나 철재도 혼용되고 있다. 주택의 배치는 양면형이나 아직 빈자리(slip)가 많아서 추후 신축을 위한 여유 공간은 충분하다.

이 플로팅 주거단지에서 30년 이상 거주하고 있다는 한 주민을 만나서 간단한 인터뷰를 하였는데, 여기에 거주하는 이유를 물었더니 "주거단지가 평화로워서(peaceful)", "주변 환경이 조용하고 좋아서", "이웃 사람이 좋아서", "시내에 비하여 거주비용이 저렴해서" 등을 꼽았다.

R_CA_02
Richmond Marina

개요
Outline

건축가(Architects): –
위치(Location): Richmond, BC, Canada
면적(Project area): – sqm
연도(Project year): –

그림 53
Location 1 of Richmond Marina

(Source: Google Map)

그림 54
Location 2 of Richmond Marina

(Source: Google Map)

067

Canada R_CA_02
Richmond Marina

그림 55
Gate & Access Bridge of Richmond Marina

그림 56
Overview 1 of Richmond Marina

그림 57
Overview 2 of Richmond Marina

그림 58
Walkway of Richmond Marina

그림 59
Floating Home Unit 1 of Richmond Marina

Canada — Richmond Marina
R_CA_02

그림 60
Floating Home Unit 2a of Richmond Marina

그림 61
Floating Home Unit 2b of Richmond Marina

그림 62
Administration Office of Richmond Marina

그림 63
Yacht Mooring Facility adjacent to Richmond Marina

설명(Description)

이 플로팅 주택 주거단지는 대중교통이 편리하고, 쇼핑과 레크리에이션 시설이 가까이 있고, 올림픽 시설, 밴쿠버 국제공항도 가까워서 접근성이 양호하다. 주택의 수준은 서민층에서 중간층 정도로 보인다. 한 주택은 완전히 일본식으로 신축되어서 눈에 뜨인다.

주거단지는 30여 호의 플로팅 주택으로 구성되고 보행로 주변으로 요트 계류도 함께 이루어지고 있다. 인접하여 대규모 요트 계류장이 위치하고 있어서, 주변의 고층 아파트 거주자들도 많이 이용할 것으로 추정된다.

폰툰의 재료는 대부분 목재이나 신축된 주택의 경우는 콘크리트도 보인다. 계류는 돌핀 구조이고 목재로 되어 있다. 주택의 배치는 여러 겹의 양면형이고 플로팅 주택 대부분이 육지 쪽에 인접해 있어서 강 쪽으로의 조망은 좋은 편은 아니다. 인접한 육상에 관리사무소와 주차장이 있다.

Canada

R_CA_03
Ladner Reach Marina

개요 Outline

건축가(Architects): –
위치(Location): Delta, BC, Canada
면적(Project area): 153 sqm/Unit
연도(Project year): 1987

그림 64
Location 1 of
Ladner Reach Marina

(Source: Google Map)

그림 65
Location 2 of
Ladner Reach Marina

(Source: Google Map)

그림 66
Entrance Gate of
Ladner Reach Marina

그림 67
Parking Lot & Storage of
Ladner Reach Marina

그림 68
Common Space of
Ladner Reach Marina

Canada R_CA_03
Ladner Reach Marina

그림 69
Access Bridge of
Ladner Reach Marina

그림 70
Overview 1 of
Ladner Reach Marina

그림 71
Overview 2 of
Ladner Reach Marina

그림 72
Walkway of
Ladner Reach Marina

그림 73
Photo with
Executive Members of FHA

그림 74
Floating Home Unit 1 of
Ladner Reach Marina

Canada — Ladner Reach Marina

R_CA_03

그림 75
Floating Home Unit 2 of Ladner Reach Marina

그림 76
View from the Living Room in Ladner Reach Marina

그림 77
Balcony of the Living Room in Ladner Reach Marina

그림 78
Mechanical Room of
Floating Home Unit in
Ladner Reach Marina

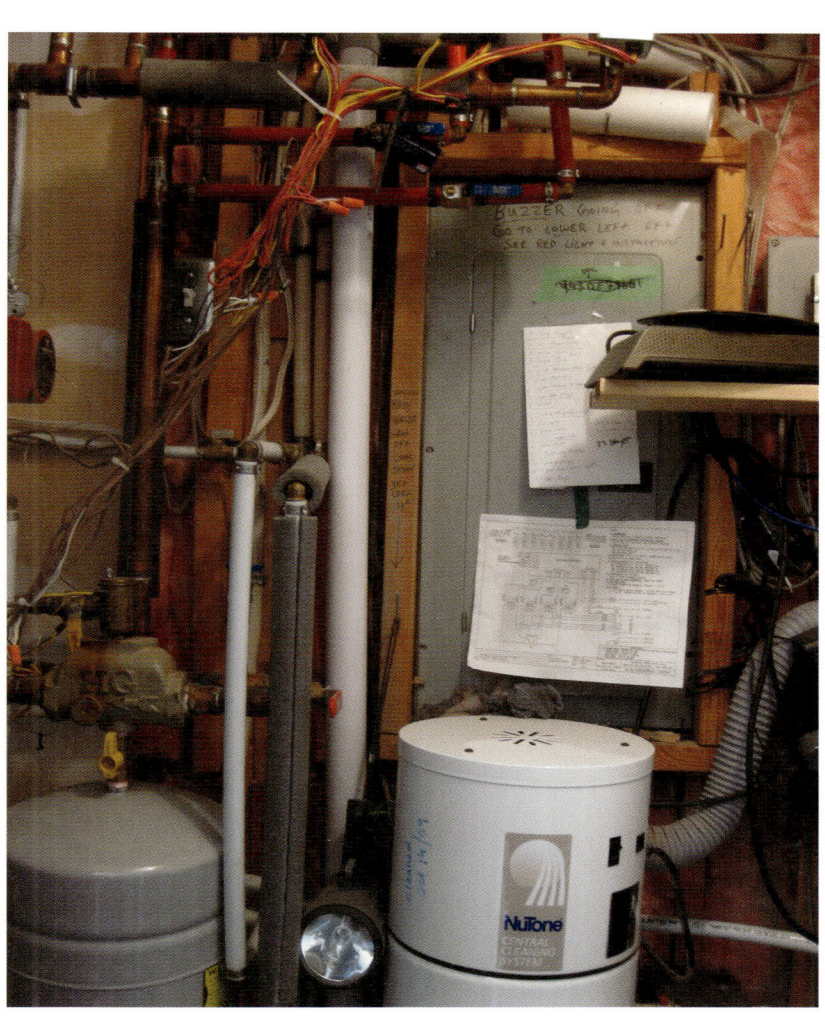

그림 79
Fire Station of
Ladner Reach Marina

Canada | Ladner Reach Marina

<small>R_CA_03</small>

그림 80
Utility Station of
Ladner Reach Marina

설명(Description) 이 플로팅 주택 단지는 늪지, 산, 낙조를 볼 수 있는 좋은 자연환경적 경관을 갖고 있으며, 철새도래지가 가까이 있고, 행정기관이나 업무지역과 가까이 있어서 도시적 접근성도 좋은 편이다.

주택의 배치가 일면형으로 되어 있어서 각 세대에서 강으로의 조망을 가로막는 것은 없다. 특히 플로팅 건축협회 한 임원의 집을 방문했을 때[18], 그의 지적처럼 거실에서 밖을 내다보면 산, 물, 밭 정도만 보일 뿐 인공물은 아무것도 보이지 않는 수려한 조망을 가지고 있다.

---

18) 플로팅 주택협회(FHA, Floating Home Association Pacific Canada: http://www.floathomepacific.com/index.htm) Sally, Don, Everette 등 임원들의 안내를 받아서 보트를 타고 강을 따라서 플로팅 주택을 외부에서 둘러보고, 내부도 답사하는 기회를 가졌다.

그는 수상에 건축하기 때문에 외벽 재료 선정 시 내구성을 충분히 고려해야 한다는 점을 강조한다. 특히 알루미늄 재료의 경우도 피막을 제대로 입힌 것을 사용하는 등 재료 선정에 유의해야 함을 지적한다. 플로팅 홈의 균형을 잡기 위해서는 floating tank(철재), lead block, 공기 넣는 통(air bladder) 등을 이용한다고 설명한다.

폰툰 재료는 대부분 목재로 되어 있으며 일부 신축된 경우는 콘크리트(6.6m×8.4m)도 있다. 계류는 목재 돌핀으로 되어 있다. 단지 입구 육상에 공용 공간, 세대별 창고(2.4m×6.0m), 주차장(2대/세대) 등이 있다.

이 주거단지를 답사하기 직전에 플로팅 건축 전문업체인 IMF(International Marine Floatation Systems Inc., http://www.floatingstructures.com/)를 방문하였다. 현장 소장인 Dan Wittenberg의 안내로 공장을 답사하였다. 세계에서 자기네 플로팅 건축이 기술적으로 제일이라고 한다. 플로팅 홈이 건축인가 배인가? 라는 나의 질문에 대하여, IMF가 신축한 플로팅 홈은 건축물로서 인정을 받기 때문에 보험도 마리나 보험이 아니고 하우스 보험을 들고 있다. 그에 의하면 기술자가 건축물이라고 하면 되었지 더 이상 무슨 설명이 필요하냐는 것이다. 즉 건축물이라는 서류에 건축가가 사인을 했으면 된 것이라는 설명이다. 플로팅 홈도 일반 건축물과 마찬가지로 'maintenance free'가 되어야 한다며, Sally에게 그간 어떠했냐고 물으니 23년간 아무런 문제가 없었다고 대답한다.

현장을 돌면서 설명해주는데, 함체는 그간 많이 보았던 스티로폴을 콘크리트로 둘러싸는 공법이다. 이음 부분에 대하여 rigid 연결이 아니고 semi-rigid연결이라고 설명한다. 플로팅 홈은 육상에서 완성한 후에 진수한다. 현재도 많은 프로젝트를 수행중인데 뉴욕, 시애틀 등 미국, 캐나다, 유럽지역까지 납품한다고 한다.

Canada

R_CA_04
Fort Langley Residential Marina

개요
Outline

건축가(Architects): –
위치(Location): Langley, BC, Canada
면적(Project area): – sqm
연도(Project year): 2001

그림 81
Location 1 of
Fort Langley Residential Marina

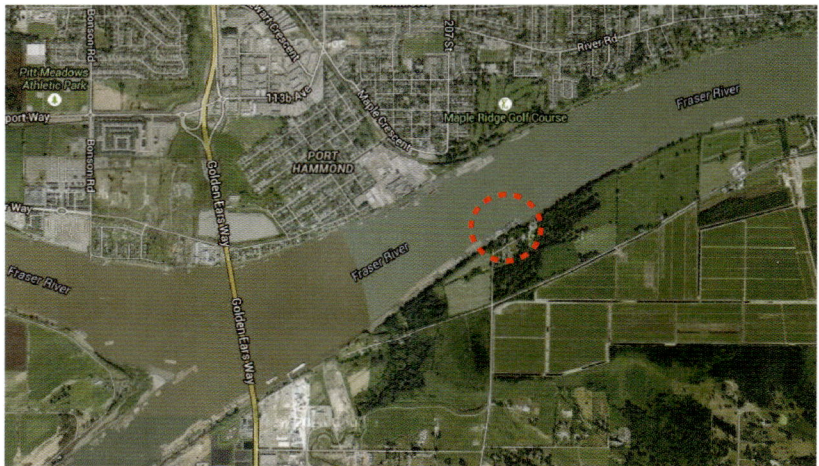

(Source: Google Map)

그림 82
Location 2 of
Fort Langley Residential Marina

(Source: Google Map)

그림 83
Gate of
Fort Langley Residential Marina

그림 84
Access Bridge of
Fort Langley Residential Marina

그림 85
Overview 1 of
Fort Langley Residential Marina

Canada — R_CA_04 Fort Langley Residential Marina

그림 86
Overview 2 of
Fort Langley Residential Marina

그림 87
Floating Home Unit 1 of
Fort Langley Residential Marina

그림 88
Floating Home Unit 2 of
Fort Langley Residential Marina

그림 89
Walkway of
Fort Langley Residential Marina

그림 90
Fire Hydrant Box of
Fort Langley Residential Marina

그림 91
Electricity Station of
Fort Langley Residential Marina

Canada — Fort Langley Residential Marina

R_CA_04

설명(Description) 이 플로팅 주택 주거단지는 고속도로와 쇼핑센터에 가깝게 위치하고 있어서 접근성이 양호하다. 그러나 Fraser강에 있기 때문에 주변 환경은 조용하고 평안하다. 주거단지는 플로팅 주택 30여호로 이루어져 있으며, 가운데 통로를 중심으로 양쪽으로 주택을 배치한 양면형이다. 육지 쪽에 면한 주택은 숲을 볼 수 있고, 강 쪽에 면한 주택은 물을 보는 조망을 즐길 수 있다.

대부분 주택의 폰툰 재료는 목재이고, 계류는 철재 및 목재 돌핀을 채택하고 있다. 단지 입구 육상에 창고와 주차장을 갖추고 있다. 입구 안내판을 보니 이 주거단지는 2001년 준공되어 10여 년이 지나고 있다.

R_CA_05
Sea Village

개요 Outline	건축가(Architects): – 위치(Location): Vancouver, BC, Canada 면적(Project area): – sqm 연도(Project year): –

그림 92
Location 1 of
Sea Village

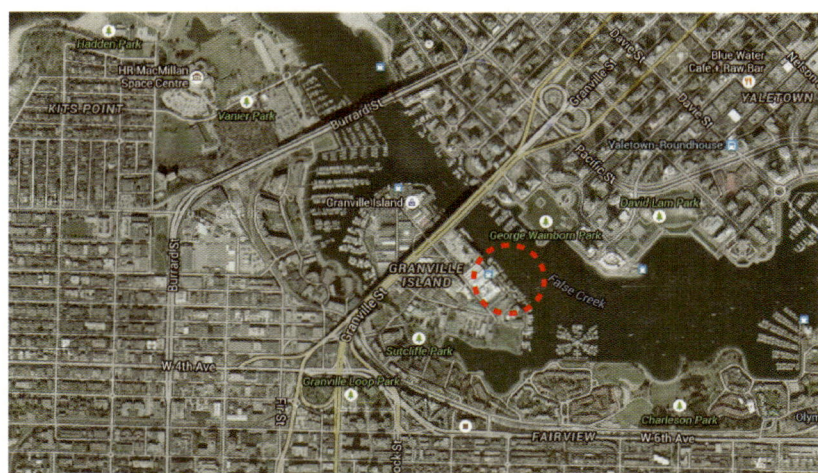

(Source: Google Map)

그림 93
Location 2 of
Sea Village

(Source: Google Map)

Canada R_CA_05
Sea Village

그림 94
Information of Sea Village

그림 95
Access Bridge of Sea Village

그림 96
Post Boxes of Sea Village

(Source: http://vancouverisawesome.com/2010/05/17/sea-village-houseboats/)

그림 97
Overview 1 of Sea Village

그림 98
Overview 2 of Sea Village

그림 99
Walkway of Sea Village

Canada — Sea Village

R_CA_05

그림 100
Gardens of Sea Village

그림 101
Floating Homes 1 of Sea Village

그림 102
Floating Homes 2 of
Sea Village

그림 103
Floating Homes 3 of
Sea Village

그림 104
Floating Homes 4 of
Sea Village

(Source: http://vancouverisawesome.com/2010/05/17/sea-village-houseboats/)

Canada
R_CA_05 Sea Village

그림 105
Water Leisure Equipments of Sea Village

설명(Description)[19]

이 플로팅 홈 커뮤니티는 밴쿠버 다운타운의 Granville Island에 위치해있으며 13개 플로팅 홈으로 구성되어 있다. 주택의 옥상에 올라가면 360도 전망이 좋다. 주변에 각종 식품 점포, 레스토랑, 극장, 꽃 가게, 지역 예술품 등을 취급하는 곳 등 편의시설이 자리 잡고 있고, 물 공원도 있어서 주거환경이 좋은 편이다.

폰툰의 재료는 주로 콘크리트이고, 계류는 돌핀 방식으로 목재를 사용한다. 배치는 통로의 한쪽에만 주택을 설치하는 일면형이나, 통로를 'T'자형으로 확장한 콤팩트한 형태로 일부 주택만이 False Creek와 원경의 공원의 조망을 즐길 수 있다.

Sea Village는 독특한 위치와 건축으로 인하여 밴쿠버의 가장 인기 있는 수변 부동산이 되고 있다. 이 주거단지는 컬러풀한 클러스터로 지역에서 가장 매력적인 부분을 이루고 있다. 1980년대 Coal Harbour로부터 플로팅 홈들이 Granville Island로 재배치되었다. 해가 거듭되면서 원래의 서민적인 플로팅 주택들이 고가의 플로팅 홈으로 대체되어오고 있다.

---

19) 'Sea Village' is False Creek's Most Unique Real Estate, 2010.11.15, False Creek Real Estate(http://falsecreekrealestate.ca/2010/11/sea-village-false-creeks-real-estate/)

Canada

R_CA_06
Floating Cottage Prefab on Lake Huron

개요 Outline	건축가(Architects): MOS - Michael Meredith, Hilary Sample 위치(Location): Ontario, Canada 면적(Project area): 186 sqm 연도(Project year): 2005

그림 106
Overview 1 of Floating Cottage Prefab on Lake Huron

(Source: http://www.archdaily.com/10842/floating-house-mos/)

그림 107
Overview 2 of Floating Cottage Prefab on Lake Huron

(Source: http://www.archdaily.com/10842/floating-house-mos/)

Canada R_CA_06
Floating Cottage Prefab on Lake Huron

그림 108
Night View of
Floating Cottage Prefab
on Lake Huron

(Source: http://www.archdaily.com/10842/floating-house-mos/)

그림 109
Living Room of
Floating Cottage Prefab
on Lake Huron

(Source: http://www.archdaily.com/10842/floating-house-mos/)

그림 110
Model of
Floating Cottage Prefab
on Lake Huron

(Source: http://www.archdaily.com/10842/floating-house-mos/)

그림 111
1st Floor Plan of
Floating Cottage Prefab
on Lake Huron

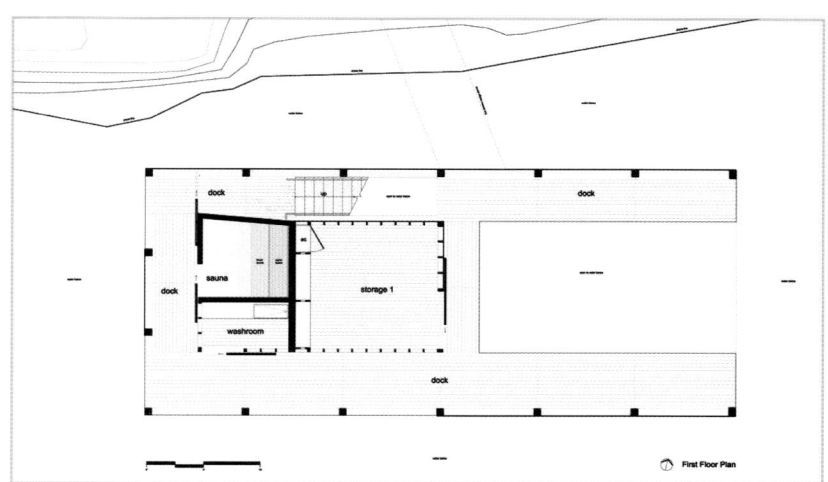

(Source: http://www.archdaily.com/10842/floating-house-mos/)

그림 112
2nd Floor Plan of
Floating Cottage Prefab
on Lake Huron

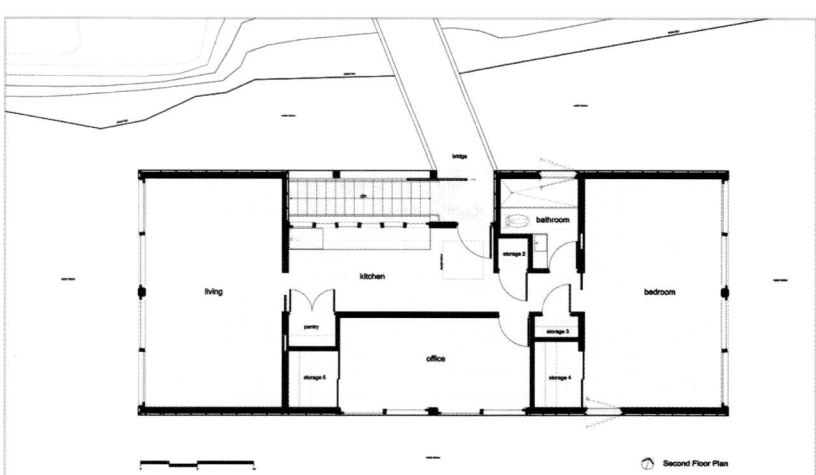

(Source: http://www.archdaily.com/10842/floating-house-mos/)

그림 113
Section of
Floating Cottage Prefab
on Lake Huron

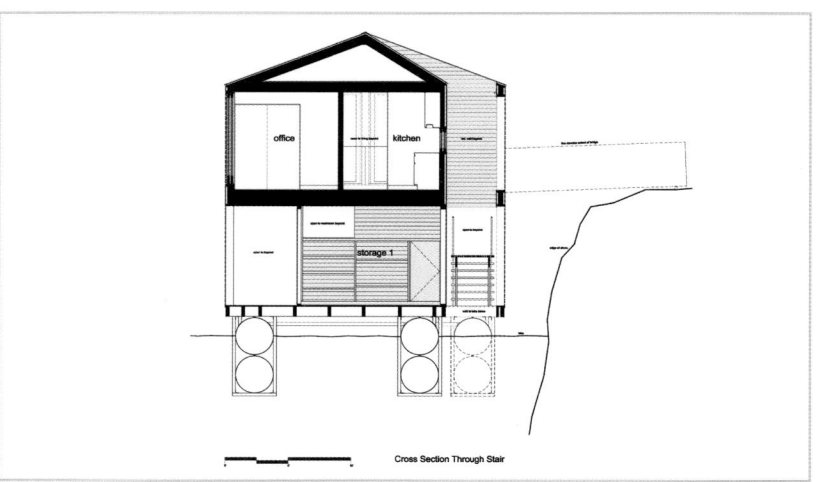

(Source: http://www.archdaily.com/10842/floating-house-mos/)

Canada R_CA_06
Floating Cottage Prefab on Lake Huron

설명(Description)[20]

이 프로젝트는 Lake Huron의 섬이라는 독특한 장소의 대지 조건과 토속적인 주거 유형의 교차점에 있다. 큰 호수 수면 위라는 위치로 인하여 대지와의 관계뿐만 아니라 주택의 조립과 시공에 복잡성이 있다. 계절적 변화에 따라서 매년 주기적으로 반복되는 물의 변화는 지구환경의 변화와 복합화되면서 Lake Huron의 수위가 해와 달이 갈수록 급격하게 변화하고 있다. 이러한 꾸준하고 역동적인 변화에 대응하기 위해서, 주택은 철제 폰툰 구조물 상부에 축조되어있기 때문에 호수의 수위 변동을 수용할 수 있다.

외딴 섬에 집을 짓는 것은 또 다른 제한점을 노출시킨다. 전통적인 공사방식을 적용한다면 공사비가 너무 과다하게 된다. 공사비의 주요 부분은 자재를 외딴 섬에 운반하는데 사용될 것이다. 그러나 시공자는 대지의 독특한 특성의 활용을 극대화하는 조립식 공법을 고안하였다.

건축자재는 호수 연안에 위치한 시공자의 조립공장으로 배달되었다. 폰툰과 연결된 철재 플랫폼 구조가 완성되고, 작업장 외부의 호수로 견인되었다. 연안의 언 호수 위에서 조립 작업자들은 주택을 건립했다. 구조물은 현장으로 견인되고 계류되었다. 전체적으로, 다양한 공사 단계 동안, 주택은 호수 위에서 약 80km의 거리를 이동했다.

주택의 외피는 토속 주택의 삼나무 판재를 이용하여 실험적으로 시공되었다. 이러한 친근한 형태는 내부 거실공간을 둘러쌀 뿐 아니라, 호수와 직접 연계되는 개방공간과 외부공간을 둘러싼다. 이 삼나무 외피는 주택에서 실질적으로 풍압과 열 획득을 감소시켜준다.

---

20) Floating House / MOS Architects, 2008.12.29, ArchDaily(http://www.archdaily.com/?p=10842)

Canada

R_CA_07
UBC Boathouse

개요
Outline

건축가(Architects): McFarland Marceau Architects Ltd
위치(Location): Richmond, BC, Canada
면적(Project area): 1,320 sqm
연도(Project year): 2008

그림 114
Location 1 of UBC Boathouse

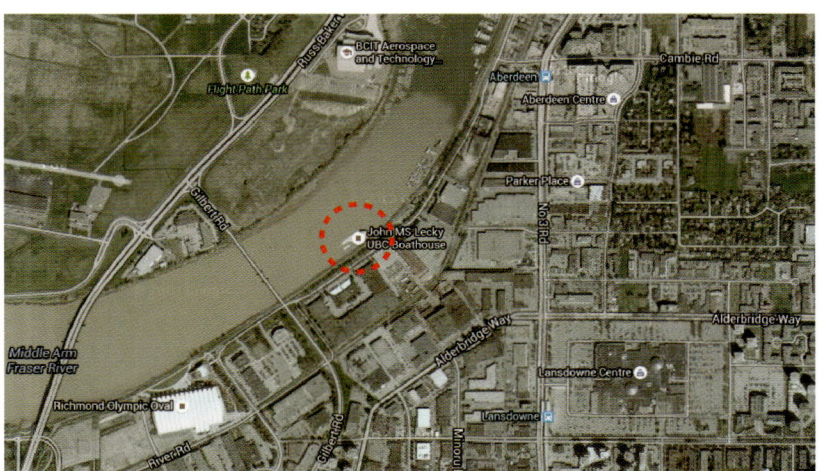

(Source: Google Map)

그림 115
Location 2 of UBC Boathouse

(Source: Google Map)

095

Canada

R_CA_07
UBC Boathouse

그림 116
Entrance Gate of
UBC Boathouse

(Source: http://ubcboathouse.com/gallery/facility/)

그림 117
Access Bridge of
UBC Boathouse

그림 118
Overview of
UBC Boathouse

(Source: http://www.mmal.ca/ubcboathouse/page2.html)

그림 119
Water Side View of
UBC Boathouse

그림 120
Event Hall 1a of
UBC Boathouse

(Source: http://www.mmal.ca/ubcboathouse/page6.html)

그림 121
Outdoor Deck of
UBC Boathouse

(Source: http://www.mmal.ca/ubcboathouse/page2.html)

Canada R_CA_07
UBC Boathouse

그림 122
Dolphin Mooring of UBC Boathouse

그림 123
Equipment Storage of UBC Boathouse

그림 124
Event Hall 1b of UBC Boathouse

(Source: http://blog.christanicolephotography.com/2013/08/02/jordan-riley-ubc-boathouse-wedding/)

그림 125
Outdoor Event of UBC Boathouse

(Source: http://blog.christanicolephotography.com/2013/08/02/jordan-riley-ubc-boathouse-wedding/)

Canada R_CA_07
UBC Boathouse

설명(Description)[21]

UBC Boathouse는 2층 플로팅 건물인데, 드래곤 보트와 전동 코치용 보트뿐만 아니라 조정용 보트의 출입을 위한 플로팅 콘크리트 도크로 둘러싸여 있다. 폰툰은 콘크리트로 제작되었으며, 계류는 돌핀 방식으로 콘크리트 말뚝을 사용했다. 건물은 Fraser River의 중앙 부분에 자리 잡고 있기 때문에, 제방을 따라서 조성된 공공 주차장을 통해서 건물로의 출입이 가능하다.

그곳은 상업적인 보트 교통에 인접한 Fraser River의 유일한 부분이기 때문에, 고요한 수 공간이 펼쳐져서 조정이나 노 젓는 스포츠를 위한 이상적인 장소이다.

보트 하우스는 체육 활동과 사회적 교류센터로 이용될 것으로 계획되었다. 즉 조정과 노 젓기 프로그램을 위한 훈련시설 및 연회와 컨벤션을 위한 임대용 이벤트 홀을 제공한다. 보트 하우스는 Richmond 지역사회의 중심부에 있는 미개발된 수변공간의 재활성화에 있어서 꼭 필요한 첫 번째 시설이었다.

보트 하우스의 독특한 형태는 지난 세기동안 건립된 보트 하우스의 유형적 전형으로부터 탈피하려는 의도적인 발걸음이었다. 역사적인 사례로부터 경험을 도면화하기보다, 디자인은 조정 스포츠의 요소로부터 영감을 받았다. 곡선의 형태와 반복되는 건물의 모듈은 조정 동작과 조정 보트의 형상 거동을 보여주며, 조정 보트와 같은 모양의 건물은 주변 환경에 거의 영향을 미치지 않으면서 수상에 가볍게 자리 잡고 있다.

---

21) McFarland Marceau Architects Ltd. Homepage(http://www.mmal.ca/)

R_CA_08
Floating Dining Room

| 개요
Outline | 건축가(Architects): Goodweather Design & Loki Ocean
위치(Location): Vancouver, BC, Canada
면적(Project area): 24 sqm
연도(Project year): 2010 |

그림 126
Overview of
Floating Dining Room

(Source: http://www.archdaily.com/71382/floating-dinning-room-goodweather-design-loki-ocean/)

Canada
R_CA_08 Floating Dining Room

그림 127
Night View of
Floating Dining Room

그림 128
Interior of
Floating Dining Room

그림 129
Installation of Floating Dining Room

(Source: http://www.archdaily.com/71382/floating-dinning-room-goodweather-design-loki-ocean/)

그림 130
Structure of Floating Dining Room

(Source: http://assets.inhabitat.com/wp-content/blogs.dir/1/files/2010/08/School-of-Fish-Foundation-Floating-Dining-Room-16.jpg)

그림 131
Empty Plastic Litters of Floating Dining Room

(Source: http://www.archdaily.com/71382/floating-dinning-room-goodweather-design-loki-ocean/)

Canada — Floating Dining Room

R_CA_08

그림 132
Exploded Axonometry of
Floating Dining Room

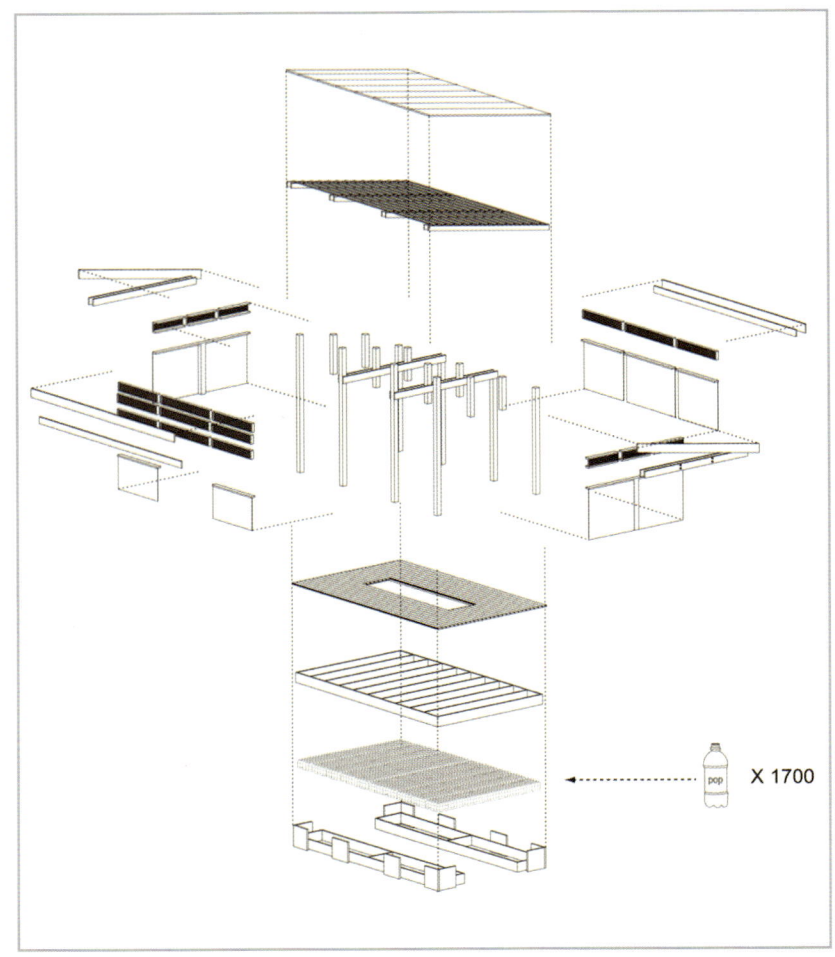

(Source: http://www.archdaily.com/71382/floating-dinning-room-goodweather-design-loki-ocean/)

설명(Description)[22]

이 임시 플로팅 식당은 비영리 조직으로 지속가능한 해산물 요리를 발전시키는 임무를 갖고 있는 'The School of Fish Foundation'에 의한 여름 기금모금을 위하여 디자인되었다. 반 폐쇄적인 공간은 재활용 플라스틱 병 2리터짜리 1,700개 위에 떠 있다. 이 프로젝트의 목적은 해

---

[22] Floating Dining Room / Goodweather Design & Loki Ocean, 2010.8.3, ArchDaily(http://www.archdaily.com/71382/floating-dinning-room-goodweather-design-loki-ocean/). Bridgette Meinhold(2010), Floating Dining Room Sets Sail on 1,672 Bottle Raft in Vancouver, inhabitat(http://inhabitat.com/elegant-floating-plastic-dining-room-in-vancouver/2/)

양에 떠 있는 엄청난 플라스틱 병에 대한 경각심을 주고, 그러한 쓰레기를 활용할 수 있는 가능성을 제시하는 것이다. 예산과 공사기간의 제한으로 인하여 구조물의 디자인은 틀이 마감재로 사용될 수 있도록 전통적인 포스트/빔 방식을 도입하였다.

구조는 기증받은 나무와 지역의 삼나무로 제작되었고, 기금모금이 끝나면 부품은 전부 재생 및 재활용될 것이다. 바닥은 식탁 아래에 설치된 플라스틱 병을 감추기 위하여 1.2m × 2.4m 특수 아크릴 수지로 덮었다.

이 플로팅 식당은 Granville Island 보트장에서 제작되어, 물로 진수되고 False Creek를 가로질러서 최종 목적지에 계류되었다. 이 구조물은 10일 동안 제작되었고, 60일간 매일 밤 12명씩 게스트를 초청할 것이다.

유기농 와인을 곁들인 6가지 코스 요리에 1인당 $215을 받을 예정이다. 이 지속가능한 해산물 메뉴는 유명한 요리사가 계획하고 조리해 줄 것이다. 디자이너는 이 식당을 화인 차이나, 크리스털 유리 그릇, 친근한 조명, 부드러운 음악으로 구성했는데, 이에 덧붙여 자연스럽고 수려한 조망으로 보완한다.

Germany

R_D_01
Floating Homes in Hamburg

개요 Outline	건축가(Architects): Architekten Förster Trabitzsch 위치(Location): Hamburg, Germany 면적(Project area): 225 sqm 연도(Project year): 2006

그림 133
Location 1 of
Floating Homes in Hamburg

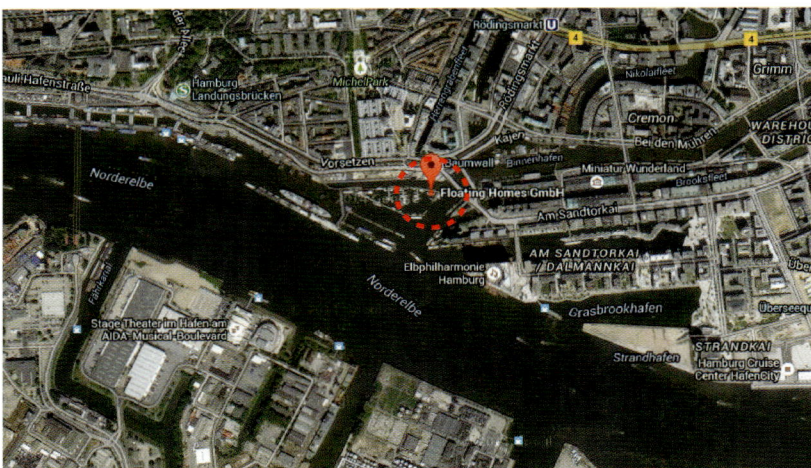

(Source: Google Map)

그림 134
Location 2 of
Floating Homes in Hamburg

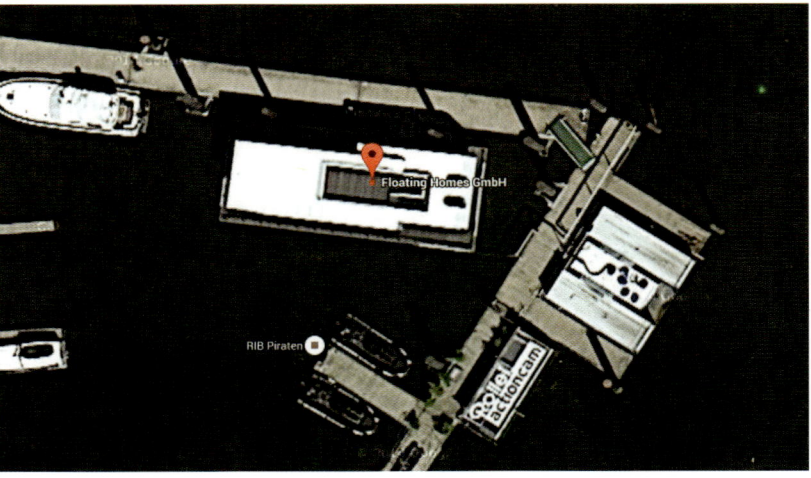

(Source: Google Map)

그림 135
Overview of
Floating Homes in Hamburg

(Source: http://www.buildingbutler.com/bd/Waterstudio/Hamburg/Floating-House/4938)

그림 136
Floating Homes in Hamburg

그림 137
Facade 1 of
Floating Homes in Hamburg

Germany | Floating Homes in Hamburg

R_D_01

그림 138
Facade 2 of
Floating Homes in Hamburg

그림 139
Living Room of
Floating Homes in Hamburg

(Source: http://www.architekten-mf.de/)

그림 140
Skydeck of
Floating Homes in Hamburg

(Source: http://www.architekten-mf.de/)

그림 141
Ground Floor Plan of
Floating Homes in Hamburg

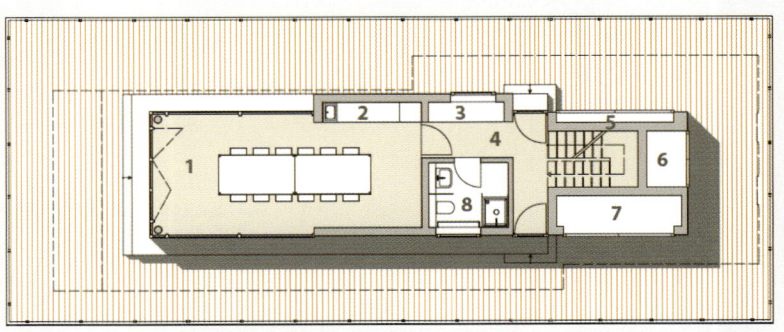

1 Event (29,07 m²) 2 Pantry 3 Wardrobe 4 Hall (8,87 m²) 5 Storage (0,94 m²) 6 Storage (1,97 m²)
7 Air-Conditioning/Heating (3,87 m²) 8 Bath (4,95 m²)

(Source: http://www.architekten-mf.de/)

그림 142
1st Floor Plan of
Floating Homes in Hamburg

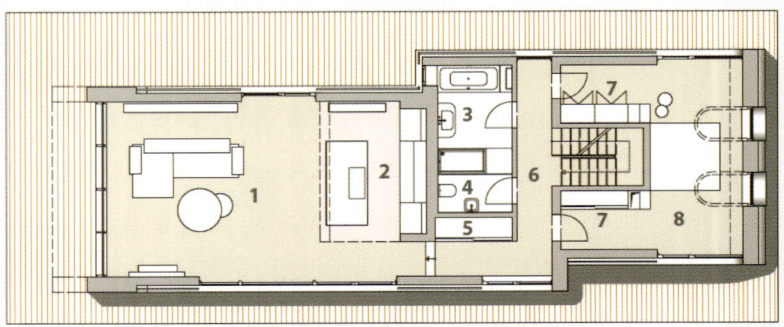

1 Livingroom (35,46 m²) 2 Kitchen (10,97 m²) 3 Bath (5,54 m²) 4 Toilet (2,37 m²) 5 Wardrobe (1,55 m²)
6 Hall (8,96 m²) 7 Wardrobe (1,05 m²) 8 Bedroom (20,97 m²)

(Source: http://www.architekten-mf.de/)

Germany R_D_01
Floating Homes in Hamburg

그림 143
Sky Deck Plan of
Floating Homes in Hamburg

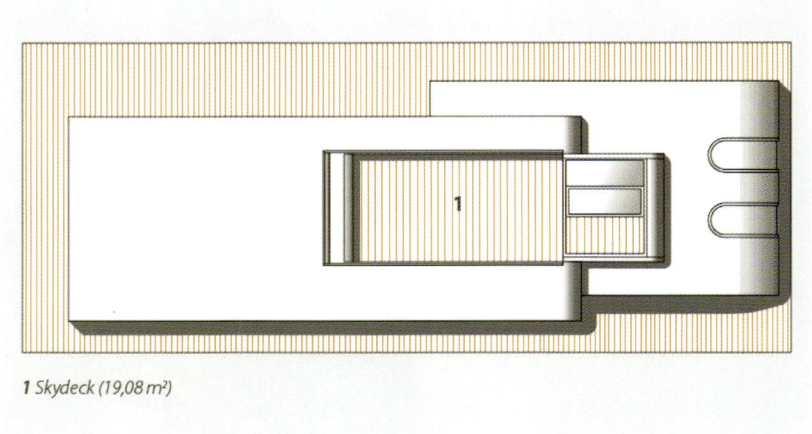

그림 144
Section of
Floating Homes in Hamburg

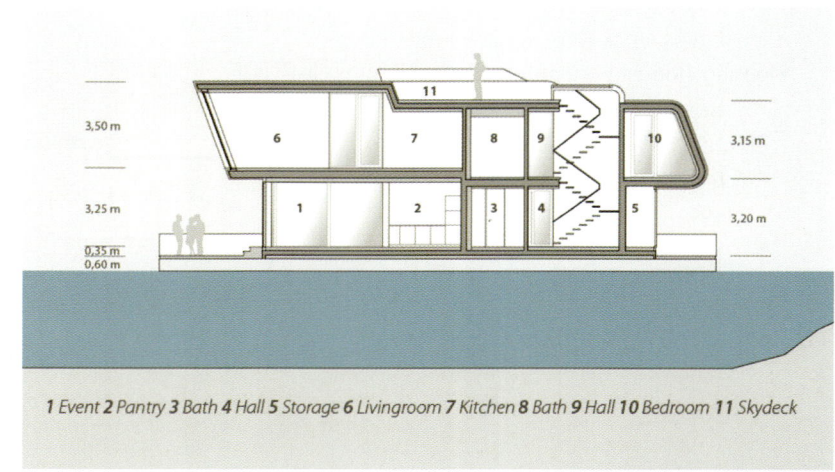

설명(Description)[23]

이 플로팅 홈의 특징은 외부로의 조망이 좋다는 점이다. 또한 내부 분위기는 건축주 자신의 의지를 반영할 수 있다. 현대적인 인테리어는 독특한 형상, 색깔 및 재료를 체험하고 거실은 매우 독특하고 특이한 느낌을 준다. 1층, 2층, 해를 즐길 수 있는 환상적인 옥상이 있다. 매 층

---

23) Floating Homes Homepage(http://www.floatinghomes.de/b-type-en.php)

넓은 창이 있어서 탁 트인 조망을 주고, 동시에 낮에는 넘치는 주광을 제공한다.

내부 공간이 막히지 않고 터 있기 때문에 자유로움을 느낄 수 있다. 스카이 데크는 매우 호화로운 요소를 갖고 있다. 옥상에 올라가면 자신의 배에 탄 느낌을 받을 수 있으며, 또한 피부를 간질이는 신선한 바람의 느낌을 즐길 수 있다.

폰툰은 내부에 공간이 없는 콘크리트로 제작하였으며, 계류는 돌핀 방식으로 강관 파이프로 되어 있다.

Germany

R_D_02
KAI 10

| 개요
Outline | 건축가(Architects): Architekten Förster Trabitzsch
위치(Location): Hamburg, Germany
면적(Project area): 450 sqm
연도(Project year): 2008 |

그림 145
Location 1 of KAI 10

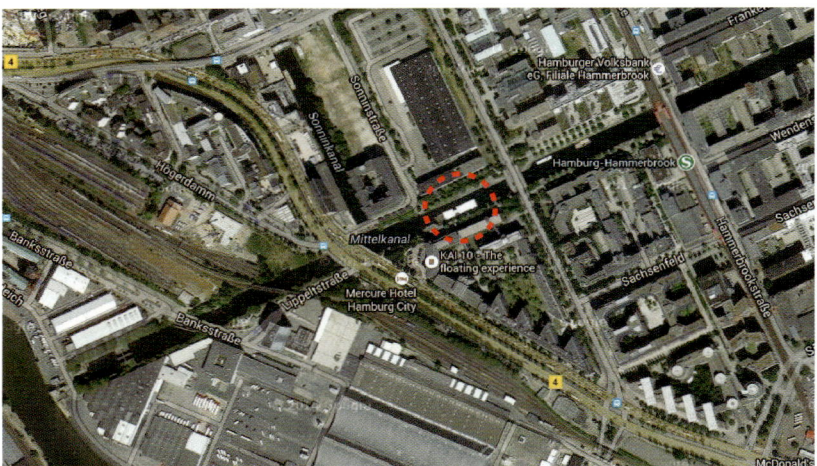

(Source: Google Map)

그림 146
Location 2 of KAI 10

(Source: Google Map)

그림 147
Overview of KAI 10

(Source: http://www.location-award.de/fileadmin/redakteure/dokumente/presse/2010/Kai10_Floating_Experience_Locationfoto.jpg)

그림 148
Access Bridge of KAI 10

그림 149
KAI 10

Germany | KAI 10 — R_D_02

그림 150
Conference Room of
KAI 10

(Source: http://www.kai10.de/mobile/galerie-conference.html)

그림 151
Outdoor Terrace of
KAI 10

(Source: http://www.kai10.de/mobile/galerie-conference.html)

그림 152
Bar of
KAI 10

(Source: http://www.kai10.de/mobile/galerie-conference.html)

그림 153
Dolphin Mooring of
KAI 10

설명(Description)[24]

KAI 10은 새로운 차원의 만남과 교류가 가능한 곳으로 탄생했다. 350명 수용이 가능한 독일 최초의 플로팅 회의센터로서, 여기에서 제공하는 독특한 공간의 분위기 속에서 전통적인 회의가 진정한 경험으로 업무가 환희로 변하고 있다. 잔잔하게 출렁이는 물결이 슬라이딩 창문을 통해서 비추고 사유와 토론이 흘러간다. 육상에서 느낄 수 없는 유체의 흐름이 있다. 소통하는 라운지에서 플로팅 점심을 즐길 수 있다.

레이아웃의 변경을 통하여 각종 이벤트를 열 수 있다. 운하에서 와인, 저녁 식사 파티를 즐긴다. 매력적인 조망과 멋진 세팅을 즐길 수 있는 적절한 장소이다. 지하공간에도 최신 시설을 갖춘 Sub-Zero 구역이 있다. 또한 각종 식음료와 함께 패키지로 결혼식 축제를 행할 수도 있다.

이 시설은 호텔의 부속시설로서 조그만 운하에 설치되었다. 폰툰은 지하공간이 있는 콘크리트로 제작되었고, 계류는 돌핀 방식으로 강관 파일이 사용되었다.

---

24) KAI 10 Homepage(http://www.kai10.de/en/)

Germany

R_D_03
IBA Dock

개요 Outline	건축가(Architects): Architech 위치(Location): Hamburg, Germany 면적(Project area): 1,640 sqm 연도(Project year): 2010

그림 154
Location 1 of
IBA Dock

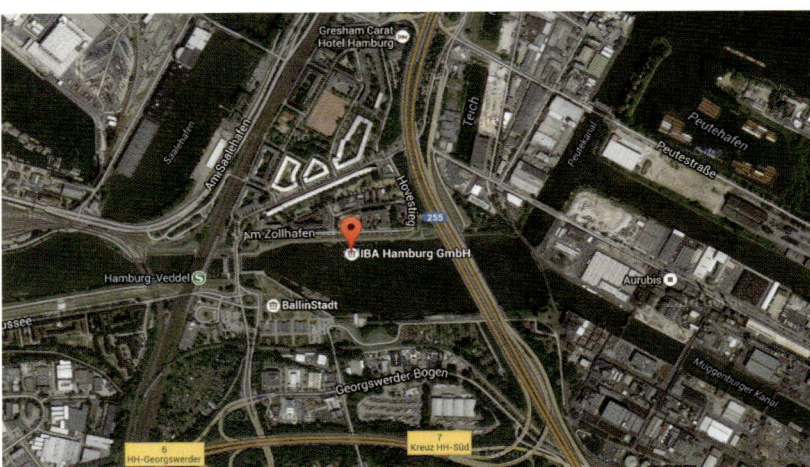

(Source: Google Map)

그림 155
Location 2 of
IBA Dock

(Source: Google Map)

그림 156
Overview of
IBA Dock

(Source: http://www.archdaily.com/288198/iba-dock-architech/)

그림 157
IBA Dock

그림 158
Gate of
IBA Dock

Germany | IBA Dock

그림 159
Exhibition Hall of
IBA Dock

(Source: http://www.archdaily.com/288198/iba-dock-architech/)

그림 160
Cafe of
IBA Dock

(Source: http://www.archdaily.com/288198/iba-dock-architech/)

그림 161
WC of
IBA Dock

그림 162
Site Plan of
IBA Dock

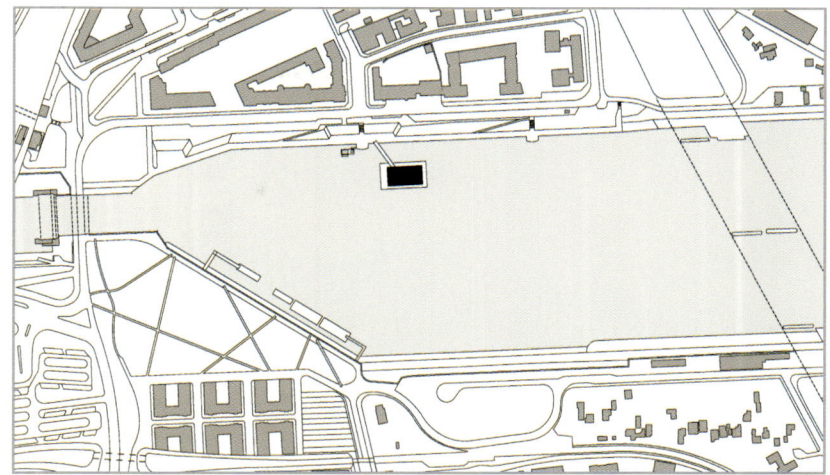

(Source: http://www.archdaily.com/288198/iba-dock-architech/)

그림 163
Diagram of
IBA Dock

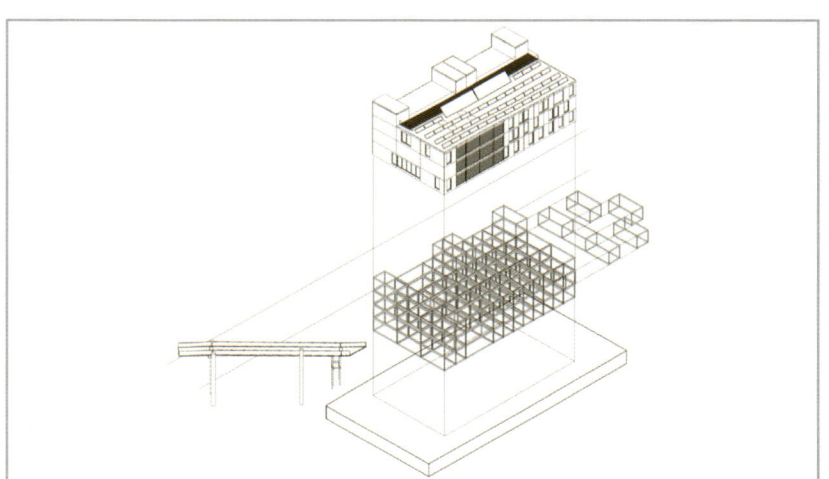

(Source: http://www.archdaily.com/288198/iba-dock-architech/)

그림 164
1st Floor Plan of
IBA Dock

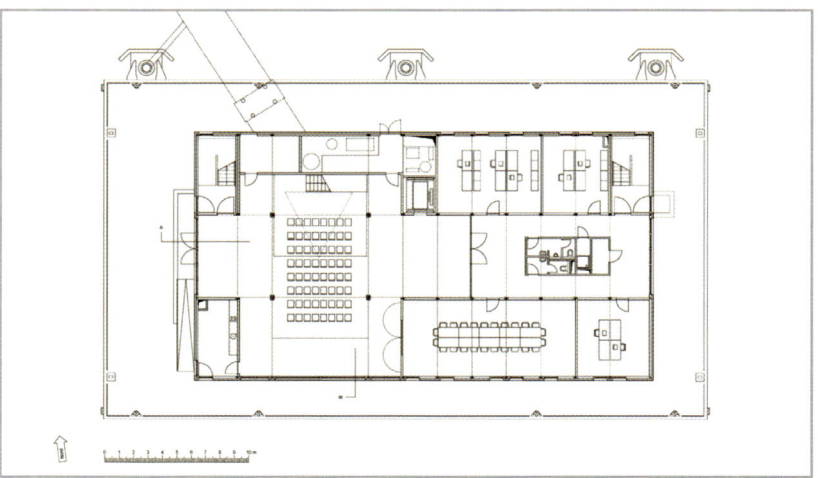

(Source: http://www.archdaily.com/288198/iba-dock-architech/)

Germany R_D_03
IBA Dock

그림 165
2nd Floor Plan of
IBA Dock

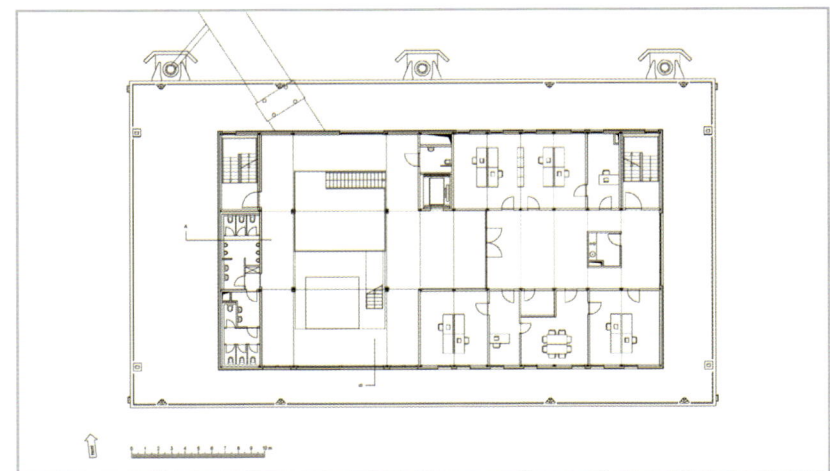

(Source: http://www.archdaily.com/288198/iba-dock-architech/)

그림 166
3rd Floor Plan of
IBA Dock

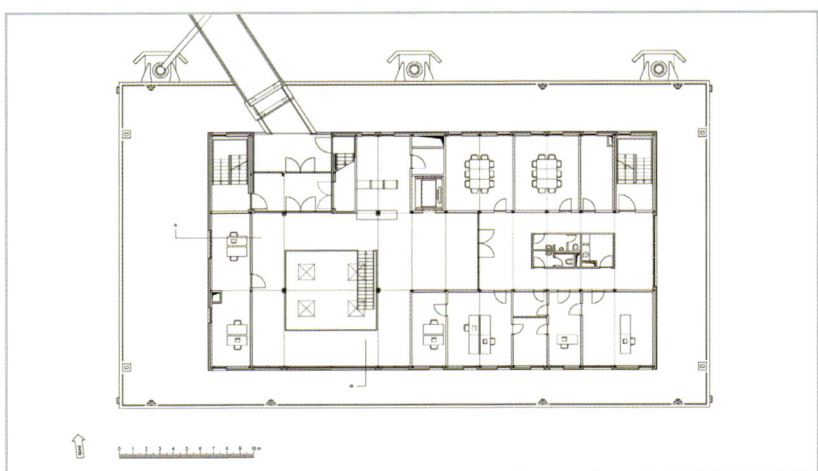

(Source: http://www.archdaily.com/288198/iba-dock-architech/)

그림 167
Roof Plan of
IBA Dock

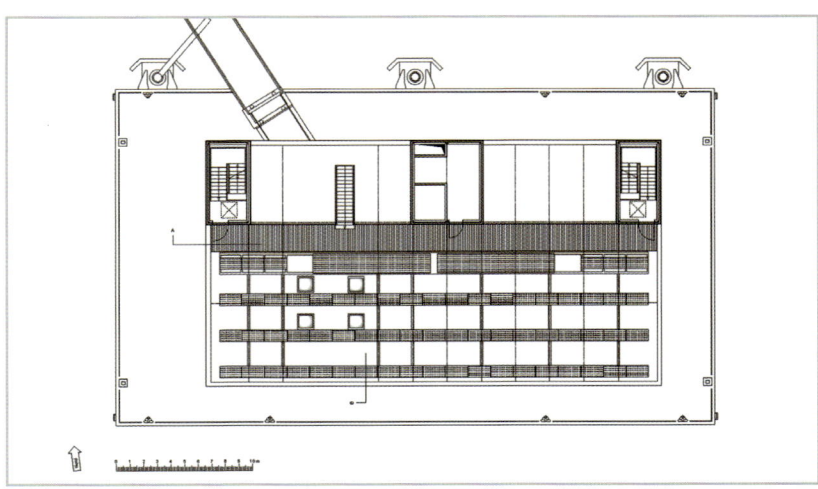

(Source: http://www.archdaily.com/288198/iba-dock-architech/)

그림 168
Section of
IBA Dock

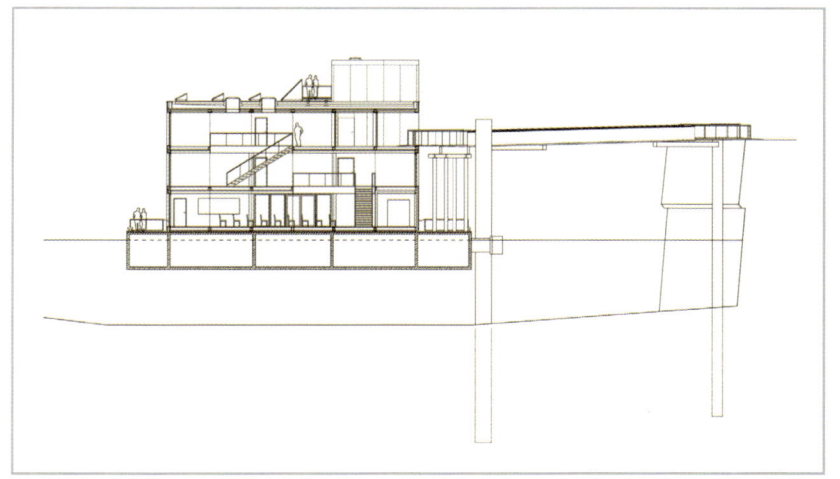

(Source: http://www.archdaily.com/288198/iba-dock-architech/)

그림 169
Modular and Prefabrication of
IBA Dock

(Source: http://www.archdaily.com/288198/iba-dock-architech/)

설명(Description)[25] 지구 온난화에 따라서 바다 및 지표수의 수위가 상승하기 때문에, 강은 미래에 더 많은 물을 담고 있을 수밖에 없다. 제방을 높이는 것은 더 이상 지속가능한 해결책이 될 수 없으며 주택과 도시를 위한 새로운 전략

---

25) IBA DOCK: The floating climatic house, BES(http://www.bes-eu.com/en/architects-and-designers/solar-architecture/iba-dock-the-floating-climatic-house). Iba Dock / Architech, 2012.11.3, ArchDaily(http://www.archdaily.com/?p=288198)

Germany R_D_03
IBA Dock

을 찾아야만 한다. 현재 역사적인 도시와 기념물을 위한 완벽한 해결책은 없다. 그러나 물가의 새로운 도시 주거지나 확장지에 대해서는 혁신적인 가능성이 있다.

플로팅 빌딩은 수위 변화에 따라서 상승하거나 하강한다. 그것은 필요한 장소에서 뜰 수 있기 때문에, 기후변화의 시기에 이상적인 도시 변모에 있어서 융통성의 심볼이다. 플로팅 빌딩은 새로운 도시 형태로 형성될 수 있다. 이러한 도시는 변화하는 필요성과 조건에 빠르게 적응할 수 있다. 플로팅 건축은 21세기의 새로운 형태의 도시(플로팅 시티)를 생성하고 있다.

2010년 국제건축박람회(IBA)는 이산화탄소 중립 도시개발을 목표로 〈기후변화에 있어서 도시〉라는 슬로건을 갖고 함부르크에서 개최되었다. 독일에서 제일 큰 규모의 플로팅 빌딩인 IBA Dock는 당시 박람회의 정보 및 이벤트 센터로서 건물은 철골구조로 플로팅 콘크리트 폰툰 위에 건립되었다. 계류는 돌핀 방식으로 강관 파일이 사용되었다. 이 건물은 현재 함부르크의 도시 및 건축 정보센터로 이용되고 있다. 건물과 보행로는 일일 간만의 차 3.5m에 대응하기 위하여 상하로 움직인다.

이 건물은 3층이고 1,640㎡의 바닥면적을 갖고 있다. 폰툰은 길이 43m, 폭 25m이고 상부 건물은 경량 철골 조립식 모듈러 구조로 되어 있다. 건물의 거의 모든 부품은 재사용이 가능하고, 건물 전체도 조립/해체/재조립이 가능하다. 또한 이 건물은 외벽을 단열재 포함 두께 25cm로 하여 기후보호 영역에서 새로운 기준을 제시하였다.

이 건물은 '제로 밸런스 개념(zero balance concept)'을 도입하였는데, 즉 태양에너지를 이용하여 연중 건물에 지속적으로 냉난방을 제공하는 것이다. 옥상에 약 34㎡의 16개 태양열 집열판을 설치하였는데, 추운 계절에 효율을 높이기 위하여 남향으로 비교적 가파른 각도인 50도로 고정하였다.

태양에너지와 더불어 콘크리트 폰툰 하부에 설치된 열교환기를 이용하여 엘베 강(the Elbe)으로부터 추가적인 에너지를 얻는다. 이 수열

에너지는 건물의 물을 가열하거나 천정 기구를 통하여 공기조화 시스템에 냉난방 에너지로 이용된다.

건물 전체에 필요한 통풍을 위한 환기 설비와 더불어 히트펌프는 옥상에 남향으로 30도 각도로 설치된 태양광 모듈(103㎡)에서 생산한 전기로 가동된다. 히트펌프 가동에 필요한 전기가 태양광 발전에 의해서 제공되기 때문에, 추가적인 냉난방 에너지는 거의 필요 없다.

Germany

R_D_04
AR-CHE Aqua Floathome

개요
Outline

건축가(Architects): Steeltec37
위치(Location): Lausitz Resort, Elsterheide, Germany
면적(Project area): 80-220 sqm/Unit
연도(Project year): 2012

그림 170
Location of Lausitz Resort

(Source: Google Map)

그림 171
Perspective of Lausitz Resort

(Source: http://www.wilde-metallbau.de/lausitzer-schwimmhauswerft/)

그림 172
Overview 1 of
AR-CHE Aqua Floathome

(Source: http://www.wilde-metallbau.de/lausitzer-schwimmhauswerft/)

그림 173
Overview 2 of
AR-CHE Aqua Floathome

(Source: http://www.contemporist.com/2011/12/07/ar-che-aqua-floathome-by-steeltec37/)

그림 174
Unit 1a of
AR-CHE Aqua Floathome

(Source: http://www.contemporist.com/2011/12/07/ar-che-aqua-floathome-by-steeltec37/)

Germany R_D_04
AR-CHE Aqua Floathome

그림 175
Unit 1b of
AR-CHE Aqua Floathome

(Source: http://www.contemporist.com/2011/12/07/ar-che-aqua-floathome-by-steeltec37/)

그림 176
Living Room of
AR-CHE Aqua Floathome

(Source: http://www.contemporist.com/2011/12/07/ar-che-aqua-floathome-by-steeltec37/)

그림 177
Dining Room of
AR-CHE Aqua Floathome

(Source: http://www.contemporist.com/2011/12/07/ar-che-aqua-floathome-by-steeltec37/)

그림 178
Lower Floor Plan of
AR-CHE Aqua Floathome

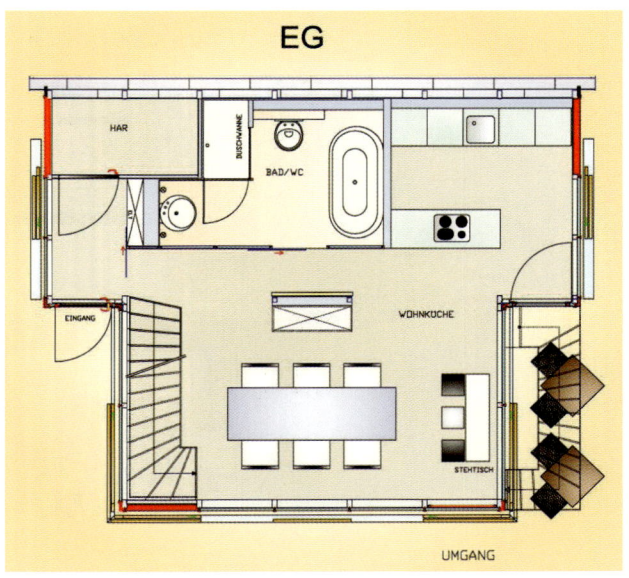

(Source: http://smallhousebliss.com/2013/01/12/steeltec37-floating-home-at-the-lausitz-resort/steeltec37-lausitz-resort-floorplan-lower-via-smallhousebliss/)

그림 179
Upper Floor Plan of
AR-CHE Aqua Floathome

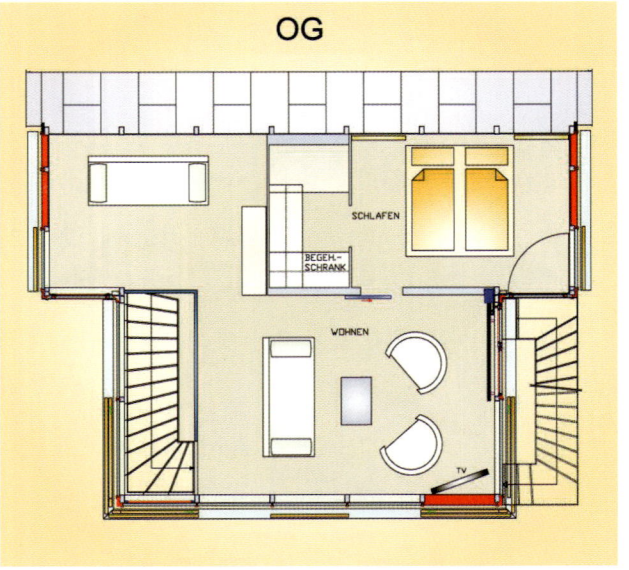

(Source: http://smallhousebliss.com/2013/01/12/steeltec37-floating-home-at-the-lausitz-resort/steeltec37-lausitz-resort-floorplan-upper-via-smallhousebliss/)

Germany R_D_04 AR-CHE Aqua Floathome

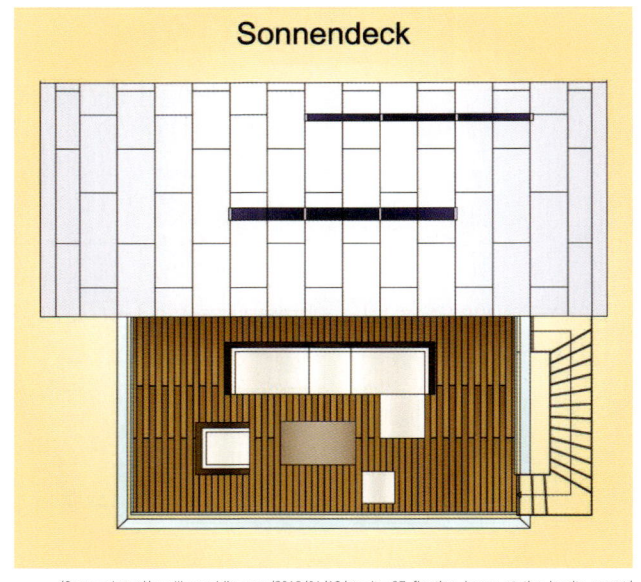

그림 180
Roof Plan of
AR-CHE Aqua Floathome

(Source: http://smallhousebliss.com/2013/01/12/steeltec37-floating-home-at-the-lausitz-resort/
steeltec37-lausitz-resort-roof-plan-via-smallhousebliss/)

설명(Description)[26]   요트에서 영감을 얻어서 지은 독일 주택은 네덜란드만이 유명한 플로팅 주택을 자랑할 것이 아님을 보여준다. Steeltec37이 설계한 Lusatian Lake District에 있는 Aqua Floathome은 육상과 수상에 대규모 주택개발을 시작한 것이다. 알루미늄과 철재 구조의 주택은 에너지 효율적인 방식으로 실내와 실외를 연결하는 고성능 파사드를 갖고 있다.

AR-CHE Aqua Floathome은 Steeltec37가 설계한 Lusatian Lake District의 몇몇 플로팅 주택 중의 하나이다. 이 독일 회사는 육상과 수상에 모듈러 빌딩을 위한 철재 디자인에 전문성이 있다. Lausitz Resort는 점차 9채의 모듈러 육상 주택과 20채의 수상 주택을 보유하게 될 것이다. 주택의 규모는 80~220㎡이며, 알루미늄 및 철재

---

26) Bridgette Meinhold(2012), Modular AR-CHE Aqua Floathome Enjoys On-The-Lake-Living in Germany, inhabitat(http://inhabitat.com/modular-ar-che-aqua-floathome-enjoys-on-the-lake-living-in-germany/)

주택은 곡면 지붕이 특징이고, 가라앉지 않는 콘크리트 폰툰 위에 자리 잡고 있으며, 해안까지 연결된다.

각 주택의 급수, 하수 및 전기는 연안의 관련 시설에 연결되며, 호수와 경관의 독특한 전망을 즐길 수 있다. 곡면의 지붕은 바람과 기후로부터 주택을 보호하는 반면, 나머지 3면은 많은 창문을 통하여 자연채광과 조망을 즐긴다. 알루미늄 루버 스크린은 눈부심과 과열로부터 실내를 보호한다. 주택은 고성능 외피로 마감하기 위하여 혁신적인 공기-증기 차단 부재 및 양질의 단열재로 시공했다. 다양한 에너지 효율화 전략의 도입으로 인하여 전반적인 에너지 사용을 감소시켰다.

Finland

R_FS_01
Arctia Headquarters

개요 Outline	건축가(Architects): K2S Architects 위치(Location): Katajanokka, Helsinki, Finland 면적(Project area): 950 sqm 연도(Project year): 2013

그림 181
Location of
Arctia Headquarters

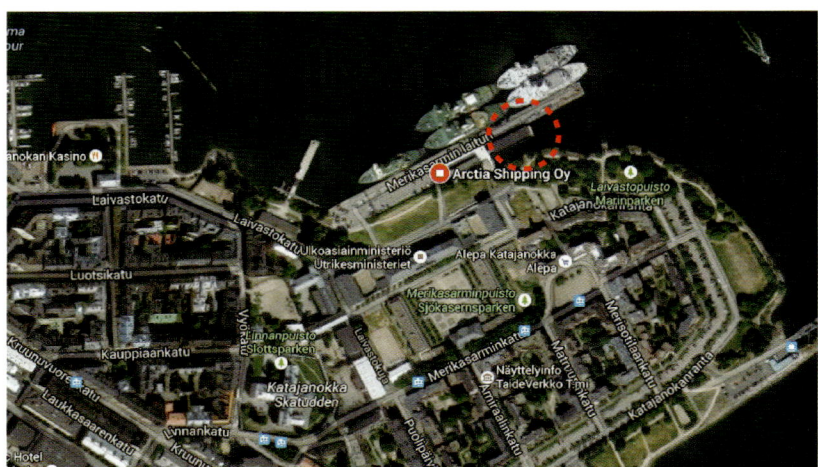

(Source: Google Map)

그림 182
Surrounding of
Arctia Headquarters

(Source: http://www.archdaily.com/431501/arctia-headquarters-k2s-architects/)

그림 183
Overview of
Arctia Headquarters

(Source: http://www.archdaily.com/431501/arctia-headquarters-k2s-architects/)

그림 184
Facade of
Arctia Headquarters

(Source: http://www.archdaily.com/431501/arctia-headquarters-k2s-architects/)

그림 185
Arctia Headquarters

(Source: http://www.archdaily.com/431501/arctia-headquarters-k2s-architects/)

Finland R_FS_01
Arctia Headquarters

그림 186
Lobby of
Arctia Headquarters

(Source: http://www.archdaily.com/431501/arctia-headquarters-k2s-architects/)

그림 187
Interior of
Arctia Headquarters

(Source: http://www.archdaily.com/431501/arctia-headquarters-k2s-architects/)

그림 188
Site Plan of
Arctia Headquarters

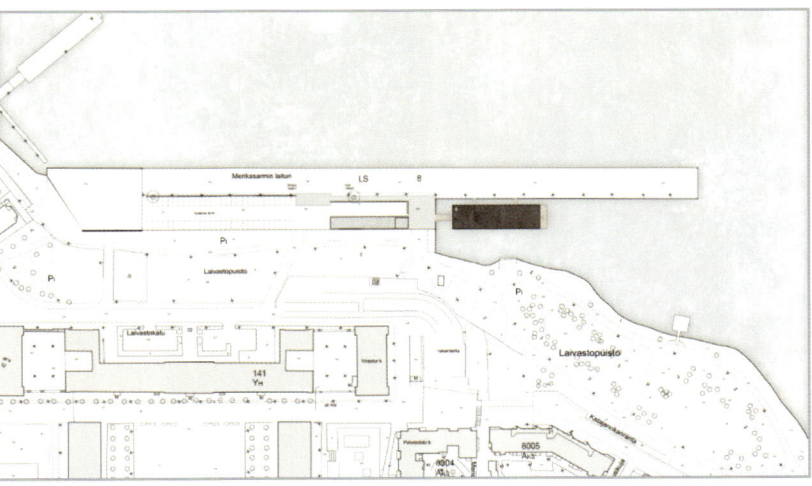

(Source: http://www.archdaily.com/431501/arctia-headquarters-k2s-architects/)

그림 189
Floor Plans of
Arctia Headquarters

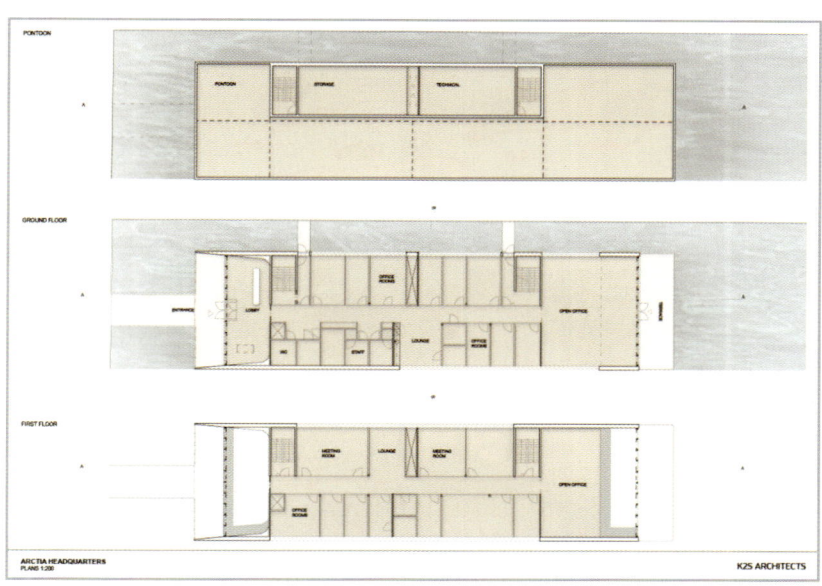

(Source: http://www.archdaily.com/431501/arctia-headquarters-k2s-architects/)

그림 190
Sections of
Arctia Headquarters

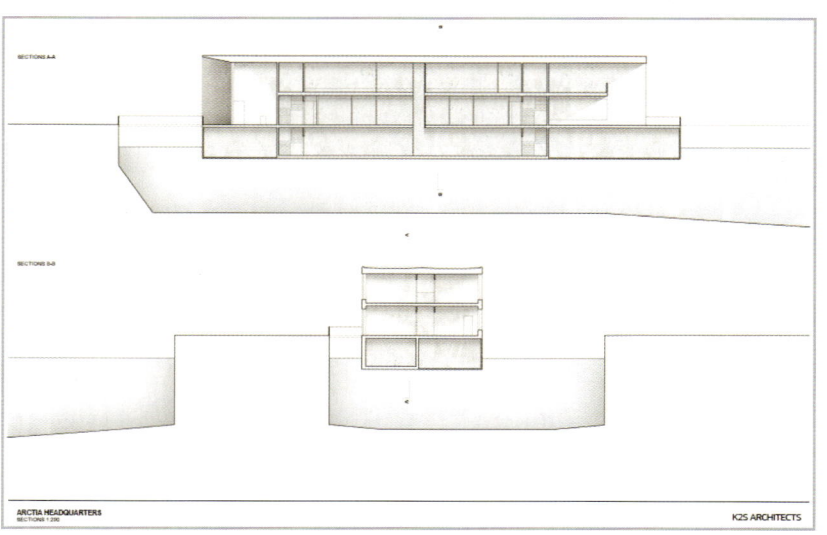

(Source: http://www.archdaily.com/431501/arctia-headquarters-k2s-architects/)

설명(Description)[27]   쇄빙선은 핀란드 헬싱키 Katajanokka 연안 환경에서 필수적인 부분이다. 쇄빙선 전문회사인 Artica Shipping사의 새로운 본사는 플로팅 사무소 건물로 지어졌으며, 헬싱키 항구의 핀란드 외무부 본부 건물 앞

---

[27] Arctia Headquarters / K2S Architects, 2013.9.26, ArchDaily(http://www.archdaily.com/431501/arctia-headquarters-k2s-architects/). Bridget Borgobello(2013), Finnish shipping company gets floating HQ, Gizmag(http://www.gizmag.com/arctia-floating-office-k2s/29248/)

Finland R_FS_01
Arctia Headquarters

에 위치한다. 이 건물은 서부 핀란드 조선소에서 건조되어 현장으로 예인되었다. 건물의 바닥 레벨이 부두의 레벨과 동일하게 유지되도록 평형수 시스템을 도입하였다.

건물을 플로팅 건축으로 짓겠다는 것은 대지를 비우거나 공사 중이나 이후에 지역 풍경에 영향을 미칠 필요가 없다는 생각에서 나왔다. 건축가에 의하면 현재의 대지에는 충분한 공간이 없었기 때문에 사무소 건물을 다른 장소에 건립할 생각을 하게 되었다. 전체 구조물이 조절된 기후 조건을 갖춘 도크에서 제작되는 것도 북구의 기후에서는 큰 장점이다.

디자인 아이디어는 당사의 쇄빙선 본체로부터 나왔기 때문에, 플로팅 건물은 큰 검정색 철제 파사드를 갖는다. 건물의 외피는 주문 생산된 일련의 독특한 다공 알루미늄 시트인데, 해양 테마를 반영하면서 디자인되었다. 골판 해양 알루미늄 패널은 얼음과 선원복에서 영감을 받은 패턴으로 천공되었다.

건물의 차갑고 단단한 외부 디자인은 부드러운 곡면과 지역의 천연 나무 재료를 풍부하게 도입한 내부와는 완전히 대비된다. 바닥에서 천정까지의 창문은 수려한 수변 조망의 장점과 더불어 풍부한 자연채광을 제공한다. 폰툰의 내부는 기계실과 창고 용도로 배정되었다.

Italy

R_I_01
Floating Off-grid Greenhouse

개요
Outline

건축가(Architects): Studiomobile(Cristiana Favretto and Antonio Giraridi), Italy
위치(Location): Florence, Italy
면적(Project area): 70 sqm
연도(Project year): 2014

그림 191
Floating Off-grid Greenhouse

(Source: http://www.archdaily.com/569709/jellyfish-barge-provides-sustainable-source-of-food-and-water/)

Italy R_I_01
Floating Off-grid Greenhouse

그림 192
Garden Scaffolding of
Floating Off-grid Greenhouse

(Source: http://www.archdaily.com/569709/jellyfish-barge-provides-sustainable-source-of-food-and-water/)

그림 193
Hydroponic Gardens of
Floating Off-grid Greenhouse

(Source: http://www.archdaily.com/569709/jellyfish-barge-provides-sustainable-source-of-food-and-water/)

그림 194
Pontoon of
Floating Off-grid Greenhouse

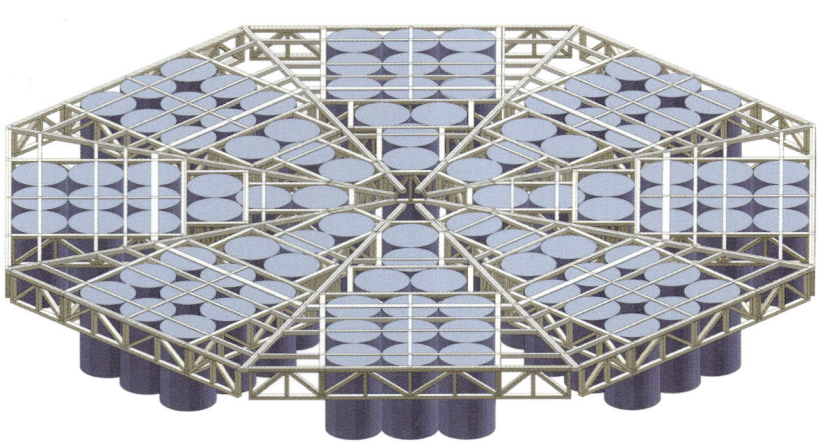

(Source: http://www.archdaily.com/569709/jellyfish-barge-provides-sustainable-source-of-food-and-water/)

그림 195
Section of
Floating Off-grid Greenhouse

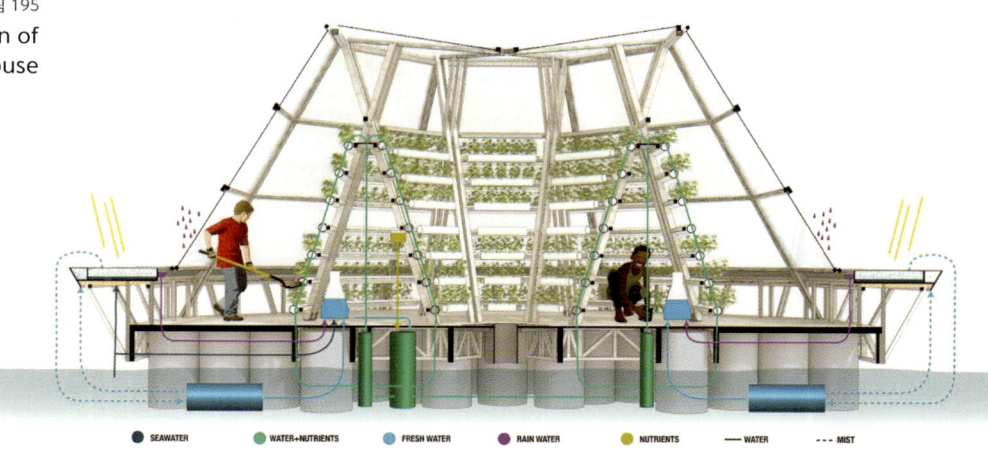

(Source: http://www.archdaily.com/569709/jellyfish-barge-provides-sustainable-source-of-food-and-water/)

그림 196
Concept of
Floating Off-grid Greenhouse

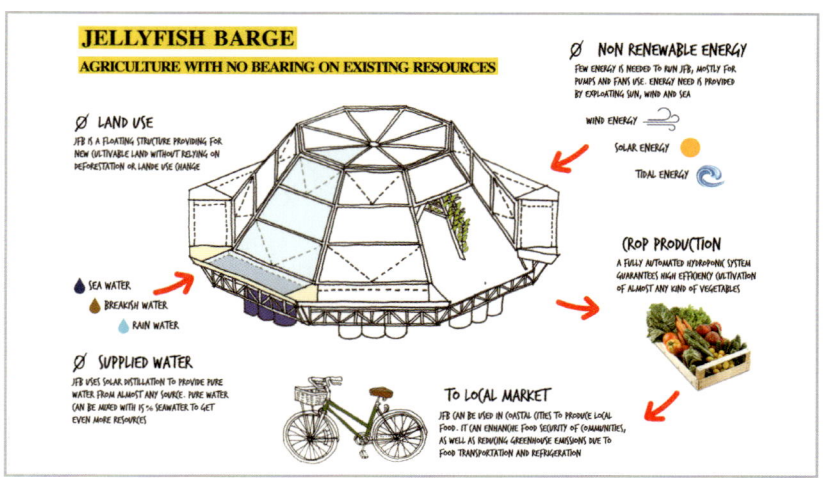

(Source: http://www.archdaily.com/569709/jellyfish-barge-provides-sustainable-source-of-food-and-water/)

그림 197
Modular Concept of
Floating Off-grid Greenhouse

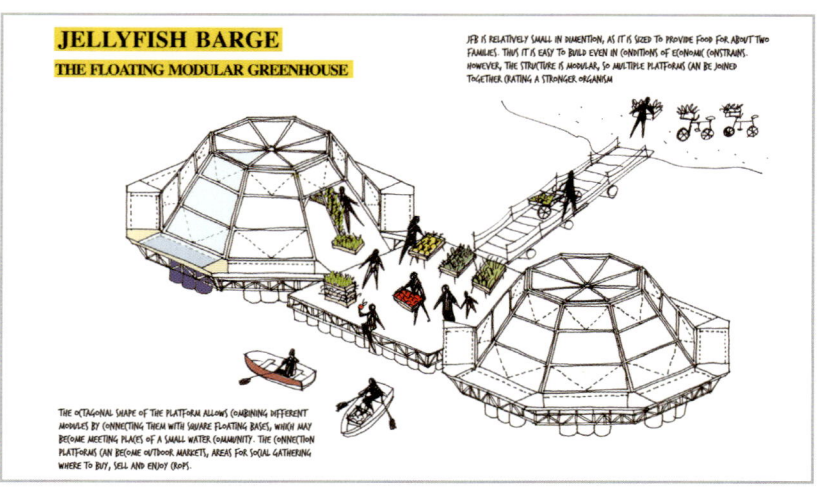

(Source: http://www.archdaily.com/569709/jellyfish-barge-provides-sustainable-source-of-food-and-water/)

| Italy | **Floating Off-grid Greenhouse** [R_I_01] |

설명(Description)[28]

지구의 인구는 기하급수적인 속도로 증가하고 있기 때문에, 지속가능한 농사와 깨끗한 물에 대한 접근은 필수적인 것으로 중요하게 되었다. Studiomobile의 Cristiana Favretto and Antonio Giraridi는 이런 점을 인식하고 해결책을 제안하였다. 해파리 모양의 함체와 반투명 형태로서, 플로팅 온실은 수경 재배로 식품과 하루 150리터의 신선한 식수를 생산할 수 있다. 더 좋은 점은 저렴하고 쉽게 조립할 수 있는 디자인으로 다양한 장소에 설치될 수 있다는 것이다.

해파리 모양 함체는 바닥면적 70㎡, 8각형이고, 재활용된 플라스틱 드럼 위에 떠 있다. 이 드럼들은 목재 데크 하부에 붙잡아져 있으며, 목재 각재 빔이 8각형 중심을 따라서 단단하게 설치되어 있다.

신선한 물은 건물의 7면에 설치된 태양증류기로부터 모아진다. 이 장치는 과학자인 Paolo Franeschetti가 디자인한 것인데, 지구의 생태계가 빗물을 만들어내는 것과 동일한 방법으로 물을 정화한다. 태양의 열이 증류기 속의 물을 증발시킨다. 이 증발된 물은 구조물 아래의 바닷(또는 강)물에 의해서 식혀진 탱크로 모아진다. 이 온도차가 물을 응축하게 하고 이후 저장탱크로 모아진다. 펌프와 팬 구동에 필요한 전기는 구조물 지붕의 태양광 패널로부터 얻어진다.

구조물의 대부분 공간은 덮여진 온실공간으로 만들어진다. 수경재배가 이루어지는 구조물은 내부에 가설된다. 물과 무기물로만 식물을 재배하는 수경재배는 전통적인 농사보다 물을 70% 적게 사용한다. 이 구조물은 수경 액에 15%의 바닷물을 사용함으로써 효율을 높이고 있는데, 즉 태양증류기로부터 물 공급의 양을 줄여주는 효과가 있다.

이 해파리 모양 구조물은 작게 디자인되어서, 특히 재료 공급이 제한된 장소에 설치가 적합하다 이렇게 작음에도 불구하고, 이것은 2 가족까지 필요한 물과 식품 제공이 가능하다. 이 구조물은 역시 모듈화 되어 있기 때문에 전체 공동체를 위한 식품을 제공하기 위한 다른 것도 추가적으로 조합될 수 있다.

해파리 모양 구조물은 University of Florence의 기업인 Pnat에 의해서 제작되었다.

---

28) Connor Walker(2014), Jellyfish Barge Provides Sustainable Source of Food and Water, ArchDaily(http://www.archdaily.com/?p=569709)

Japan

R_JP_01
Aquapolis

| 개요
Outline | 건축가(Architects): Kikutake Kiyonori
위치(Location): Motobu, Okinawa, Japan
면적(Project area): 10,000 sqm
연도(Project year): 1975 |

그림 198
Master Plan of
Expo 75

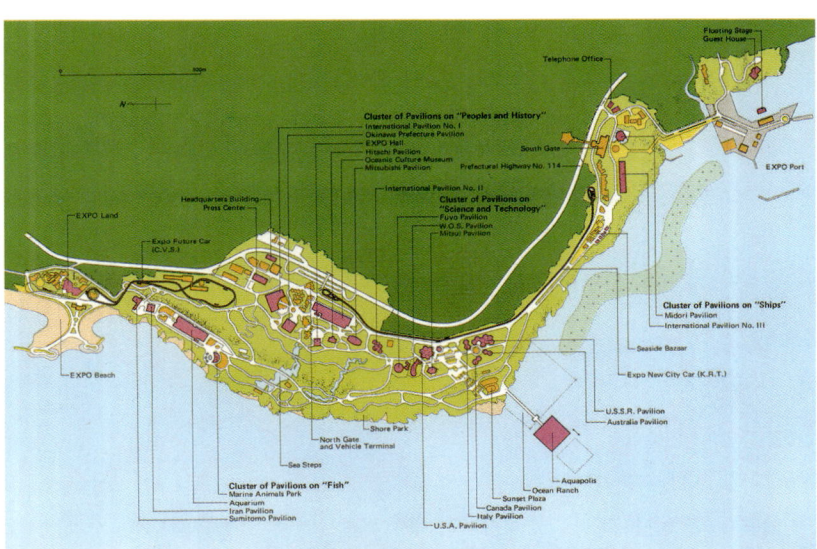

(Source: http://de.wikipedia.org/wiki/Expo_%E2%80%9975#/media/File:Expo75_Plan.jpg)

그림 199
Expo 75 Area

(Source: http://commons.wikimedia.org/wiki/Category:Ocean_Expo_Park?uselang=en)

Japan — Aquapolis

R_JP_01

그림 200
Overview of Aquapolis

(Source: http://www.worldsfairphotos.com/expo75/postcards.htm)

그림 201
Aquapolis

(Source: http://www.worldsfairphotos.com/expo75/postcards.htm)

그림 202
Floor Plan of Aquapolis

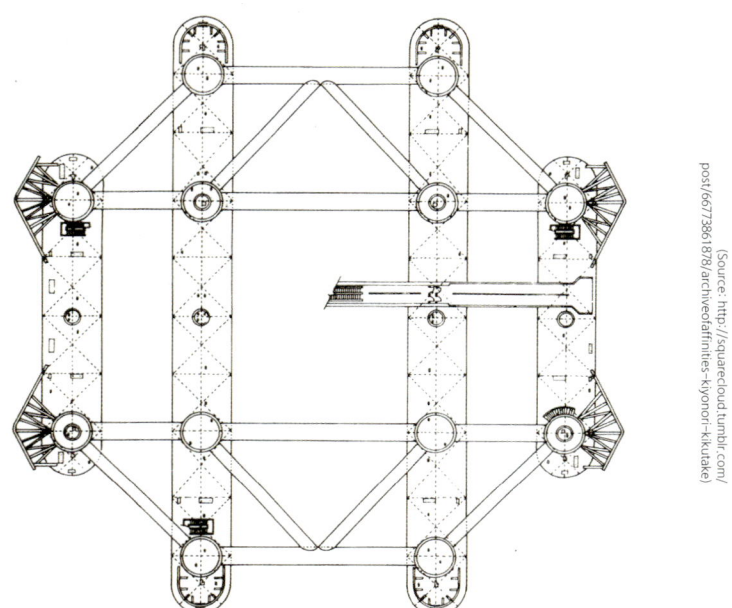

(Source: http://squarecloud.tumblr.com/post/66773861878/archiveofaffinities-kiyonori-kikutake)

그림 203
Model of Aquapolis

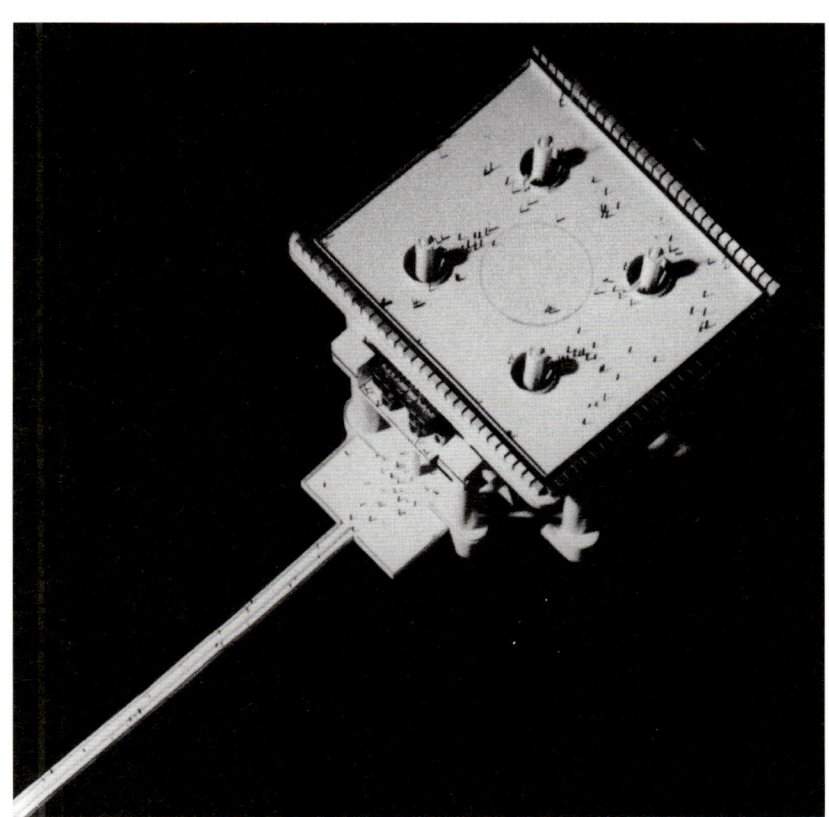

(Source: https://www.tumblr.com/search/Aquapolis)

그림 204
Early Sketch of Aquapolis

(Source: http://japanfocus.org/-Vivian-Blaxell/3386)

Japan
Aquapolis
R_JP_01

설명(Description)[29]

Kikutake는 Osaka Expo에서 성공적인 구조물로 메타볼리스트 건축가로 인정되었고, 오키나와 Expo 75의 미래지향적, 기술 관료적 및 바다 테마와 잘 맞는 플로팅 주거에 필요한 원리와 엔지니어링 전문가이기 때문에, 그는 Expo 75의 중심 시설인 플로팅 주거로서 하나의 바다 위 도시, 소위 Aquapolis의 디자인과 건립을 담당하게 되었다.

Aquapolis는 Expo 75 기계 중의 기계이었다. 오키나와에서, Aquapolis는 Expo 75의 엔진을 제공하고, 일본 건설 상황에서 필수적인 것을 생산했으며, 오키나와의 과학, 기술 및 큰 비즈니스와 연계도 제공하였다. 프로젝트는 모든 측면에서 엄청난 것이었다. 그간 그와 같은 구조물이 건립된 적이 없었고 장애요인도 많았는데, 특히 그와 같은 규모의 건조된 인간 거주 구조물을 바다에 위치시킨다는 것은 도전이었다.

바다공간을 인간 주거시설로 계획함에 있어서, 독특한 조건과 상황이 일어날 수 있다. 첫 번째는 이것은 새로운 공간이라서 우리가 그동안 경험하지 못했다는 점이다. 두 번째는 조건이 3차원적이고 공간이 단순히 물위에만 있는 것은 아니고, 동시에 물속에도 있으며, 기본적으로 공간에서 움직임은 내재되어 있고, 부유력 때문에 건조환경에는 특별한 특성이 있다. 바다는 수평적으로 계획된 공간이고, 연속된 공간이며, 지구에서 가장 큰 공간이고, 남반구의 바다가 북반구의 그것보다 크다[30].

당면한 장애에 대한 해결책은 Aquapolis를 공학적 기술적 딜레마가 나타났다가 해결되면서 진화되어 온 Kikutake의 초기 스케치와 개념에 비슷하게 디자인하는 것이었다. 해결책들은 고가이어서, 정부만이 직접 투자비 13,000,000,000엔을 감당할 수 있었다. 그러나 이 프로

---

29) Vivian Blaxell(2010), Preparing Okinawa for Reversion to Japan: The Okinawa International Ocean Exposition of 1975, the US Military and the Construction State, The Asia-Pacific Journal, 29-2-10(http://japanfocus.org/-Vivian-Blaxell/3386). Aquapolis Heads for Shanghai Scrapyard, Japan Update(http://www.japanupdate.com/archive/?id=2615). Japanese Architecture in Change, Geocities(http://www.geocities.ws/evhuang/japanarch/trans5.html)

30) Kikutake Kiyonori(1977). The necessity of taking the sea as human habitat, Kenchiku Zasshi, Vol.92, No.1126, p.35

젝트가 국가적 관심에서 너무 중요한 것으로 간주되어, 추가적인 개발, 제작과 설치 비용은 일본의 기업들이 부담하였다.

Ryukyu 섬이 다시 일본 영토의 일부로 되는 것을 축하하기 위하여, 비록 Aquapolis가 오키나와 바다 연안에 떠 있을지라도, 오키나와는 건설과 관련된 고용 혜택, 기능과 기술 이전 등은 전혀 얻지 못했다. 대신에, 분산화된 생산 과정에서 Mitsubishi 중공업의 협력회사로서 히로시마 조선과 엔진이 다른 곳에서 제작되고 최종 조립과 시운전을 위하여 히로시마로 운반된 부품을 가지고 Aquapolis를 건조하였다. 구조물이 너무 거대하였기 때문에 이를 수용하기 위한 새로운 습식 도크를 건립할 수밖에 없었다. Setonaikai에서 광범위한 바다 시운전을 마친 후에, 예인선은 Aquapols를 1,000km 이상 견인하여 오키나와 Motobu에 정착시켰다.

대부분의 사진에서는 이 시설을 제대로 볼 수 없었다. 단지 Matsuyama Zensō의 1976년 다큐멘터리 필름 〈Okinawa Ocean Expo〉에서 태풍이 몰려오면서 일으키는 바다의 큰 파도를 타고 있는 Auapolis의 풍경에서, 이 플로팅 기계의 거대함과 파워를 인식하기 시작했다. 10,000㎡ 면적의 다층 데크 구조물은 15,000톤이 나가고, 바다에 도시의 기술적-낭만적 비전이 나타나는 1950년대 말에 시작된 탐구의 최종 도착점을 나타낸다.

Aquapolis는 데크, 하부 몸체, 기둥과 브레이스로 구성된 반잠수식이고, 용접된 입체 구조물로 건설되었다. 메가플로트 기술은 미래에도 지속되고 있고 Aquapolis는 조류와 거친 바다에 대응하며 움직였다. 250m의 교량을 건립하여 가혹한 기후와 조류 조건에 탄력적으로 대응할 수 있도록 해안과 Aquapolis를 연결했다.

바다 바닥에 정착된 16개의 영구적인 앵커(anchor)가 확장 가능한 체인을 연결하여 구조물을 붙잡고 있다. 이 체인들은 모터가 장착된 권양기에 의해서 조정된다. 각 앵커 체인을 늘리거나 줄임으로써 Aquapolis를 바다 쪽으로 200m 가량 이동시킬 수 있다. 배수가 가능한 균형탱크로 인하여 이동이나 반잠수된 상태에서 균형을 잡을

Japan R_JP_01
Aquapolis

수 있다.

하부 데크는 다양한 도시 및 주거시설을 갖고 있다. 즉 전시장, 기계실, 식당, 주방, 사무실, 응급실, 휴게, 정보 및 전화실, 국제 서비스를 제공하는 우체국, 방문 VIP 및 수행원 실, 중앙관제실, 유틸리티 조정실, 컴퓨터실, 고용인 40명을 위한 주거공간 등. 상부 데크의 Aqua Plaza에는 잔디밭과 헬리포트가 있다.

Aquapolis는 에너지 측면에서 거의 자급자족적이고 세계에서 첫 번째 하수 재처리 과정 중 하나가 거기에서 실험되었다. Aquapolis에 오면 방문객들은 무빙워크를 타고 3개의 주된 전시장에 갈 수 있는데, 모든 전시장은 Expo 75의 바다 테마로 되어 있다.(테마로는 Marinorama, 즉 원시 해양을 표현하는 정적인 디오라마. 바다 체험, 즉 관찰 갤러리. 바다 숲, 즉 바다 바닥의 식물상을 표현하였다.) 전시는 진부한 것이었는데, Aquapolis 자체가 매력적이었고 주된 전시였다. Aquapolis는 거대하였지만, Kikutake의 플로팅 도시에 대한 초기의 개념이 많이 축소된 것이었다.

그러나 그의 관점으로는, Expo 75에서의 Aquapolis는 바다 수면 위에서 다른 플로팅 및 분리 가능한 모듈이 합성되는 대규모 메타볼릭 플로팅 도시 구조물에서 하나의 정형 모듈이었다. Aquapolis의 엔지니어링과 디자인은 Kikutake의 15년간 연구와 방위산업, 교통 및 광산 산업의 발전에 기인하였다. Aquapolis는 일본 자본주의의 집중적이고 창조적이며 기술적인 추진력의 산물이었다. Aquapolis의 모든 파트는 일본 자본주의의 네트워크를 재생산하였다. 하나의 예를 들면, 상부 레벨의 3,445m^2 인장 막 캐노피는 1970년대 일본 경제의 다양한 부문이 참여하는 생산의 새로운 기술과 전략을 요구하였다.(바로 Kikutake와 직원들의 디자인 기술, 시공을 담당하는 Takenaka Corporation, 캐노피 엔지니어링을 위한 Shimizu Corporation, 금속 및 화학 구성재를 담당할 Mitsubishi 중공업, 망과 밧줄 공급품을 위한 Osaka Tents Corporation이다.)

인터뷰, 글 및 발표를 통해서, Kikutake는 어떻게 이 새로운 플로팅 도시의 디자인과 건설이 일본 경제의 다른 부분에 대하여 전에는 상상할 수 없었던 통합을 이루어냈는지를 설명했다. 즉 소위 새로운 "인간 주거 산업"을 창조하기 위해서 조선, 철도 차량, 기계 및 공공 업무 산업으로부터의 과학, 기술 및 방법을 함께 동원했다. 플로팅 거주를 위한 다른 디자인, 즉 Kikutake의 초기 프로젝트인 Unabara, Paul Maymont의 Monaco 플로팅 확장, Buckminster Fuller의 Triton City 프로젝트, Thallasopolis I, 즉 Jacques Rougerie가 설계한 45,000명의 플로팅 도시, 인도네시아 Banda 해의 계획된 어촌 마을 등은 실현되지 않았다: 이러한 건축가들의 기술적-로맨틱 비전은 당시 기술의 가능성을 초과했기 때문이다.

Aquapolis는, 비록 계획되었던 플로팅 도시의 큰 비전으로부터 크게 축소되었지만, 일본 정부와 대기업, 특히 Mitsubishi의 재정적 기술적 투자가 없었더라면, 건립되지 않았을 것이다. 공공 재정과 민간 투자의 이러한 강력한 집중은 이후 오키나와에서 일본 지배층의 산출물에서 Aquapolis의 중요성을 말해주는 증거가 된다.

Deleuze와 Guattari가 지적한 것처럼, "국가의 기본적인 업무 중의 하나는 지배하는 공간을 표시하거나, 구획된 공간에서 의사소통의 수단으로 유연한 공간을 활용하는 것이다." Tada Osamu는 Aquapolis를 일본 국가와 정부의 상징과 화신으로 보았다. 명성과 기술적 운영의 수준에서 보면, Aquapolis는 일본의 현황이고 비즈니스였다. 즉 공식적인 이름은 Floating Pavilion of the Government of Japan이다. 모든 볼트와 너트, 모든 크기, 건설 및 운영 기준은 정부 기관, 즉 국제 통상부와 건설부에 의해서 Aquapolis에 제정되고 관리되었다. 이 구조물의 모든 방문객은 Aquapolitan citizenship 증명서를 받았다.

1976년 1월18일 Expo 75는 종료되었다. 이후 이 지역은 국가적 기념 장소인 Ocean Expo Park로 변화되어서, 열대 드림센터, 열대 및 아열대 식물원, 원초 오키나와 마을, 에메랄드 비치 및 오키나와 츄라우미 수족관(Okinawa Churaumi Aquarium) 등과 같은 전시를 제공하는 관광지가 되었다.

Japan R_JP_01
Aquapolis

Expo75의 몇몇 전시관은 남아 있지만, Aquapolis는 이제 더 이상 바다에 없다. Aquapolis는 해가 지나면서 방문객이 감소하여 1993년 폐쇄되었다. 2000년에는 미국 회사가 상해로 견인하여 고철로 처리하였다. 건축가인 Kikutake는 Aquapolis가 관심에서 사라지는 것을 보았다. "나는 그것이 해상 유전 연구를 위한 연구기지나 일본 해류 연구소로 이용되기를 원했다"라고 그는 말하면서 자신의 해양 커뮤니티의 1970년대 비전을 향한 반전의 기계적 열정을 보여주었다. "왜 그것이 커다란 고철로 끝나야만 되는가?"라면서 아쉬워했다.

수년 동안 Aquapolis는 오키나와의 유명한 상징물 중 하나이었기 때문에 주민들은 많이 아쉬워했다. 당시 보존 이외에는 별다른 대안이 없었기 때문에 오키나와 시 부시장은 이해할 수밖에 없었다고 회고한다. 대중에게 문을 닫기 5년 전부터 Aquapolis의 재건축에 대한 수많은 계획이 있었다. 그 중 하나는 Naha 항으로 끌고 가서 테마파크나 플로팅 레스토랑 단지로 개조하는 계획도 있었다. 재정적 부족을 이유로 어떤 계획도 실현되지 못했다.

당시에는 Aquapolis의 실제 규모와 그런 규모의 이동성을 인식하는 것은 거의 불가능하였다.

Kikutake는 Okinawa Marine Expo 75에서 자신의 플로팅 도시 프로젝트 중 하나를 건설한 기회로 잡았다. Hiroshima의 조선소에서 제작하여 당시의 위치로 견인한 Aquapolis는 물위에 떠 있는 대규모 철 구조물이며, 일본에서 도시 규모로 메타볼리즘의 영웅적 시대를 대표하는 유일한 기념물이었다.

R_JP_02
Sakaigahama Marine Park Aquarium

개요
Outline

건축가(Architects): -
위치(Location): Hiroshima, Japan
면적(Project area): 5,200 sqm
연도(Project year): 1989

그림 205
Location 1 of
Sakaigahama Marine Park Aquarium

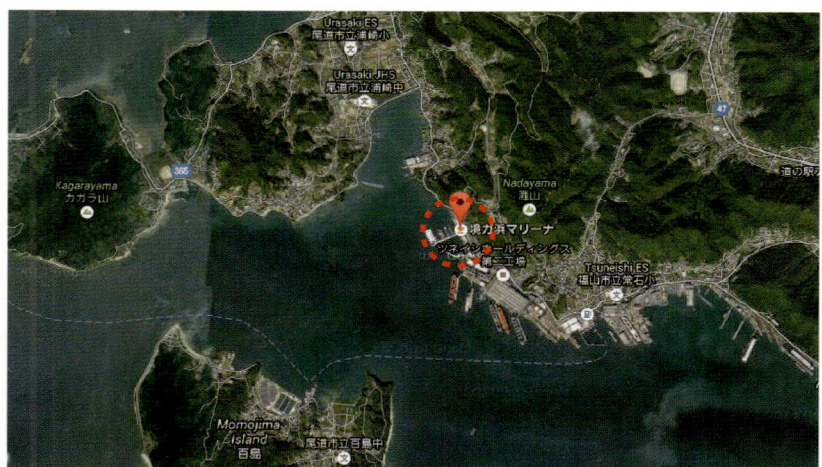

(Source: Google Map)

그림 206
Location 2 of
Sakaigahama Marine Park Aquarium

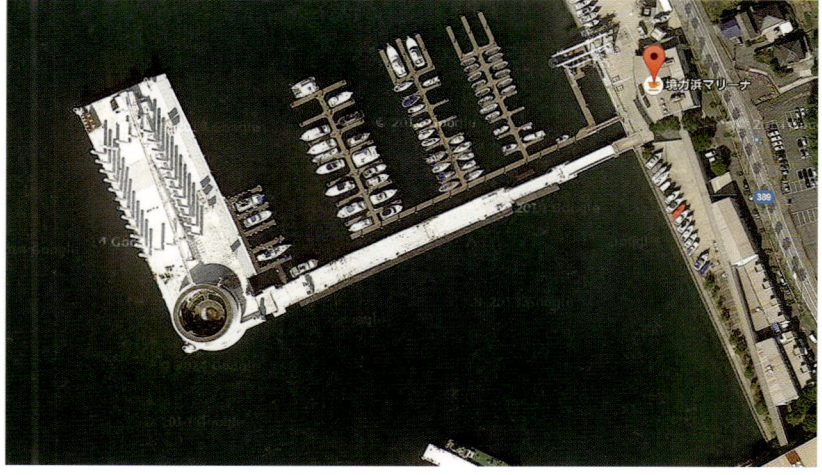

(Source: Google Map)

Japan R_JP_02
Sakaigahama Marine Park Aquarium

그림 207
Surrounding of
Sakaigahama Marine Park Aquarium

(Source: http://www.bella-vista.jp/marina.html)

그림 208
Overview of
Sakaigahama Marine Park Aquarium

(Source: http://regex.info/blog/2011-11-12/1883)

그림 209
Entrance of
Sakaigahama Marine Park Aquarium

(Source: http://regex.info/blog/2011-11-12/1883)

그림 210
Penguin House of
Sakaigahama Marine Park Aquarium

(Source: http://regex.info/blog/2011-11-12/1883)

그림 211
Walkway of
Sakaigahama Marine Park Aquarium

(Source: http://regex.info/blog/2011-11-12/1883)

그림 212
Service Window of
Sakaigahama Marine Park Aquarium

(Source: http://regex.info/blog/2011-11-12/1883)

| Japan | R_JP_02
Sakaigahama Marine Park Aquarium

설명(Description)[31]

Sakaigahama Marine Park는 広島県尾道市浦崎町 연안에 위치하고 있는 종합레저시설이다. 거의 모든 시설이 폐쇄되었고 현재는 Sakaigahama Marina만 존재하고 있다. 1989년 바다와 섬 박람회에 맞추어 4월에 개장했다.

약 5,200㎡의 인공섬 플로팅 아일랜드는 바다에 뜨며 그리스 신전을 형상화한 것으로 常石造船에서 건조했다. 수족관을 중심으로 인공해변, 마리나와 출입구가 있는 관리동(센터 하우스), 조개박물관이 있다.

개장 후 경제 거품이 붕괴되면서 경영 부진으로 인하여 1999년 마리나만 남고 나머지 시설은 매각되었다. 마리나는 육지 3,600㎡ 수역 10,400㎡로 구성되고, 육지에서 보관하는 요트, 모터 보트(4m~14m) 50척, 수면 위에 있는 요트, 모터 보트(7.5m~16m) 100척, 기타 크레인, 주차장(50대), 레스토랑, 회의실 등 부대시설이 있다.

수족관의 정식 명칭은 플로팅 아일랜드 수중 생물 공원(Floating Island Aqua Life Park)이다. 해양공원이 Sakaigahama의 주된 시설이다. 해안으로부터 200m의 바다에 떠 있고, 마리나에 계류되어 있다. 소위 메가 플로트 내부에 30m 수중 터널을 갖춘 수족관이 있다. 세계 최초의 떠다니는 수족관이고 마리나 방파제로서 기능을 한다.

터널 내부는 '언더 워터 월드(underwater world)'로 불리며 수량 약 1,000t의 수조에 약 260종 3,000마리의 물고기가 헤엄치고 있으며, 사람들은 움직이는 벤치에 앉아서 바다 속 산책을 체감한다.

상부는 해상공원으로서, 하얗게 도장된 30개의 강관 파이프를 탑처럼 짓고 설치하여 그리스 신전 모양의 외관을 갖추었다. 마젤란 펭귄이 모여 '펭귄 하우스', 3마리의 돌고래가 헤엄치는 '돌고래 수조', 불가사리와 조개 등을 직접 만질 수 있다는 '터칭 풀'과 전망경 등이 있었다. 돌고래에 따른 쇼가 한창이었다. 여름에는 앞바다에서 해상 불꽃 대회도 열렸다.

이 수족관은 개관 10년 후인 1999년 8월 31일 폐관되었으며, 현재 마리나의 계류 시설·방파제로서 형태를 유지하고 있다.

---

31) ウィキペディア, マリンパーク境ガ浜, Wikipedia(http://ja.wikipedia.org/wiki/%E3%83%9E%E3%83%AA%E3%83%B3%E3%83%91%E3%83%BC%E3%82%AF%E5%A2%83%E3%82%AC%E6%B5%9C)

R_JP_03
Floating Pier

개요
Outline

건축가(Architects): -
위치(Location): Yokohama, Japan
면적(Project area): - sqm
연도(Project year): 1991

그림 213
Location 1 of Floating Pier

(Source: Google Map)

그림 214
Location 2 of Floating Pier

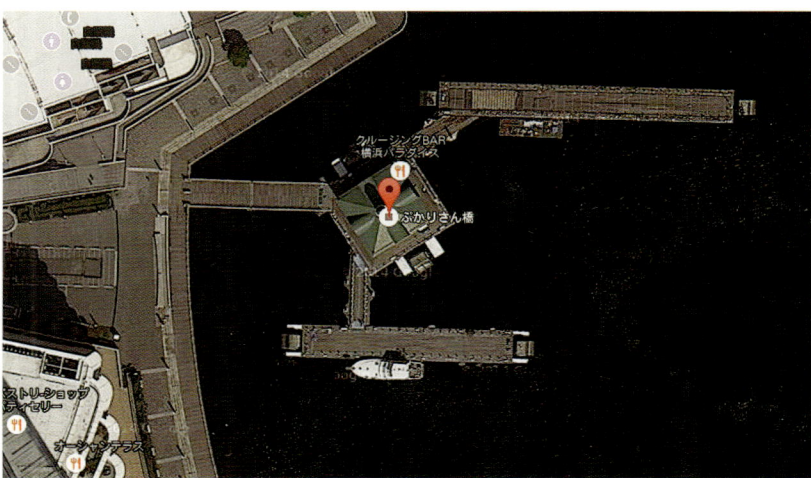

(Source: Google Map)

Japan | R_JP_03 **Floating Pier**

그림 215
Floating Pier

그림 216
Outdoor Deck of Floating Pier

그림 217
Boarding Dock of Floating Pier

그림 218
Access Bridge of
Floating Pier

그림 219
Dolphin Mooring of
Floating Pier

설명(Description)   Mirato Mirai 21 지역에 위치하고 있으며, 조류의 수위 변화에 따라서 상하로 움직이는 플로팅 피어이다. 24m×24m×3.2m 폰툰 상부에 녹색 지붕과 시계 타워가 있는 건물이 있는데, 1층은 베이 크루즈의 출발점이 되는 여객선 터미널이고, 2층은 레스토랑이다. 인접하여 플로팅 낚시 피어가 있다.

건물의 폰툰은 철판으로 만든 박스 형태로 보이며, 건물의 계류는 거대한 콘크리트 구조물로 4방을 막고 있어서 흘러가지 못하게 하는 방식을 채택하고, 통행로의 계류는 돌핀 방식으로 강관 파이프를 사용하였다.

Japan

R_JP_04
Waterline Floating Restaurant

개요 건축가(Architects): Kanji Ueki
Outline 위치(Location): Tokyo, Japan
  면적(Project area): - sqm
  연도(Project year): 2006

그림 220
Location 1 of
Waterline Floating Restaurant

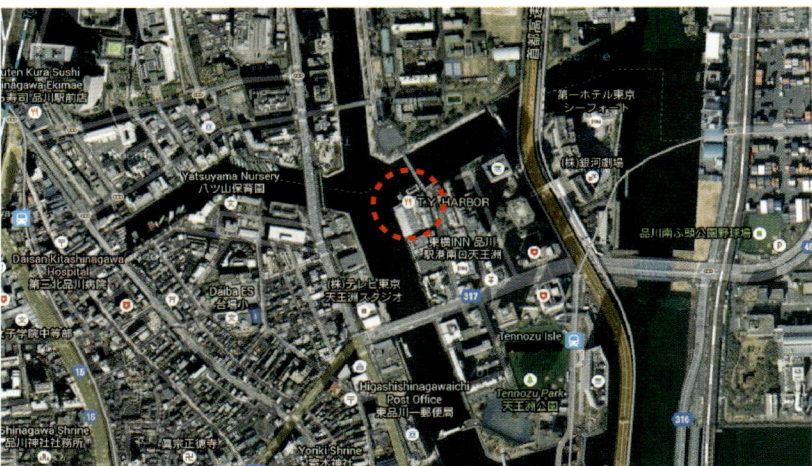

(Source: Google Map)

그림 221
Location 2 of
Waterline Floating Restaurant

(Source: Google Map)

그림 222
Waterline Floating Restaurant

그림 223
Access Walkway of
Waterline Floating Restaurant

그림 224
Dolphin Mooring of
Waterline Floating Restaurant

Japan — Waterline Floating Restaurant
R_JP_04

그림 225
Yacht Dock of
Waterline Floating Restaurant

그림 226
Counter of
Waterline Floating Restaurant

그림 227
Outdoor Deck of
Waterline Floating Restaurant

(Source: http://www.casappo.com/en/projects.html)

그림 228
Bar of
Waterline Floating Restaurant

(Source: http://www.casappo.com/en/projects.html)

설명(Description)[32]   동경 광역시의 물 사용 규제 완화 이후 실현된 첫 번째 프로젝트로 기록된 플로팅 레스토랑 'Waterline'이 동경 운하에 문을 열었다. 동경 광역시가 작년에 시작한 '동경 워터프런트 시티'라는 새로운 재개발 계획에 기반을 두고 있다.

이 플로팅 레스토랑은 건축법에 의한 '건물'과 선박안전법에 따른 '선박'의 조합이다. 이것은 수위 변화에 따라서 오르내릴 수 있다. 일반적인 선박과 달리, 이 레스토랑은 장애 없이(barrier-free) 설계되었기 때문에 휠체어가 출입할 수 있다.

---

32) Miki Megumi(2006), Tokyo's Waterfront City - first completed project, World Architecture News(http://www.worldarchitecturenews.com/project/2006/305/wan-editorial/waterline-in-tokyo.html?i=31)

Korea

R_KR_01
Floating Stage

개요 **건축가(Architects):** Chang Ki Yun, Zhang Xiaoy
Outline **위치(Location):** Seoul, Korea
면적(Project area): 562 sqm
연도(Project year): 2010

그림 229
Location 1 of Floating Stage

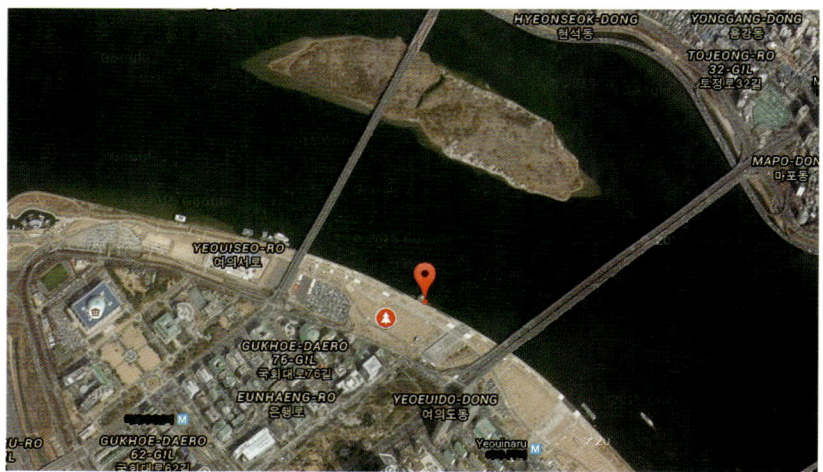

(Source: Google Map)

그림 230
Location 2 of Floating Stage

(Source: Google Map)

그림 231
Overview of
Floating Stage

(Source: http://blog.naver.com/howard0325/50092135060)

그림 232
Side view of
Floating Stage

(Source: http://blog.naver.com/demian67/20100826723)

그림 233
Front View 1 of
Floating Stage

(Source: http://blog.naver.com/choihs1205/207365764)

| Korea | R_KR_01
Floating Stage |

그림 234
Front View 2 of Floating Stage

(Source: http://blog.naver.com/sorigag1/108032881)

그림 235
Front View 3 of Floating Stage

(Source: http://www.floating-stage.com/community/community_02_view.asp?show_idx=215&table=bbs_gallery&category=1&page=3&search=&keyword=)

설명(Description)[33]   여의도 물빛무대 홈페이지에서 설명하고 있는 이 시설의 특징은 다음과 같다.

모든 장르의 공연이 가능한 다목적 공연무대
여의도 물빛무대는 다목적 공연장으로써 모든 장르의 공연이 가능

---
33) Floating Stage Homepage(http://www.floating-stage.com/index.asp)

하도록 설계되었다. 현대의 공연들이 요구하는 공연장은 다양한 형태의 공연을 다양한 방법으로 관객과 호흡하길 바라고 있고, 공연의 장르 또한 점점 더 전문화, 세분화 되어가고 있는 추세이기 때문이다. 여의도 물빛무대는 콘서트, 연극, 뮤지컬, 무용 등 다양한 장르의 공연들을 소화 할 수 있는 최첨단 시설을 갖춘 다목적 공연장으로 개관하였다. 무대, 음향, 조명시설 또한 다목적 공연장의 컨셉에 맞추어 설비, 시공되었다.

세계 최초의 개폐식 수상무대

무대 면적 562㎡, 실내 객석 200석, 야외 객석 2,200석 규모로 조성된 여의도 물빛무대는 강변을 배경으로 한 공연 문화 시설로서 세계 최초의 개폐식 수상무대이다. 돔형(반구형)으로, 전,후면을 열어놓으면 한강의 경관을 감상할 수 있으며, 강화유리로 만든 회전식 문을 닫으면 소규모 실내 공연장으로도 활용된다.

무대는 칸막이가 없는 공간으로 다양한 목적으로 활용할 수 있도록 했으며, 대기실과 분장실 등 공연장 이용에 필요한 편의시설도 갖춰져 있다.

여러 가지 상황들을 고려하여 여의도 물빛무대의 무대는 다양하고 다른 공간을 만들어 내는 오픈 무대 개념의 수상무대 형식이다. 개방형 무대는 날씨에 따라 유리문을 달아 포근한 카페공간으로 바뀐다.

물방울을 형상화한 디자인

윤창기와 장 샤오이가 공동 디자인한 여의도 물빛무대는 물속에서 떠오르는 물방울을 형상화한 모습으로 한강의 경관과 조화를 이루고 있으며 기능적으로는 물위에 둥둥 떠다니는 부유식 수상 구조물로 홍수에 대비해 물에 뜨는 구조로 제작 되었다.

다양한 연출이 가능한 멀티미디어시스템

음악에 맞춰 춤추는 음악 분수 쇼와 화려한 레이져 쇼 등이 매일 주

Korea R_KR_01
Floating Stage

기적으로 운영되어 다양한 공간을 연출하고 외부표면의 LED(발광다이오드)는 다음날 기상 상태에 따라 빛이 변하는 방식으로 일기예보 정보판이 되기도 한다.

강과 공원을 배경으로 한 최고의 야외공연장
한강의 경관을 배경으로 한 플로팅 스테이지는 세계 어느 공연장에서도 찾아볼 수 없는 최고의 절경이고 야외 2,200석의 스탠드 객석과 너른 들판, 물빛광장(피아노 물길 / 빛의 폭포) 등은 관람객들에게 자연의 편안함과 휴식공간을 제공하여 한강 르네상스 프로젝트의 목적인 '회복'과 '창조'를 완벽히 실천하는 한강의 랜드마크이다.

Korea

R_KR_02
Seoul Floating Islands

개요
Outline

건축가(Architects): Haeahn Architecture, Korea + H Architecture, USA
위치(Location): Seoul, Korea
면적(Project area): 9,995 sqm
연도(Project year): 2011

그림 236
Location 1 of
Seoul Floating Islands

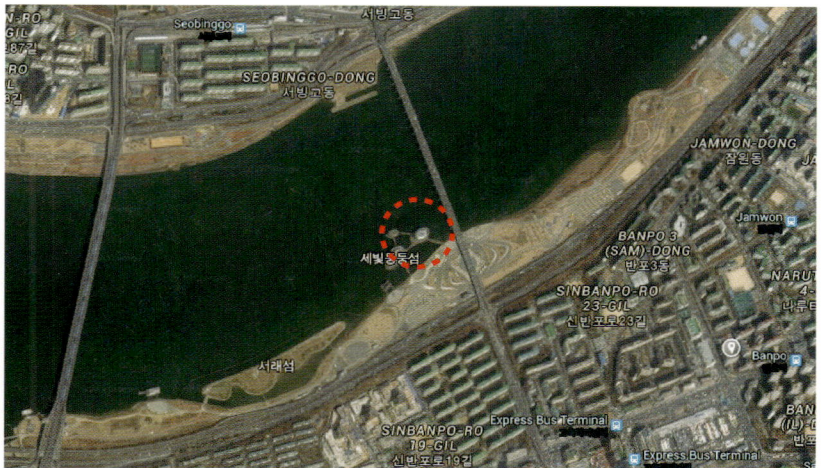

(Source: Google Map)

그림 237
Location 2 of
Seoul Floating Islands

(Source: Naver Map)

Korea — Seoul Floating Islands

그림 238
Bird's-Eye View of
Seoul Floating Islands

(Source: http://www.archdaily.com/?p=252931)

그림 239
Perspective of
Seoul Floating Islands

(Source: http://www.archdaily.com/?p=252931)

그림 240
Overview of
Seoul Floating Islands

(Source: http://www.archdaily.com/?p=252931)

그림 241
Night View of
Seoul Floating Islands

(Source: http://www.archdaily.com/?p=252931)

그림 242
No.1 Island of
Seoul Floating Islands

(Source: http://www.somesevit.co.kr/)

그림 243
No.2 Island of
Seoul Floating Islands

(Source: http://www.somesevit.co.kr/)

Korea | Seoul Floating Islands

그림 244
No.3 Island of
Seoul Floating Islands

(Source: http://www.somesevit.co.kr/)

그림 245
Floor Plans of
Seoul Floating Islands

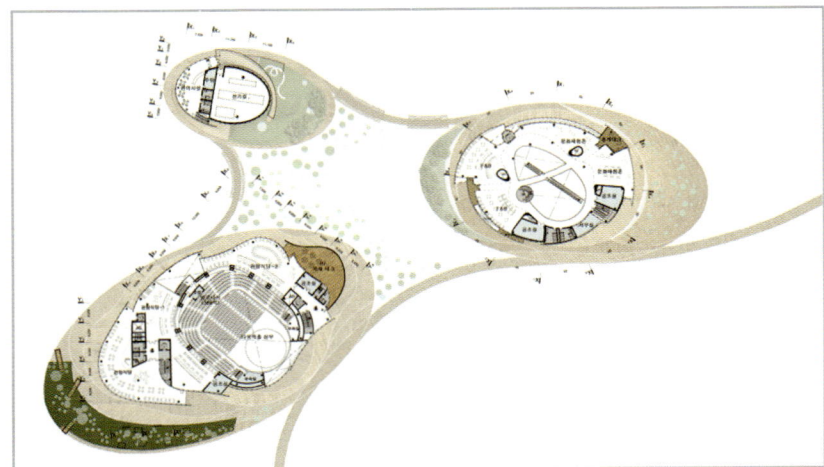

(Source: http://www.archdaily.com/?p=252931)

그림 246
Mooring Control System of
Seoul Floating Islands

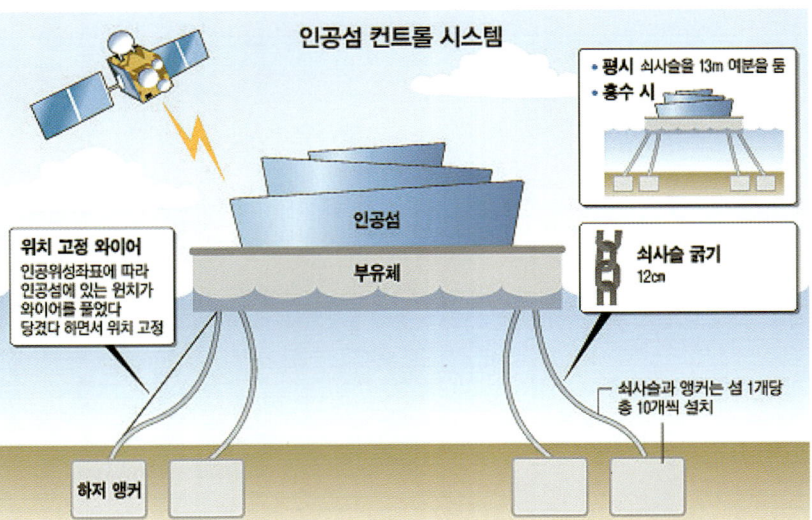

(Source: http://blog.naver.com/lunelake?Redirect=Log&logNo=110079911850)

설명(Description)[34]

「Seoul Floating Island」는 한강의 모뉴멘트적 상징물로서 공연, 전시, 레저 등 축제가 있는 서울의 신문화 중심지로 기획되었다. 전체는 각기 다른 테마를 가진 3개의 섬으로 구성되어 시민들에게 다이내믹한 수변문화를 경험케 하고, 바라보는 한강을 탈피하여 체험하는 한강으로 탈바꿈하도록 도울 것이다.

형태적으로는 씨앗과 꽃봉오리 그리고 만개한 꽃으로 변해가는 프로세스의 은유를 통해 재생과 순환이라는 한강 르네상스의 이미지를 형상화하고, 사방에 두루 퍼져나가는 문화의 등불로서 서울의 모습을 상징적으로 나타내고 있다. 플로팅 아일랜드는 기술과 문화가 융합되어 서울을 기억하게 하는 랜드마크 중의 하나가 될 것이다[35].

서울 한강 반포지구에 있는 세빛둥둥섬은 2011년 서울시에서 민자사업공모를 통해 지은 우리나라 최초의 플로팅 건축물이다. 서울의 중심인 한강에 색다른 수변 문화를 체험할 수 있는 랜드마크를 만들어 보자는 아이디어에서 기획되었다. 설계 당시의 이름은 '서울 플로팅 아일랜드'였고, 이후 '세빛둥둥섬'이었다가 다시 '세빛섬'으로 이름을 바꿨다.

세빛섬은 꽃봉오리가 피어나는 과정을 형상화한 디자인으로 크게 세 개의 섬으로 구성돼 있다. 각각의 섬은 각기 비스타(VISTA-1섬), 비바(VIVA-2섬), 테라(TERRA-3섬)라는 이름이 붙여져 있다. 총 9,995㎡(3,023평)의 면적을 갖고 있는 세 개의 구조물은 각각 13~27m 높이로 건물 2~3층 정도에 해당한다.

세 개의 섬과 함께 역시 물 위에 떠 있는 미디어아트 갤러리까지 더해 전체 플로팅 아일랜드를 구성하고 있다. 세빛섬은 주로 공연이나 이벤트를 위한 공간으로 활용되고 있다. 1섬은 국제회의나 리셉션, 제작발표회, 공연, 웨딩 등 다양한 행사를 할 수 있는 컨벤션홀과 레스토랑

---

34) Seoul Floating Islands / Haeahn Architecture + H Architecture, 2012.7.12, ArchDaily(http://www.archdaily.com/?p=252931)
35) Haeahn Architecture Homepage(http://www.haeahn.com/ko/project/detail.do?prjctSeq=666)

Korea — Seoul Floating Islands

시설, 2섬은 문화와 엔터테인먼트를 즐길 수 있는 시설, 3섬은 수상 레포츠 시설이 들어서 있다.

플로팅 건축기법으로 지어진 세빛섬은 물 위에 둥둥 떠 있는 형태이다. 물론 떠내려가지 않도록 하기 위해 여러 안전 시스템이 갖춰져 있다. 우선 물 위에서 땅의 역할을 하는 폰툰(pontoon)이 한강 바닥의 앵커 블록과 연결돼 있다. 섬 1개당 최대 10개의 앵커 블록이 설치돼 있어 건축물의 위치를 고정시키고 있다[36].

---

36) 스페셜리포트, 이코노조선 2013년 11월 109호(http://economyplus.chosun.com/special/special_view.php?boardName=C01&t_num=7312)

Korea

R_KR_03
Seoul Marina

개요
Outline

건축가(Architects): EGA GROUP, Korea
위치(Location): Seoul, Korea
면적(Project area): 807 sqm
연도(Project year): 2010

그림 247
Location 1 of Seoul Marina

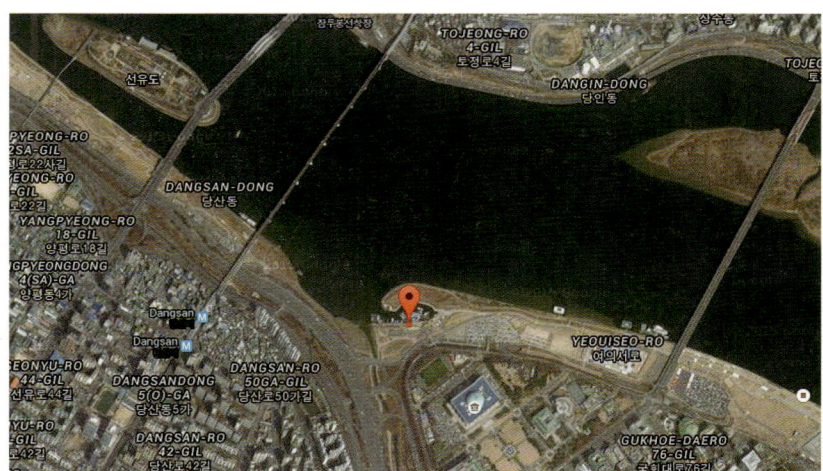

(Source: Google Map)

그림 248
Location 2 of Seoul Marina

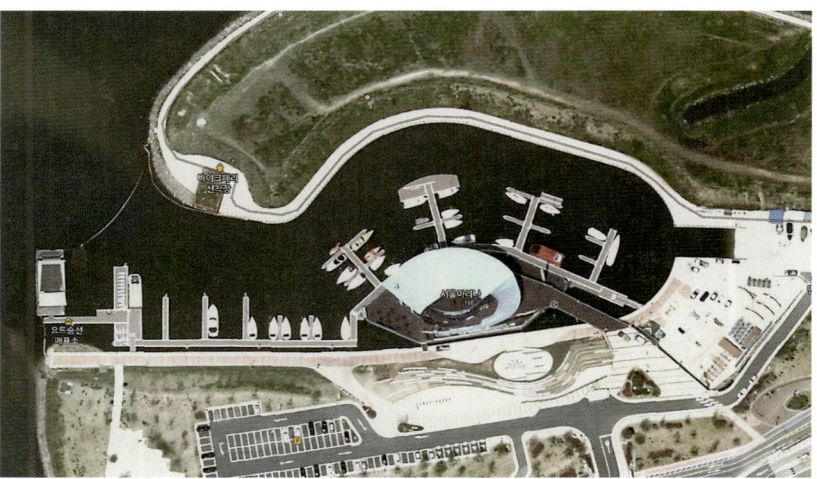

(Source: Naver Map)

169

Korea
R_KR_03
Seoul Marina

그림 249
Overview of Seoul Marina

(Source: http://blog.naver.com/PostView.nhn?blogId=imck81&logNo=80158290016)

그림 250
Seoul Marina and Boats

(Source: http://blog.naver.com/PostView.nhn?blogId=yolizori&logNo=150138282745)

그림 251
Side view 1 of Seoul Marina

(Source: http://blog.naver.com/iccky/150185283077)

그림 252
Side view 2 of Seoul Marina

(Source: http://blog.naver.com/theoncejung/150183359427)

설명(Description)

서울 마리나는 2010년 10월 준공된 플로팅 건축물로, 한강의 레포츠 수요를 겨냥한 복합 소형 마리나 클럽이다. 서울시 한강사업본부가 발주하고 현재 신화명품건설이 운영하고 있다. 요트의 대중화를 선도한다는 목표 하에 추진된 사업이었으나 실질적으로 극히 일부만 대중적 용도로 사용되고 있다.

한강변 여의도에 위치한 마리나 클럽으로, 돌핀 계류 형태의 플로팅 건축물이다. 선박으로 준공을 득한 플로팅 아일랜드(세빛섬)와 달리 건축물로 인허가 및 준공을 득한 국내 최초의 플로팅 건축물이기도 하다. 곡선형 매스와 커튼월 마감으로 강을 향한 조망을 최대한 확보하려는 공간 디자인 컨셉이 잘 표현되어 있다. 일반적인 플로팅 건축물의 디자인 특성인 데크가 적극적으로 평면에 반영되어 있다.

공간구성과 면적비를 살펴보면, 식음공간이 주를 이루는 상업시설이 87%에 달하는데, 이는 국내에서 현재 행해지는 마리나 클럽의 제도적인 여건과 운영에 따른 문제점을 안고 있는 것으로 보인다[37].

네이버 지도를 보면, 이 서울 마리나의 물 공간이 원래부터 있지는 않았던 것 같다. 물 공간은 지번이 있는 둔치 일부를 파내어 물이 유입되게 만든 것으로 추정할 수 있다. 강의 물 공간에 설치한 외국의 사례와는 조성 방식이 근본적으로 다르다. 건축 허가를 쉽게 받은 이유도 지번이 있는 물 공간에 플로팅 건축을 지었기 때문으로 판단된다.

---

37) 박성신(2012), 「레저용 플로팅 건축물 설계를 위한 국내 마리나클럽 현황 및 공간구성에 관한 연구」, 『한국항해항만학회지』 제36권 제3호, pp.253-259

Netherlands

R_NL_01
Floating Homes in GoudenKust

개요　**건축가(Architects):** Factor Architecten bv / Dura Vermeer
Outline　**위치(Location):** Bovendijk, Maasbommel, Netherlands
　　　　　면적(Project area): – sqm
　　　　　연도(Project year): 2006

그림 253
Location 1 of
Floating Homes in GoudenKust

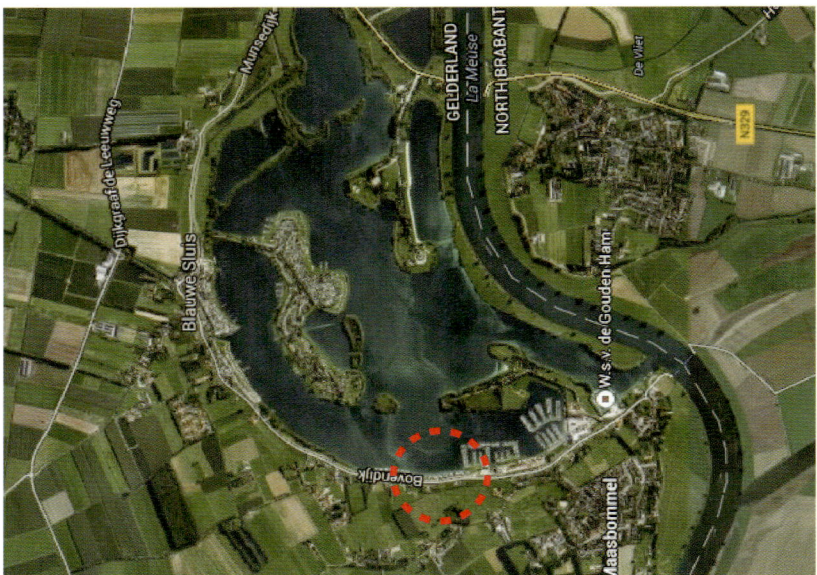

(Source: Google Map)

그림 254
Location 2 of
Floating Homes in GoudenKust

(Source: Google Map)

그림 255
Amphibious House 1 of
Floating Homes in GoudenKust

그림 256
Amphibious House 2 of
Floating Homes in GoudenKust

그림 257
Floating Houses 1 of
Floating Homes in GoudenKust

Netherlands — R_NL_01 **Floating Homes in GoudenKust**

그림 258
Floating Houses 2 of
Floating Homes in GoudenKust

그림 259
Outside View from
Floating Homes in GoudenKust

그림 260
Enjoying Swimming from
Floating Homes in GoudenKust

그림 261
Deck of
Floating Homes in GoudenKust

그림 262
Access Bridge of
Floating Homes in GoudenKust

설명(Description)[38] Massbommel 근처 제방 외곽의 레크리에이션 지역에 14채의 플로팅 홈과 32채의 수륙양용(amphibious) 주택이 건립되었다. 수륙양용 주택은 돌핀 계류 말뚝에 끼워진 상태에서 콘크리트 기초 위에 앉아 있다. 강물 수위가 높아지면, 집이 위쪽으로 올라가서 물 위에 뜨게 된다.

---

38) Amphibious homes, Maasbommel, The Netherlands, Urban Green-Blue Grids for Sustainable and Resilient Cities(http://www.urbangreenbluegrids.com/projects/amphibious-homes-maasbommel-the-netherlands/)

Netherlands — Floating Homes in GoudenKust

계류 말뚝에 붙잡아 둔 것으로 인하여 물에 의해 떠내려가는 것을 막아준다. 수위가 내려가면 플로팅 홈도 내려가서 콘크리트 기초 위에 도달한다.

플로팅 주택과 수륙양용 주택은 건설에 있어서 유사하다: 콘크리트 함체와 상대적으로 가벼운 목구조의 상부로 이루어진다. 콘크리트 함체는 72톤인 반면, 상부의 목구조는 22톤이다. 중심이 낮은 것으로 인하여 안정성을 확보한다. 콘크리트 함체는 방수를 위하여 골재와 일반 콘크리트로 만들어진다. 조인트는 추가적인 내수 밀봉 스트립으로 보강한다. 함체는 약 2m 높이이고, 지하층으로 사용되거나 분리된 레벨, 즉 침실과 함께 디자인된다. 수위는 5년에 한번씩 70cm 이상 상승할 것으로 예측된다. 이 주택은 5.5m 높이까지 수위 변동에 견딜 수 있다.

현장 답사 시 플로팅 홈에 살고 있는 청소년이 강아지와 함께 데크 난간 위에서 강물로 점프하면서 물놀이를 즐기는 것을 목격하였다. 평상시 안전도 중요하지만, 거주자가 물에 얼마나 쉽게 뛰어들어 즐길 수 있게 하는가도 중요한 과제로 생각되었다.

Netherlands

R_NL_02
Floating Homes in Terwijde

개요
Outline

건축가(Architects): Aquatecture
위치(Location): Eilandenrijk, Terwijde, Utrecht, Netherlands
면적(Project area): 132 sqm/Unit
연도(Project year): 2008

그림 263
Overview of
Floating Homes in Terwijde

그림 264
Entrances of
Floating Homes in Terwijde

(Source: http://www.hollandhouseboats.com/project-construction/overview/floating-homes-in-utrecht)

Netherlands R_NL_02
Floating Homes in Terwijde

그림 265
Detached House 1 of
Floating Homes in Terwijde

그림 266
Detached House 2 of
Floating Homes in Terwijde

(Source: http://www.hollandhouseboats.com/project-construction/overview/floating-homes-in-utrecht)

그림 267
Transportation of
Floating Homes in Terwijde

(Source: http://www.hollandhouseboats.com/project-construction/overview/floating-homes-in-utrecht)

그림 268
Installation of
Floating Homes in Terwijde

(Source: http://www.hollandhouseboats.com/project-construction/overview/floating-homes-in-utrecht)

설명(Description)[39]

ABC Waterwoningen 개발회사는 Eilandenrijk, Terwijde, Utrecht에 최고 수준의 플로팅 주택 19세대를 건립하였다. 이들은 편안하고, 지속가능하고, 안전한 주택이다. 2개 층의 5가지 모델이 디자인되었다. 기본 모델에서의 옥상 테라스는 지붕 출입구를 통하여 출입이 가능하다. 고급 모델은 투명한 천창을 갖고 있다. 아름다운 옥상 테라스는 유리 계단실을 통하여 출입할 수 있다.

다양한 파사드 클래딩의 선택과 1층과 2층의 평면에서 레이아웃이 다양하기 때문에 각각의 주거는 독특하다. 이 플로팅 홈들은 공장에서 건조하여 육상으로 3km를 운반하여 현장에 설치했다.

하부구조를 보면, 폰툰 재료는 지하공간을 사용하는 속이 빈 콘크리트를 사용하고, 계류는 돌핀 방식으로 콘크리트 말뚝을 채택했다.

---

39) 10 Floating Homes Utrecht, ABC Waterwoningen(http://www.hollandhouseboats.com/project-construction/overview/floating-homes-in-utrecht)

Netherlands

R_NL_03
Floating Pavilion

개요 Outline	건축가(Architects): Deltasync & Public Domain Architects 위치(Location): Rotterdam, Netherlands 면적(Project area): 1,104 sqm 연도(Project year): 2010

그림 269
Location of
Floating Pavilion

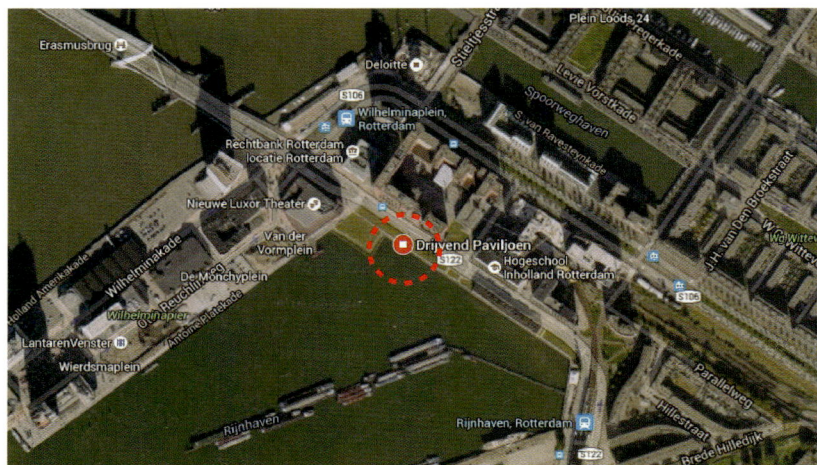

(Source: Google Map)

그림 270
Overview of
Floating Pavilion

그림 271
Access Bridge of Floating Pavilion

그림 272
Main Entrance of Floating Pavilion

그림 273
Floating Pavilion

Netherlands — Floating Pavilion

R_NL_03

그림 274
Exhibition Hall of Floating Pavilion

그림 275
Conference Room of Floating Pavilion

그림 276
Dolphin Mooring of Floating Pavilion

그림 277
Mechanical Room of Floating Pavilion

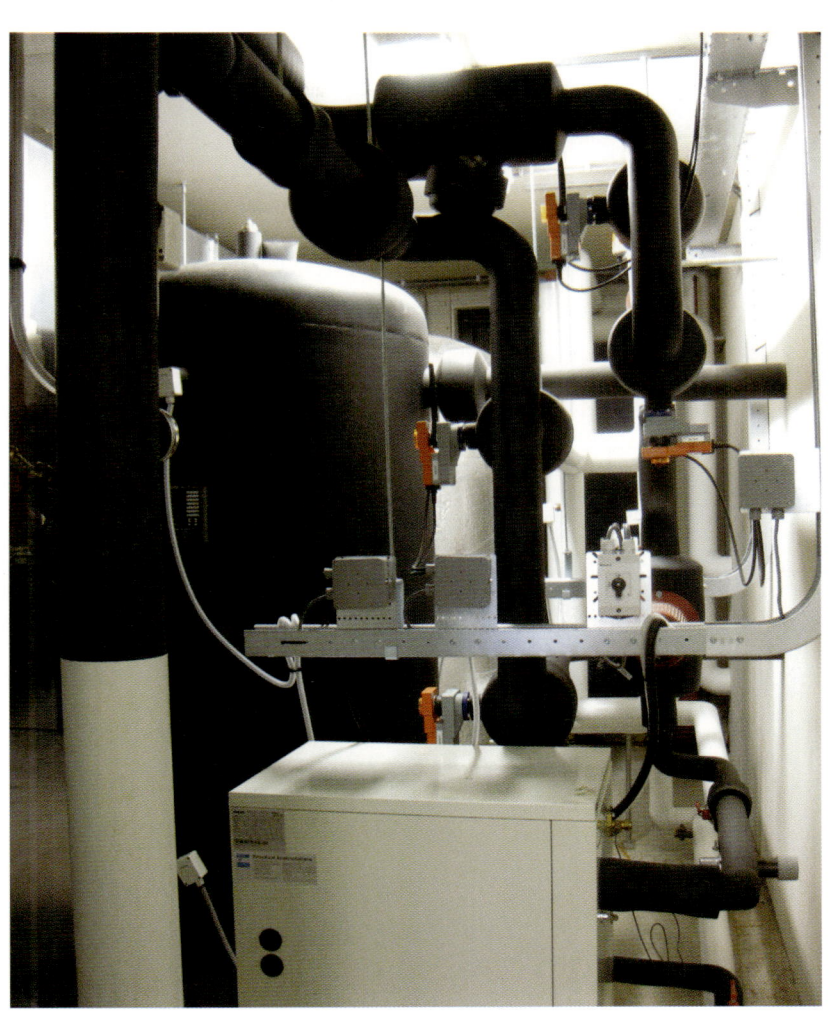

그림 278
Opening Event of Floating Pavilion

(Source: http://www.tvm-c.nl/MVO)

Netherlands — Floating Pavilion

설명(Description)

로테르담의 플로팅 전시관은 지름이 각각 18.5m, 20m, 24m은 3개의 반구형 지붕으로 구성된 복합체이다. 건물의 최고 높이는 12m이고 바닥면적은 1,104㎡이다. 폰툰은 두께 2.5m EPS(Expanded Polystyrene) 위에 콘크리트 빔과 슬래브를 얹은 구조로 제작되었다. 계류는 돌핀 방식으로 강관을 설치하였다. 이 건물은 거의 자급자족적인 구조물이 될 수 있는 다양한 혁신적인 기술과 재생에너지 기술을 도입한 것이 특징이다.

전시공간은 '지붕이 있는 공공의 개방공간'으로 간주하고, 최고 섭씨 15도 정도로 외기보다 약간 높은 온도를 유지한다. 강당의 경우 사용될 때 냉난방이 필요하기 때문에, 지붕의 태양열 집열판과 단열재가 역할을 하며, 이와 더불어 섭씨 21도를 기준으로 실내의 온도를 높이거나 낮출 때는 벽의 상변화물질(Phase Change Material)이 역할을 하는데 액체가 되거나 고체가 된다.

반구형 지붕은 초경량 투명 재료인 에틸렌 테트라플로로에틸렌(ETFE) 포일로 덮여 있다. 포일 지붕은 3겹인데 단열을 위하여 압축공기가 채워져 있고, 최상부의 포일은 자외선 보호용이다. 1층의 벽 창문과 지붕 상부의 창문을 이용하여 공기가 자연적으로 환기되도록 한다. 중수도는 정화시켜서 화장실에서 재사용하며, 최종적으로 화장실에서 사용된 물은 정화되어 강으로 배출된다[40].

플로팅 전시관은 전시나, 단체의 행사나 회의를 위하여 임대된다. 전체 시설은 방문객 500명까지 수용할 수 있도록 디자인되었는데, 강당은 단체 150명까지 행사를 진행할 수 있다. 이 플로팅 전시관은 도시의 랜드마크로서 특징적 형태를 갖고 있기 때문에 다양한 회의나 사회적 이벤트 장소로 이용되고 있다.

---

40) Jacobine Das Gupta, ROTTERDAM FLOATING PAVILION: DUTCH ICON OF BUILDING ON WATER, 2010.10.18(http://thegreentake.wordpress.com/2010 /10/18/rotterdam/)

Netherlands

R_NL_04
Floating Houses in IJburg

개요
Outline

건축가(Architects): Architectenbureau Marlies Rohmer(excluding detached house)
위치(Location): Amsterdam, Netherlands
면적(Project area): 10,652 sqm
연도(Project year): 2001-2011

그림 279
Location 1 of
Floating Houses in IJburg

(Source: Google Map)

그림 280
Location 2 of
Floating Houses in IJburg

(Source: Google Map)

185

Netherlands R_NL_04 **Floating Houses in IJburg**

그림 281
Overview 1 of
Floating Row Houses in IJburg

(Source: http://www.archdaily.com/120238/floating-houses-in-ijburg-architectenbureau-marlies-rohmer/)

그림 282
Overview 2 of
Floating Row Houses in IJburg

(Source: http://www.archdaily.com/120238/floating-houses-in-ijburg-architectenbureau-marlies-rohmer/)

그림 283
Cluster of
Floating Row Houses in IJburg

그림 284
**Walkway 1 of
Floating Row Houses in IJburg**

(Source: http://www.archdaily.com/120238/floating-houses-in-ijburg-architectenbureau-marlies-rohmer/)

그림 285
**Walkway 2 of
Floating Row Houses in IJburg**

그림 286
**Enjoying Water in
Floating Row Houses in IJburg**

(Source: http://www.archdaily.com/120238/floating-houses-in-ijburg-architectenbureau-marlies-rohmer/)

Netherlands | Floating Houses in IJburg

R_NL_04

그림 287
Enjoying Snow in
Floating Row Houses in IJburg

(Source: http://www.rohmer.nl/en/project/waterwoningen-ijburg/)

그림 288
Site Plan of
Floating Row Houses in IJburg

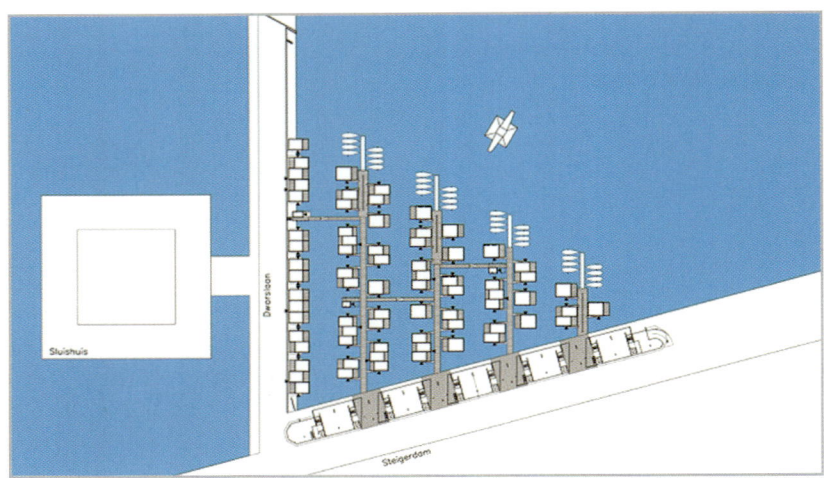

(Source: http://www.rohmer.nl/en/project/waterwoningen-ijburg/)

그림 289
Floor Plan & Section of
Floating Row Houses in IJburg

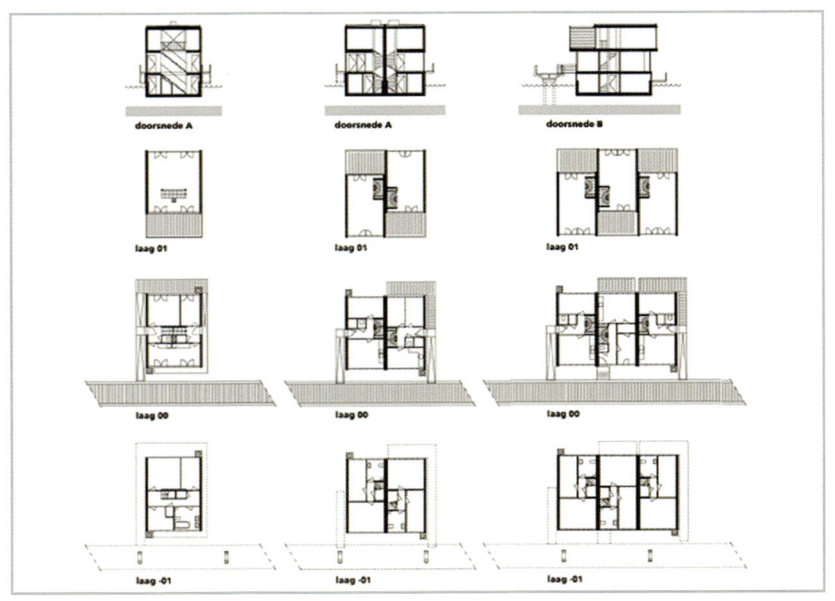

(Source: http://www.rohmer.nl/en/project/waterwoningen-ijburg/)

그림 290
Moving of
Floating Row Houses in IJburg

(Source: http://www.archdaily.com/120238/floating-houses-in-ijburg-architectenbureau-marlies-rohmer/)

그림 291
Floating Detached Houses in IJburg

그림 292
Walkway of
Floating Detached Houses in IJburg

Netherlands
Floating Houses in IJburg R_NL_04

설명(Description)[41]

보트인가? 주택인가? 로맨틱한가? 아니면 실용적인가? 그것은 하이브리드(hybrid)이다. 그것은 여러분이 생각하고 있는 것과 다를 수 있다. 이 플로팅 주거단지는 75세대의 플로팅 홈 연립주택과 단독주택(임대 또는 소유)으로 구성된다.

수상에 건물을 짓는 것은 다른 스토리이다. 네덜란드는 물 가까이 거주하고 물의 변덕에 잘 적응하는 역사를 갖고 있다. 이런 사실은 제방, 마운드, 연안이나 수상에서 거주했음을 의미한다. 최근에 와서야 플로팅 홈이 네덜란드의 현대적 요구에 대한 훌륭한 해결책으로 인정받고 있다. 네덜란드에서는 하우스보트가 있는 수로가 익숙한 풍경이지만, 요즘에는 플로팅 호텔이나 레스토랑을 볼 수 있다. 그러나 이런 것들은 개별적인 유닛이고 주택보다는 보트를 연상시키곤 한다.

그러나 최근에는 땅에 짓는 주택의 특성을 많이 공유하는 수상의 주거단지 개발이 증가하고 있다. 이러한 플로팅 주거는 도시 디자인의 부분을 형성하고 있다. 그것들은 경제적으로는 부동산으로 분류되고 내부 공간이나 편안함 수준에서 육상의 시설과 경쟁한다. 새로운 수상 개발은 물과 함께하는 몇 가지 유형의 주거를 포함할 수 있다. 플로팅 홈 뿐만 아니라, 수륙양용 주택과 마운드나 제방 또는 다른 수변의 조건에 따라서 수면보다 상부에 짓는 주택을 포함한다. 암스테르담의 IJburg 지구는 포장된 보행로와 도시 플라자를 대신하여 선착장이 있는 완전한 플로팅 주거단지를 갖고 있다.

수변이나 수상에 거주를 원하는 열망은 증가하고 있으며 2가지 실질적인 동기를 갖고 있다. 첫 번째, 해수면 상승과 증가된 강수량으로 인하여 물을 보관할 보다 넓은 대지와 피크 시 넘치는 구역이 필요하게 되었다. 두 번째로 이미 새로운 건축을 위한 대지가 많이 부족하다는 지적이 있다. 모든 사람이 이러한 견해에 동의하지는 않을 것이다. 그러나 기존 마을의 전략적 통합은 많은 전원 개발을 불필요하거나 해로운 것으로 만듦으로써 극명한 도시/농촌의 대비를 만들어 낸다. 수상에서의 삶과 일은 사실상 공간의 복합적 이용이다. 또한 이것은 퇴락한 항만지역과 홍수지역을 재개발하는 하나의 방법이다. 미적인 측면에서 수상거주를 선호하는 것에 대한 또 다른 주장은 자유로움과 자연과 친밀함의 느낌을 길러준다는 것이다.

---

41) Floating Houses in IJburg / Architectenbureau Marlies Rohmer, 2011. 3.20, ArchDaily(http://www.archdaily.com/?p=120238)

Netherlands

R_NL_05
Autark Home

개요 | 건축가(Architects): –
Outline | 위치(Location): Maastricht, Netherlands
| 면적(Project area): 109.4 sqm
| 연도(Project year): 2012

그림 293
Overview of
Autark Home

(Source: http://www.autarkhome.com/)

그림 294
Autark Home

(Source: http://www.autarkhome.com/)

Netherlands R_NL_05
Autark Home

그림 295
Living Room of Autark Home

(Source: http://www.mosa.nl/en/inspiration/references/?refslug=autark-home)

그림 296
Kitchen and Dining Room of Autark Home

(Source: http://www.autarkhome.com/)

그림 297
Bathroom of Autark Home

(Source: http://www.mosa.nl/en/inspiration/references/?refslug=autark-home)

그림 298
1st Floor Plan of Autark Home

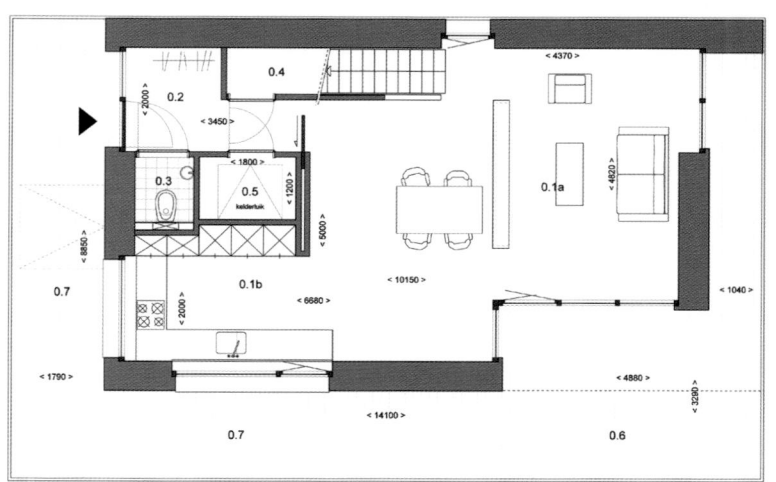

BEGANE GROND
NVO 58,1 m²

LEGENDA
0.1a woonkamer
0.1b keuken
0.2 entree
0.3 toilet
0.4 berging
0.5 entree techniekkelder
0.6 terras
0.7 omloop

그림 299
2nd Floor Plan of Autark Home

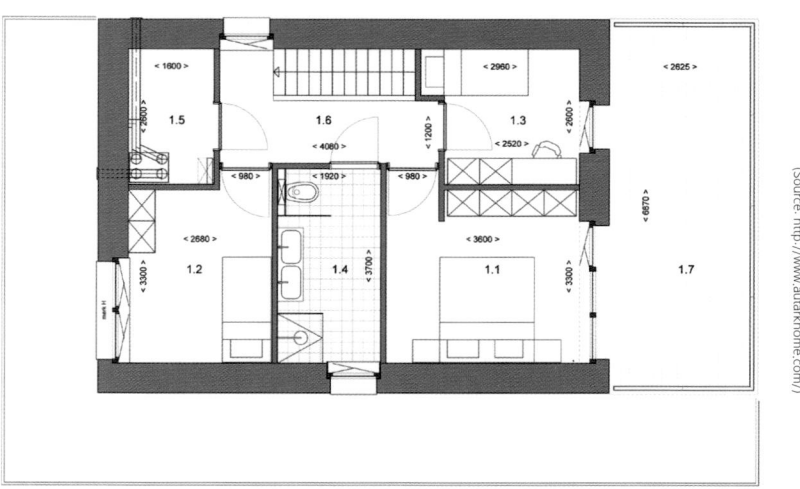

VERDIEPING
NVO 51,3 m²

LEGENDA
1.1 overloop
1.2 slaapkamer 1
1.3 slaapkamer 2
1.4 slaapkamer 3
1.5 badkamer
1.6 berging
1.7 dakterras

NETTOVLOEROPPERVLAKTE (NVO)
kelder   18,0 m²
begane grond   58,1 m²
verdieping   51,3 m²
TOTAAL   127,8 m²

Netherlands R_NL_05
Autark Home

설명(Description)[42]

이 주택은 유럽 패시브 주택 인증을 받은 거의 자급자족적인 패시브 플로팅 홈이다. Autark Home 모델은 네덜란드 마스트리트 마스 강 (the river Mass)에 정착되어 있다. 이 플로팅 주택은 2층이고 바닥면적은 109.4m^2이며, 패시브 주택으로써 외벽은 55cm 두께의 스티로폼으로 되어 있고, 단열 창문과 문을 설치했고, 3중 유리를 끼웠으며 냉교(cold bridge)가 거의 없도록 시공되었다. 4,000리터 용량의 물탱크와 옥상에 6개의 태양열 집열판이 있어서 4~5일간 70~80도의 수온을 유지할 수 있다.

강물은 필터를 통하여 이 주택에서 필요한 중수도 용수로 변환되며, 고품질의 음용수는 모래와 UV필터를 혼합한 역삼투를 통하여 정화된다. 중수도 용수는 화장실, 세탁 및 바닥 냉난방에 사용된다. 오수는 내장된 정화시스템에 의해서 90% 이상 정화된 이후 강으로 배출된다. 다른 패시브 주택 시스템과 마찬가지로, 각각의 방은 환기시스템을 가지고 있다. 각 실로 공급되는 신선한 공기는 열 교환 환기시스템을 이용하여 배출되는 공기의 에너지에 의하여 가열되거나 냉각된다.

주택에 필요한 전기는 옥상에 설치된 24개의 태양광 발전 모듈에 의하여 공급된다. 전기에너지는 평균 한 가구가 4일간 필요한 전기를 공급할 수 있도록 24개의 배터리에 충전된다. 이 태양광 발전 시스템은 1년에 5,300KWH를 공급할 수 있다. 거실의 모니터링 시스템 화면을 통하여 언제든지 태양광 발전 현황을 볼 수 있다. 날씨가 흐린 날을 대비하여 바이오디젤 발전기가 준비되어 추가적인 전기를 공급할 수 있다.

---

42) AUTARK HOME Homepage(http://www.autarkhome.com/)

Netherlands

R_NL_06
Floating Homes in Lelystad

개요
Outline

건축가(Architects): Attika Architecten
위치(Location): Lelystad, Netherlands
면적(Project area): 200 sqm/Unit
연도(Project year): 2012

그림 300
Overview 1 of
Floating Homes in Lelystad

(Source: http://www.archdaily.com/564243/drif-in-lelystad-attika-architekten/)

그림 301
Overview 2 of
Floating Homes in Lelystad

(Source: http://www.archdaily.com/564243/drif-in-lelystad-attika-architekten/)

Netherlands — Floating Homes in Lelystad

그림 302
Floating Homes in Lelystad

(Source: http://www.archdaily.com/564243/drif-in-lelystad-attika-architekten/)

그림 303
Floating Homes Unit in Lelystad

(Source: http://www.archdaily.com/564243/drif-in-lelystad-attika-architekten/)

그림 304
Moving of
Floating Homes in Lelystad

(Source: http://www.archdaily.com/564243/drif-in-lelystad-attika-architekten/)

그림 305
Site Plan of
Floating Homes in Lelystad

(Source: http://www.archdaily.com/564243/drif-in-lelystad-attika-architekten/)

그림 306
Upper Floor Plan of
Floating Homes in Lelystad

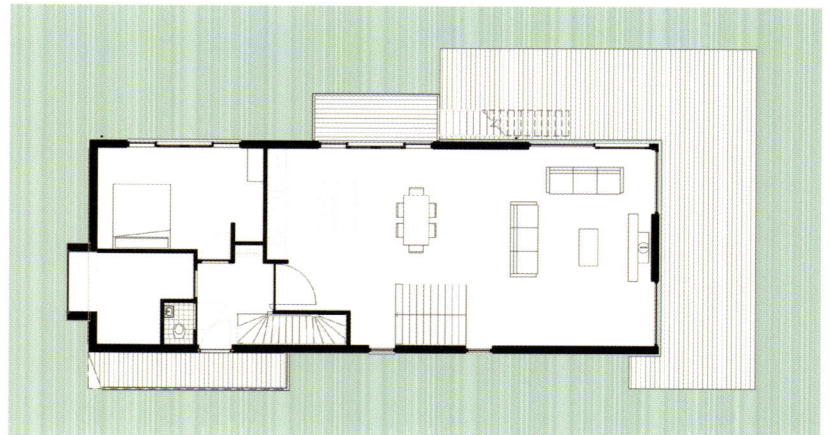

(Source: http://www.archdaily.com/564243/drif-in-lelystad-attika-architekten/)

그림 307
Lower Floor Plan of
Floating Homes in Lelystad

(Source: http://www.archdaily.com/564243/drif-in-lelystad-attika-architekten/)

Netherlands
R_NL_06
Floating Homes in Lelystad

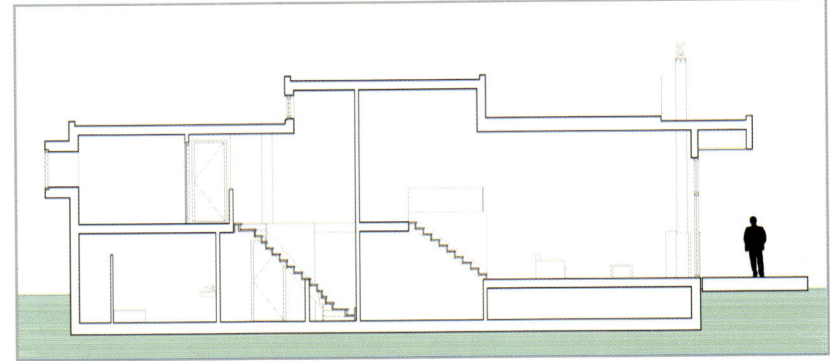

그림 308
Section of
Floating Homes in Lelystad

(Source: http://www.archdaily.com/564243/drif-in-lelystad-attika-architekten/)

설명(Description)[43]

이 플로팅 홈 주거단지는 Lelystad 지역에 8세대로 구성되었다. 어린 시절에 물에서 살았던 이들 가족들은 항상 물에서 다시 사는 꿈을 꾸어왔다. 이 가족들은 'Float in Lelystad'라는 협동심으로 단합하여, Attika Architekten에 8개가 다르지만 어울리는 플로팅 홈을 지어줄 것을 부탁하였다. 해수면보다 4.8m가 낮은 신도시인 Lelystad 시정부는 좁은 수로를 확장하여 물 공간을 제공해주었다.

각 세대는 자신만의 특별한 요구사항을 갖고 있었기 때문에, 각 주거는 특성화된 크기, 색상, 형태를 갖게 되었다. 물에 직접 접촉함으로써 각 디자인은 장애 없는 전망, 단차, 풍부한 주광, 벽과 천정에 물 반사, 여러 레벨에 물 테라스 및 물에 접근성 등을 이끌었다.

파사드 패널은 조화되는 색상으로 구성되었다. 색상 판은 주거가 자연 주변과 혼합되도록 하였다. 모든 주거는 2가지 주조색을 갖고 있어서, 일관성을 준다. 건축주가 선택한 강조색으로 인하여 개별 주거가 다른 주거에 비하여 드러나며, 각 주거가 개별적인 특성을 갖게 한다.

---

43) Drijf in Lelystad / Attika Architekten, 2014.11.11, ArchDaily(http://www.archdaily.com/?p=564243)

R_NIG_01
Makoko Floating School

개요 Outline	건축가(Architects): NLE Architects 위치(Location): Lagos, Nigeria 면적(Project area): 220 sqm 연도(Project year): 2013

그림 309
Location of
Makoko Floating School

(Source: Google Map)

그림 310
Makoko Floating School

(Source: www.nleworks.com/case/makoko-floating-school/)

Nigeria — Makoko Floating School

그림 311
Plastic Barrel Preparation of Makoko Floating School

(Source: http://www.archdaily.com/344047/)

그림 312
Pontoon Construction of Makoko Floating School

(Source: http://www.archdaily.com/344047/)

그림 313
Structure Construction 1 of Makoko Floating School

(Source: http://www.archdaily.com/344047/)

그림 314
Structure Construction 2 of Makoko Floating School

(Source: http://www.archdaily.com/344047/)

그림 315
Structure Construction 3 of Makoko Floating School

(Source: http://www.archdaily.com/344047/)

그림 316
Structure Construction 4 of Makoko Floating School

(Source: http://www.archdaily.com/344047/)

Nigeria | Makoko Floating School

R_NIG_01

그림 317
Commute of
Makoko Floating School

(Source: www.nleworks.com/case/makoko-floating-school/)

그림 318
Basic Concept of
Makoko Floating School

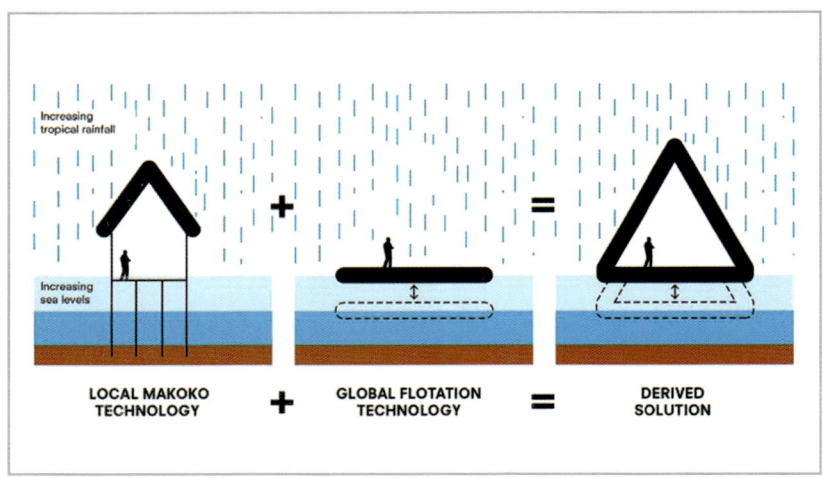

(Source: www.nleworks.com/case/makoko-floating-school/)

그림 319
Concept of
Makoko Floating School

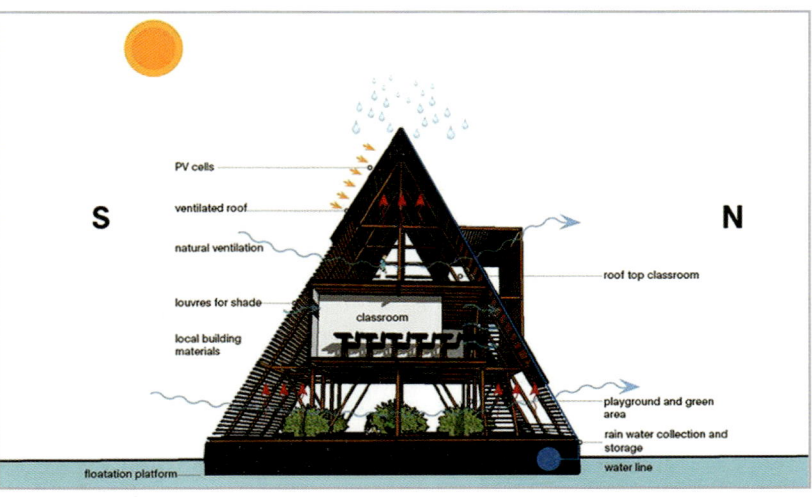

(Source: http://www.archdaily.com/344047/)

설명(Description)[44]

Makoko 플로팅 학교는 나이지리아 라고스에 위치한 Makoko의 역사적인 수상 지역사회에 건립된 바닥면적 220㎡의 전형적인 플로팅 구조물이다. 이 학교는 국제연합개발계획(United Nations Development Programme, UNDP)과 독일의 Heinrich Boell 재단이 후원한 시범 프로젝트로서, 기후변화의 영향과 급변하는 도시화 맥락을 고려하여 지역사회의 사회적 및 물리적 요구를 해결하기 위하여 혁신적인 접근 방식을 선택하였다.

디자인의 전반적인 구성은 2층에 교실을 배치하는 삼각형 A-자형 단면을 가진다. 이 구조물은 부분적으로 조절 가능한 루버 살로 벽을 둘렀다. 1층에는 놀이터가 있고 옥상에는 추가적인 옥외 교실이 있다.

이 학교는 플로팅 구조로서 조수의 변화, 수위 변화, 심지어는 홍수에 대응할 수 있다. 또 이 학교는 태양광 발전 모듈을 사용하고, 자연환기를 채택하고, 유기폐기물을 재사용하고, 우수를 모아서 화장실에서 사용하는 등 친환경적이다. 지역사회에서 생산된 대나무와 목재가 학교 전체 건물의 구조체, 지지대, 마감재 등의 주된 재료로 사용되었다. 전체 구조물은 전형적인 플라스틱 통을 엮어서 만든 플로팅 기초 위에 자리 잡고 있다. 외주부의 플라스틱 통은 우수를 모으는 데 이용된다.

---

44) Makoko Floating School, NLE Architects Homepage(http://www.nleworks.com /case/makoko-floating-school/)

Norway

R_N_01
Floating Sauna

개요　　**건축가(Architects):** Casagrande & Rintala with Västlands Kunstakademiet
Outline　**위치(Location):** Rosendal, Norway
　　　　　　면적(Project area): 25 sqm(including 14 sqm deck)
　　　　　　연도(Project year): 2002

그림 320
Floating Sauna

(Source: http://www.competitionline.com/en/projects/52464)

그림 321
Concept of
Floating Sauna

(Source: http://www.competitionline.com/en/projects/52464)

그림 322
Under Construction of
Floating Sauna

(Source: http://www.competitionline.com/en/projects/52464)

그림 323
Interior 1 of
Floating Sauna

(Source: http://www.competitionline.com/en/projects/52464)

그림 324
Interior 2 of
Floating Sauna

(Source: http://www.competitionline.com/en/projects/52464)

Norway — Floating Sauna

설명(Description)[45]

플로팅 사우나의 개념과 건립은 2002년 핀란드 교수 Marco Casagrande 및 Christel Sverre, 건축가 Sami Rintala가 Bergen Academy of Art and Design과의 워크숍 산물이다. 즉 핀란드와 노르웨이 문화의 융합으로 볼 수 있다.

이 시설은 노르웨이 Rosendal 마을 Hardangerfjord의 중심에 계류되어 있어서, 어느 정도 프라이버시가 보호되며, 보트로만 접근이 가능하다. 사우나에의 출입은 수영을 하여 바닥에 있는 구멍을 통해서만 가능하다. 생태보호를 위하여 어떤 종류의 비누도 사용이 금지된다.

건물의 구조는 소나무로 만들어졌으며, 벽은 투명한 플라스틱 재료를 사용하여 주광이 직접 들어올 수 있도록 하였다. 밤에는 이 시설이 플로팅 등불로서 빛을 낸다.

이 프로젝트가 가능했던 이유는 노르웨이의 서부 해안으로 흐르는 따뜻한 멕시코 만류 덕분인데, 연중 바다에 얼음이 없기 때문이다. 반면 핀란드는 12월부터 4월까지 거의 얼음이 덮여 있기 때문에 이 기간 동안에는 이 사우나를 연안에 올려놓아야 한다.

핀란드 사우나
외기가 영하 20℃인 때 실내에서는 나무 벤치에 앉아서 스토브의 뜨거운 돌에 물을 뿌리면서 약 90℃의 열기를 즐긴다. (고요함과 땀내기, 즉 정신적 정화와 신체의 관리. 사우나실에 드나들며 차가운 물에서 수영.)

---

45) Catherine Lazure-Guinard(2010), Floating Sauna, Nordic Design(http://nordicdesign.ca/floating-sauna/). Floating Sauna, Norway - Hardangerfjord Building, 2009.2.26, e-architect(http://www.e-architect.co.uk/norway/floating-sauna)

Singapore

R_SIN_01
Floating Stadium

개요
Outline

건축가(Architects): Defence Science and Technology
위치(Location): Marina Bay, Singapore
면적(Project area): - sqm
연도(Project year): 2007

그림 325
Location 1 of
Floating Stadium

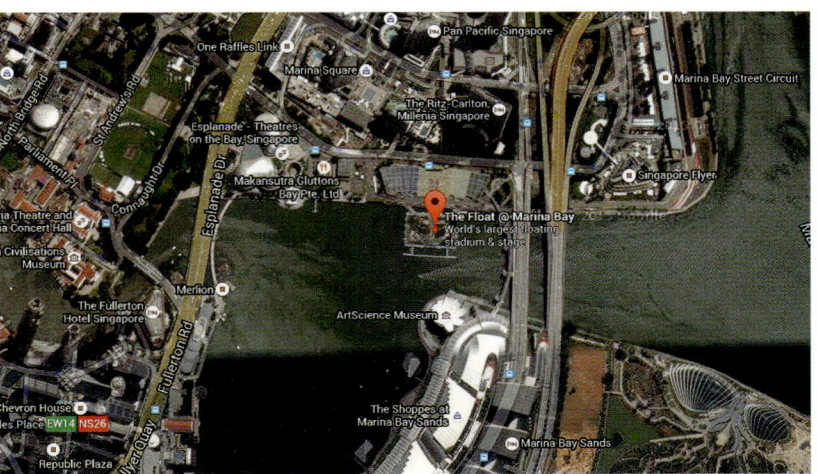

(Source: Google Map)

그림 326
Location 2 of
Floating Stadium

(Source: Google Map)

Singapore R_SIN_01
Floating Stadium

그림 327
Overview 1 of
Floating Stadium

(Source: http://news.asiaone.com/news/singapore/floating-platform-%E2%80%98dream-backdrop%E2%80%99-ndp)

그림 328
Overview 2 of
Floating Stadium

(Source: http://www.panoramio.com/photo/49828800)

그림 329
Floating Stadium

(Source: http://themisanthropesjournal.blogspot.kr/2011/08/singapore-travel-guide-and-travel-info.html)

그림 330
Stage Setting of
Floating Stadium

(Source: http://www.flickriver.com/photos/ryosaeba/tags/singapura/)

그림 331
Construction Process of
Floating Stadium

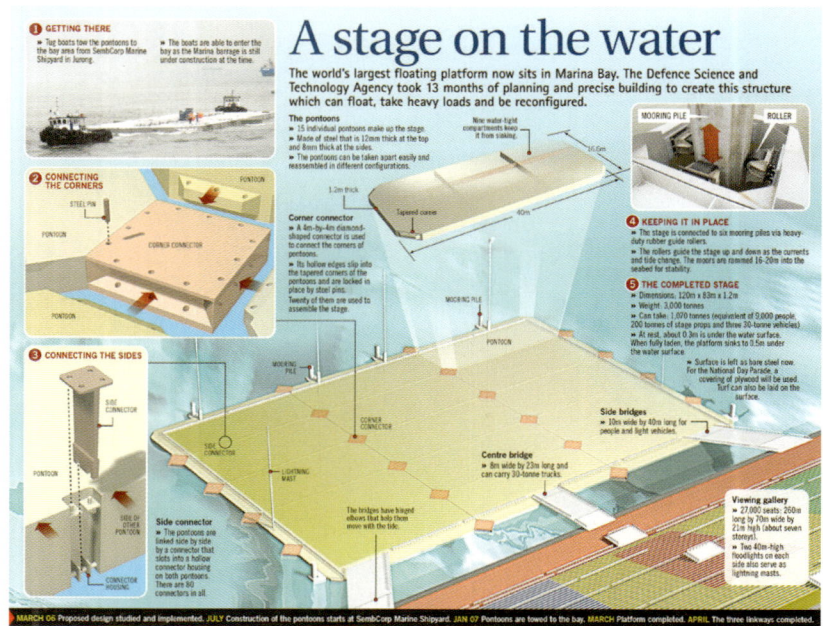

(Source: Unknown)

Singapore — Floating Stadium

설명(Description)[46]

Marina Bay Floating Stadium은 세계 최초 최대의 플로팅 스테이지이다. 싱가포르의 마리나 베이의 수상에 위치하고 있다. 철재로 제작되었으며, 폰툰은 길이 120m, 폭 83m, 깊이 1.2m인데, 국립경기장 축구장보다 5퍼센트 더 크다. 폰툰은 1,070톤을 견딜 수 있는데, 이는 사람 9,000명의 무게, 200톤의 무대시설 및 3개의 30톤 차량을 지지할 수 있다. 육상의 경기장 관람석은 30,000명을 수용할 수 있는 규모이다.

디자인 단계에서 건설에 대한 다양한 검토가 있었다. 즉 크기, 하중, 구조물의 재배치 가능성 및 여러 가지 이벤트에 따른 요구사항 반영 방안 등. 결과적으로, 폰툰은 작은 폰툰으로 구성되었는데, 각각은 많은 부품으로 이루어진다. 200개의 폰툰으로 예상되었으나 실제로는 독특한 조립방법 덕분에 개수는 15개로 줄어들었다. 제작 기간은 13개월이었고, 조립하는 데 1개월이 소요되었고, 연결부는 가벼우나 단단하게 디자인되었다.

여기에서 열린 최초의 주요 행사는 이 도시국가 독립일을 기념하는 연례행사로서 2007년 8월의 싱가포르 국경일 퍼레이드 축하행사였다. 다른 행사로는 싱가포르 불꽃 축제와 수상스키 모험을 보여주며 6주간 이어진 2007 싱가포르 물축제를 들 수 있다. 2008년 8월 Formula One 대회인 Singapore Grand Prix가 여기에서 열렸고, 2010년 8월 2010 Summer Youth Olympic Games의 주경기장으로 사용되었다. 2012년 11월 SM Entertainment가 18,000명 팬 앞에서 SM Town Live World Tour III concert를 열었다.

---

46) The Float at Marina Bay, Wikipedia(http://en.wikipedia.org/wiki/The_Float_at_Marina_Bay). H.S. Koh and Y.B. Lim(2008), Floating Performance Stage at the Marina Bay, Singapore: New Possibilities for Space Creation, ASME 2008 27th International Conference on Offshore Mechanics and Arctic Engineering, pp.755-763

Sweden

R_S_01
Näckros Villa

개요 Outline	건축가(Architects): Strindberg Arkitekter AB 위치(Location): Kalmar, Sweden 면적(Project area): 178 sqm 연도(Project year): 2003

그림 332
Overview of
Näckros Villa

(Source: http://www.gizmag.com/go/5671/)

그림 333
Näckros Villa

(Source: http://www.gizmag.com/go/5671/)

211

Sweden — Näckros Villa

R_S_01

그림 334
Living Room of Näckros Villa

(Source: http://www.gizmag.com/go/5671/)

그림 335
Kitchen and Dining Room of Näckros Villa

(Source: http://www.gizmag.com/go/5671/)

그림 336
Bedroom of Näckros Villa

(Source: http://www.gizmag.com/go/5671/)

그림 337
Site Plan of
Näckros Villa

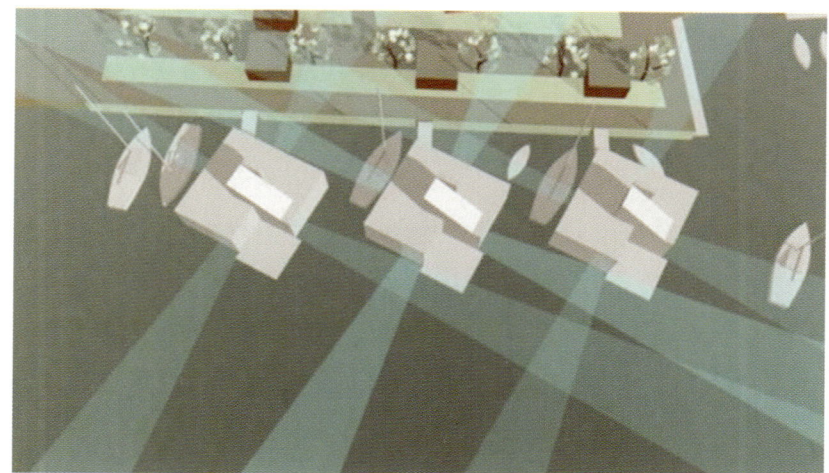

(Source: http://www.gizmag.com/go/5671/)

그림 338
Elevation of
Näckros Villa

(Source: http://www.gizmag.com/go/5671/)

그림 339
Floor Plans of
Näckros Villa

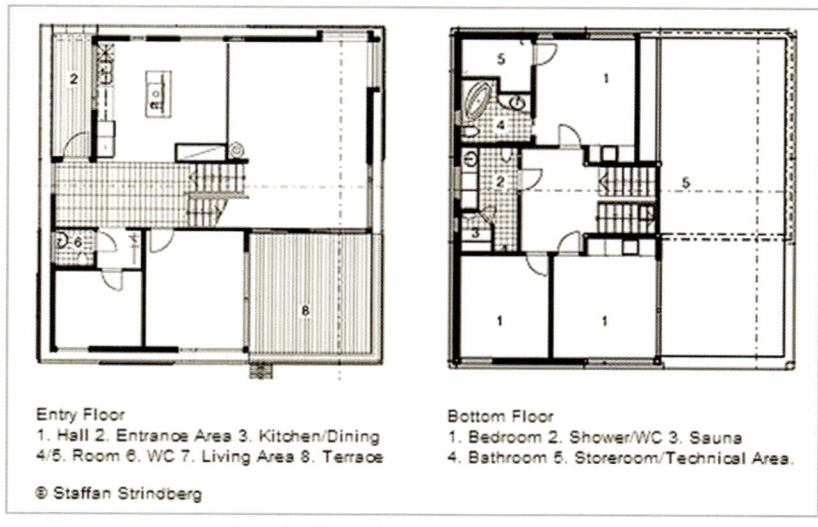

Entry Floor
1. Hall 2. Entrance Area 3. Kitchen/Dining
4/5. Room 6. WC 7. Living Area 8. Terrace

Bottom Floor
1. Bedroom 2. Shower/WC 3. Sauna
4. Bathroom 5. Storeroom/Technical Area.

ⓒ Staffan Strindberg

(Source: http://www.treehugger.com/modular-design/villa-nackros-swedish-floating-prefabs.html)

Sweden — Näckros Villa

설명(Description)[47]

플로팅 빌라는 여러 가지 측면에서 새로운 도전이었다. 플로팅 빌라를 설계하는 것은 자연에 가까이 가고자 하는 특별한 삶의 질을 인식하여 새로운 생활 방식을 개발하는 과제가 되었다.

한 고객을 위한 주거가 산업적 프로젝트로까지 발전되었다. 즉, 지속가능성, 저비용 유지관리, 재료와 공법의 개발, 환경에 대한 보호, 저 에너지 비용, 아이덴티티 등과 같은 키워드와 함께.

이 편안한 주거 형태와 배치는 거주자에게 물에 가까이하는 최적의 느낌을 준다. 이 주택은 거주 공간 178㎡, 물에 가까운 테라스 공간 30㎡, 옥상에 100㎡의 정원으로 구성된다. 2004년에는 Kalmar시와 협조하여 스웨덴 최초로 플로팅 주거를 규정하는 계획을 수립했다.

Näckros Villa는 스웨덴 빌딩 산업 협회(Swedish Building Industries)에서 2003년도 올해의 건물로 지명받았다.

Näckros Villa는 165톤의 무게를 갖고 안전하고 안정되게 물에 자리 잡고 있으며, 바람, 파도, 겨울철 얼음에 영향을 받지 않는다. 건물 전체는 알루미늄 고정 부재로 둘러싸여 있어서 보트가 쉽게 정박할 수 있다. 건물은 제방이나 피어 옆에 설치되도록 건설되는데, 출입구는 육지로부터 제방을 통하여 도달할 수 있다.

Näckros Villa는 애초부터 재사용 가능한 재료로 건설되었다. 새로운 공법과 주의 깊은 재료 선정으로 인하여 거주하기에 극도로 편안하고 많은 부분이 재사용 가능한 집이 되었다. 이 집은 열교(cold bridges)가 없는 상태로 건설되었기 때문에, 급탕을 포함하여 필요한 난방 에너지는 9,000KWH/년 이내이다.

난방은 주위의 물로부터 열을 회수하는 펌프에 의해 제공된다. 열은 건물 전체의 바닥 물 난방을 통해서 공급된다. 집 전체적으로 양방향 환기 시스템이 도입되어 있다. 가능한 한 이 주택은 에너지와 환경 측면에서의 요구에 맞도록 디자인되었다.

기본적으로 이 주택은 육지로부터 전기, 상하수도를 연결하도록 건설되었다. 그러나 이 주택은 높은 수준의 자급자족 유형으로 디자인될 수도 있다. 모든 전기 케이블은 전자기장을 감소하고 할로겐이 없는 형태로 설계되었다.

---

47) Villa Näckros, Strindberg Arkitekter AB(http://strindberg.se/en/living/villa-nackros). Lloyd Alter(2007), Villa Nãckros: Swedish Floating Prefabs, treehugger(http://www.treehugger.com/modular-design/villa-nackros-swedish-floating-prefabs.html)

Sweden

R_S_02
Floating Hotel 'Salt and Sill'

개요
Outline

건축가(Architects): Mats & Arne Arkitektkontor AB
위치(Location): Klädesholmen, Tjörn, Sweden
면적(Project area): – sqm
연도(Project year): 2008

그림 340
Location 1 of
Floating Hotel 'Salt and Sill'

(Source: Google Map)

그림 341
Location 2 of
Floating Hotel 'Salt and Sill'

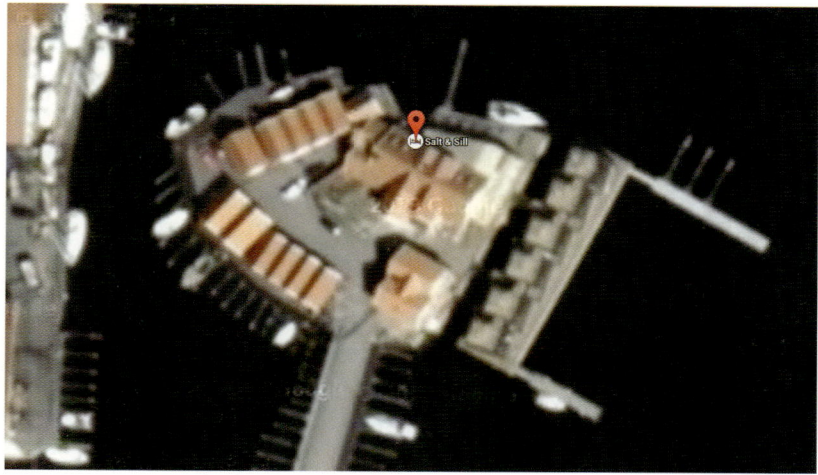

(Source: Google Map)

Sweden R_S_02 Floating Hotel 'Salt and Sill'

그림 342
Overview of
Floating Hotel 'Salt and Sill'

그림 343
Floating Hotel 'Salt and Sill'

그림 344
Outdoor Stair of
Floating Hotel 'Salt and Sill'

그림 345
Roof of
Floating Hotel 'Salt and Sill'

그림 346
Connection of
Floating Hotel 'Salt and Sill'

그림 347
Tripod Mooring of
Floating Hotel 'Salt and Sill'

Sweden R_S_02 **Floating Hotel 'Salt and Sill'**

그림 348
Service Connection of
Floating Hotel 'Salt and Sill'

그림 349
Unit Entrance of
Floating Hotel 'Salt and Sill'

그림 350
Bedroom of
Floating Hotel 'Salt and Sill'

그림 351
Bathroom of
Floating Hotel 'Salt and Sill'

그림 352
Towing of
Floating Hotel 'Salt and Sill'

(Source: http://www.yatzer.com/The-first-floating-hotel-in-Sweden)

그림 353
Floating Sauna adjacent to
Floating Hotel 'Salt and Sill'

Sweden R_S_02
Floating Hotel 'Salt and Sill'

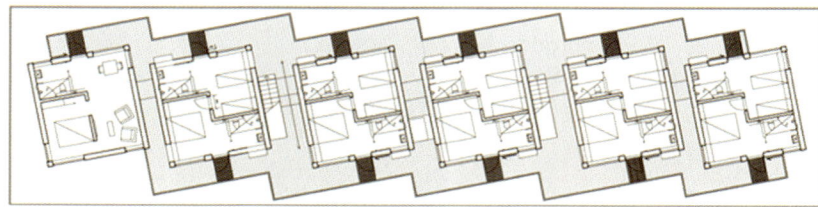
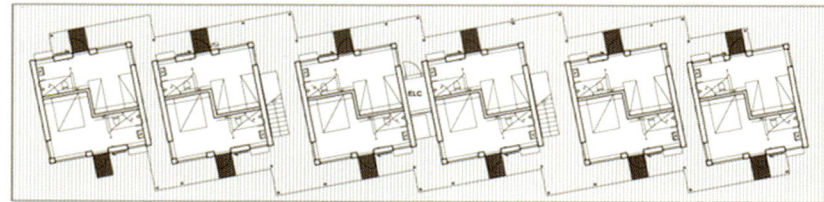

그림 354
Floor Plan of
Floating Hotel 'Salt and Sill'

(Source: unknown)

설명(Description)[48]

Floating Hotel 'Salt and Sill'은 2008년 10월 준공된 스웨덴의 최초 플로팅 호텔로 각종 편의시설을 갖추고 있다. 이 호텔은 동일 운영자의 해산물 전문 식당 주변 수상에 계획되었다. 건축주는 레스토랑 고객들의 숙소에 대한 요구를 받아들여 근처의 대지에 호텔을 짓고자 하였다. 조그만 섬이라서 주변에 마땅한 대지가 없었고, 또한 특이한 호텔 건물을 추구하는 건축주의 요구가 맞아 떨어져서 이러한 플로팅 호텔이 건립되었다.

이 호텔은 2개 층이며 콘크리트 폰툰 위에 6개의 건물이 조합된 형태로서, 23실 46베드 규모이다. 모든 객실은 개별적인 출입구를 갖고 있으며 언제든지 외부의 휴식공간에 나갈 수 있다. 투숙객들은 편안한 환경 속에서 개성적인 분위기와 북유럽의 현대적인 단순미를 보여주는 건축 형태를 느낄 수 있다. 이러한 이유로 인하여 이 호텔은 스웨덴의 조그만 어촌 마을에 있음에도 불구하고 인기가 높아서 연중 방문객이 끊이지 않는다.

건축주는 환경보호에 관심을 갖고 있으며, 건립기간 이를 최우선적

---

48) Salt & Sill Homepage(http://www.saltosill.se/). Costas Voyatzis(2008), The first floating hotel in Sweden(http://www.yatzer.com/The-first-floating-hotel-in-Sweden)

으로 고려하였다. 시설은 무엇보다도 생태계에 긍정적인 영향을 줄 수 있어야 하며, 생활의 환경, 안전 또는 소통에 거의 악영향을 주어서는 안 된다고 생각하였다. 즉 이 호텔이 주변의 소음원이 되거나, 공기나 물에 어떠한 공해를 일으켜서도 안 되었다.

건축 디자인은 환경적 지속가능성을 염두에 두고 진행되었다. 북구 지역이라서 난방이 중요한데, 난방 에너지는 플로팅 호텔 하부에 있는 바닷물 온도를 활용하는 수열 시스템을 통해서 얻어진다. 건축주는 스웨덴 소나무 같은 지역 건축자재, 친환경 페인트 등을 사용하였고, 폰툰 하부에 잔석을 이용하여 바다가재 서식지를 조성하여 조개나 홍합 같은 해중 생물이 증가하도록 하였다. 모든 화장실 용품은 유기농 제품과 리필 가능한 물품을 채택하였다. 호텔은 식당과 인접하여 육지에 가깝게 위치하고 있기 때문에 삼각대 계류를 하고 있으며 잔교를 이용하여 출입이 가능하다.

이 호텔은 인접해 있는 동일한 이름 하에 식당도 연계하여 함께 운영하고 있는데, 이 식당(실내 175석, 옥외 120석)은 10여 년의 역사가 있으며 지역 및 전통 요리를 제공하며 대형 회의시설을 갖추고 있다. 또한 유사한 형태의 플로팅 사우나도 있는데 휴게 공간, 회의실, 결혼식장 등으로 운영된다.

Tanzania

R_TAN_01
Manta Resort Underwater Hotel Room

개요
Outline

건축가(Architects): Genberg Underwater Hotels AB, Sweden
위치(Location): Pemba Island, Tanzania
면적(Project area): - sqm
연도(Project year): 2013

그림 355
Location of
Manta Resort Underwater Hotel Room

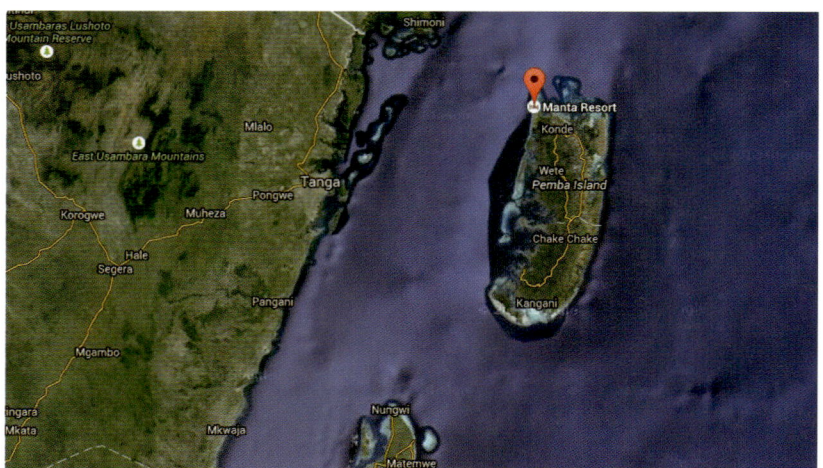

(Source: Google Map)

그림 356
Surrounding of
Manta Resort Underwater Hotel Room

(Source: http://www.ideasgn.com/travel/manta-resort-underwater-room-pemba-island/)

그림 357
Overview 1 of
Manta Resort Underwater Hotel Room

(Source: http://www.ideasgn.com/travel/manta-resort-underwater-room-pemba-island/)

그림 358
Overview 2 of
Manta Resort Underwater Hotel Room

(Source: http://www.ideasgn.com/travel/manta-resort-underwater-room-pemba-island/)

그림 359
Superstructure of
Manta Resort Underwater Hotel Room

(Source: http://www.ideasgn.com/travel/manta-resort-underwater-room-pemba-island/)

Tanzania — Manta Resort Underwater Hotel Room

R_TAN_01

그림 360
Window of
Manta Resort Underwater Hotel Room

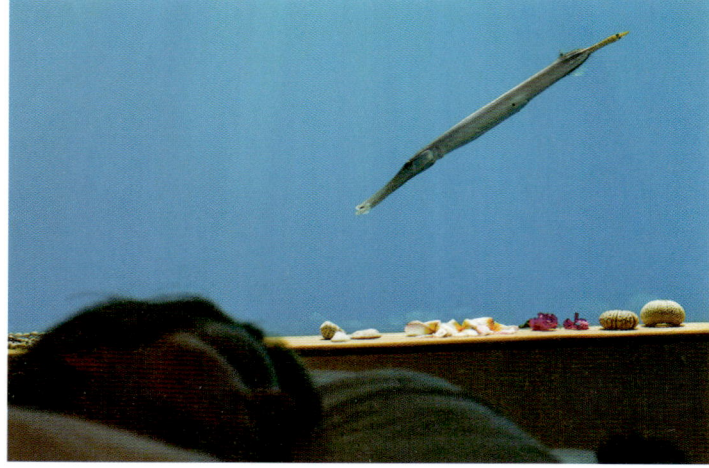

(Source: http://www.ideasgn.com/travel/manta-resort-underwater-room-pemba-island/)

그림 361
Outside of
Manta Resort Underwater Hotel Room

(Source: http://www.ideasgn.com/travel/manta-resort-underwater-room-pemba-island/)

그림 362
Manta Resort Underwater Hotel Room

(Source: http://www.ideasgn.com/travel/manta-resort-underwater-room-pemba-island/)

| 설명(Description)[49] | 원래 방 한 칸짜리 수중 침실은 스톡홀름 근처 호수에 설치되었다. 이름이 〈Utter Inn〉인 수중 침실은 예술가이며 대중 연설가인 Mikael Genbery의 '대중을 위한 작품'에 초점을 맞춘 창작품이다. 호텔의 1 침실은 Lake Mälaren in Västerås, Sweden 수면 3m 아래에 있으며, 실내에는 단지 트윈 베드와 탁자만 있을 뿐이다. |

2000년 7월 개원한 Utter Inn은 스웨덴 사람들의 꿈인 자신의 섬에 하얀 박공지붕을 갖는 스웨덴 스타일의 붉은 집을 갖는 것임을 일깨운다. 최상의 좋은 점은 4방향으로 연속 창을 갖는 물밑 3m 방에서 밤을 보낼 수 있다는 것이다. 물고기가 주변을 돌아다니며 나를 주의 깊게 보고 있는 침실에서 잔다면 특별한 느낌을 가질 것이다. 자신이 수족관 속에 있어서 물고기가 사람을 보는 양상이 된다.

Mikael Genberg는 원래 대범하고 논란이 있는 작품을 발표해왔으며, 요즘은 〈대안적 주거〉라는 작품으로 유명해졌다. 그는 전통적인 예술 형태인 조각과 회화로 작품 활동을 시작했다. 오늘날 그의 창작품들은 자신만의 분명하고 독특한 특징을 발전시켜왔다. 그의 작품은 기능성으로 특징지어지고 있고, 강한 현실주의 성향을 가지고 있다.

그의 가장 유명한 2가지 창작물은 Lake Mälaren 수면 3.5m 아래에 있는 수중호텔(Utter Inn)과 오크 고목의 지상 13m에서 Västerås시를 가로질러 볼 수 있는 딱따구리 호텔(Woodpecker Hotel)이다. 이 호텔들은 거의 예약이 차있는 상태인데, 연중 국·내외 방문객들이 끊이지 않는다.

Genberg Underwater Hotels Company는 2006년 설립되어서, 세계 곳곳에 수중호텔을 짓는 데 관심을 갖고 개념을 발전시켜오고 있다. 수중에서 거주하는 것은 이 회사의 핵심적인 개념이며 세계적으로 관심을 끌고 있다. 그것은 진정한 의미의 모험이고 독특하면서도 매력적인 체험이다.

---

49) Genbery Underwater Hotels Homepage(http://underwaterroom.com/the-story/). Jonathan Fincher(2013), Manta Resort offers a private island where you sleep beneath the waves(http://www.gizmag.com/manta-resort-underwater-room/29852/)

Tanzania — Manta Resort Underwater Hotel Room

R_TAN_01

이 회사는 완벽한 수중환경을 찾았는데, 즉 Pemba Island는 좀 외진 섬으로 더 이상 좋은 곳을 찾기 힘들었다. 결론적으로 이 섬은 흰색 산호초와 맑은 물이 있는 외진 지역이다. Pemba Island는 Tanzania와 Zanzibar 영토와 수십 년 동안 분리되어, 매우 아름답고 비옥한 땅이 있어서 훼손되지 않고 깨끗한 섬으로 남아왔다.

수중 시설은 최근 호텔업계에서 하나의 트렌드로 되어가는 것으로 보인다. 탄자니아 해안의 리조트는 개념에 있어서 하나의 새로운 것을 추가하고 있다. Manta Resort는 얼마 전 수중 객실을 공개했는데, 풍성한 산호초 근처에 떠 있고, 지역의 해양생물을 볼 수 있는 창문으로 둘러진 잠수된 주 침실을 자랑하고 있는 3층짜리 스위트가 있다.

이 리조트는 Zanzibar의 열대지역 Pemba Island에 위치해 있는데, 최대 강점은 해안을 따라서 자연적으로 조성된 산호초가 있어서, 많은 다이버와 스노클러를 이 빌라로 끌어들이고 있다는 것이다. 매력적인 해중 스위트를 건립하기 위해서, Manta Resort는 Genberg Underwater Hotels에 도움을 요청하였다. 이 회사는 스웨덴의 호수에 유사한 구조물을 세운 적이 있기 때문이다. 특이한 새로운 객실은 해안선으로부터 약 250m 떨어져서 떠 있으며 바다 바닥에 계류되어 정착되어 있다.

수중 객실의 상부 2개 층은 지역의 단단한 나무판으로 만들어져 있으며 수면 위에 떠 있다. 바다 레벨과 같은 중간의 참 데크에는 욕실 시설뿐만 아니라 휴게와 식사를 위한 라운지 공간이 있다. 손님은 사다리를 타고 상부 데크에 올라가서 햇볕을 즐기거나 밤에 별을 살펴볼 수 있다.

물론 실제로 제일 중요한 것은 맨 아래에 있는 침실인데, 수면 아래 4m에 위치하고 있다. 더블베드가 있고, 각 벽면에는 2개의 대형 창문이 있어서, 주변 물 공간을 거의 360도로 볼 수 있다. 각 창문 밖에는 수중 스포트라이트가 있어서 밤에 근처의 해양생물을 끌어들이고 비출 수 있기 때문에, 수중생물은 손님이 잠들어 있을 때 관찰할 수 있다.

플로팅 호텔 객실은 블루 홀의 중앙에 위치해 있다. 블루 홀은 만조 때 해수면이 12m 깊이가 되고 산호초 폭이 약 50m인 구역이다. 산재된 산호초 머리와 암초가 주위에 있기 때문에, 손님들은 침실 창문을 통해서 모든 종류의 해양 야생동물을 볼 수 있다. 리조트에 의하면 약간의 산호초가 이미 객실 계류선에 서식을 시작했고, 문어나 Spanish dancer와 같은 암초 서식 생물이 유리에 부착해서 살고 있다.

짐작할 수 있듯이 자신의 일정에 맞춰서 반잠수 호텔 스위트에서 즐기는 비용은 저렴하지 않다. 객실료는 2인에 리조트의 상급 가격과 같이 $1,500/일이다. 가격은 물론 연중 시기와 체류 기간에 따라서 달라진다.

Thailand

R_THA_01
River Kwai Jungle Rafts

개요 건축가(Architects): -
Outline 위치(Location): Kanchanaburi, Bangkok, Thailand
 면적(Project area): 45 sqm/room
 연도(Project year): 1976

그림 363
Location of
River Kwai Jungle Rafts

(Source: Google Map)

그림 364
Surrounding of
River Kwai Jungle Rafts

(Source: http://www.riverkwaijunglerafts.com/gallery/)

그림 365
**Exterior 1 of
River Kwai Jungle Rafts**

(Source: http://www.panoramio.com/photo/47578723)

그림 366
**Exterior 2 of
River Kwai Jungle Rafts**

(Source: http://www.panoramio.com/photo/47578670)

그림 367
**Deck of
River Kwai Jungle Rafts**

(Source: http://www.riverkwaijungerafts.com/gallery/)

Thailand — River Kwai Jungle Rafts

R_THA_01

그림 368
Restaurant of
River Kwai Jungle Rafts

(Source: https://plus.google.com/+RiverKwaiJungleRafts/posts/GsJsSyz8tfcRestaurant Rafts.jpg)

그림 369
Bedroom Entrance of
River Kwai Jungle Rafts

(Source: http://www.riverkwaijunglerafts.com/gallery/)

그림 370
Bedroom of
River Kwai Jungle Rafts

(Source: http://www.riverkwaijunglerafts.com/gallery/)

설명(Description)[50]	The River Kawi Jungle Rafts Resort는 1976년에 설립되었으며, 열대림, 거대한 산 및 역사적인 강에 자리 잡고 있다. 2009년도 아시아 태평양 최우수 10대 모험 리조트로 선정되기도 했다.

전기를 사용하지 않고 수백 개의 등불(wick lamp)로 주변을 밝힌다. 일상적인 생활에서 완전히 탈출하여 몽(Mon)족 문화와 침대 밑으로 흐르는 전설적인 강물의 흐름을 즐긴다. 환경보호를 위하여 정화조를 통하여 오수를 배출하며, 뗏목에는 생나무를 잘라서 사용하는 것이 금지되고 반드시 죽은 나무를 사용한다.

이 정글 뗏목 리조트에 출입하기 위해서는 최종적으로 강변에 있는 호텔의 부두에서 보트를 타야 하는데, 출발하는 부두에 따라서 20~45분이 소요된다. 여가활동으로는 코끼리 타기, Iawa 종유석 동굴 탐사, 폭포, 낚시, 정글 트래킹, 일광욕, 조류 감상, 강 점프, 보트 여행, 카누, 대나무 뗏목 타기, 몽족 관련 문화 체험, 마사지, 해먹(hammock) 타기 등이 있다.

---

50) River Kwai Jungle Rafts Homepage(http://www.riverkwaijunglerafts.com/)

Thailand

R_THA_02
The FloatHouse River Kwai Resort

개요
Outline

건축가(Architects): -
위치(Location): River Kwai, Kanchanaburi, Thailand
면적(Project area): 90 sqm/villa
연도(Project year): -

그림 371
Location of
The FloatHouse River Kwai Resort

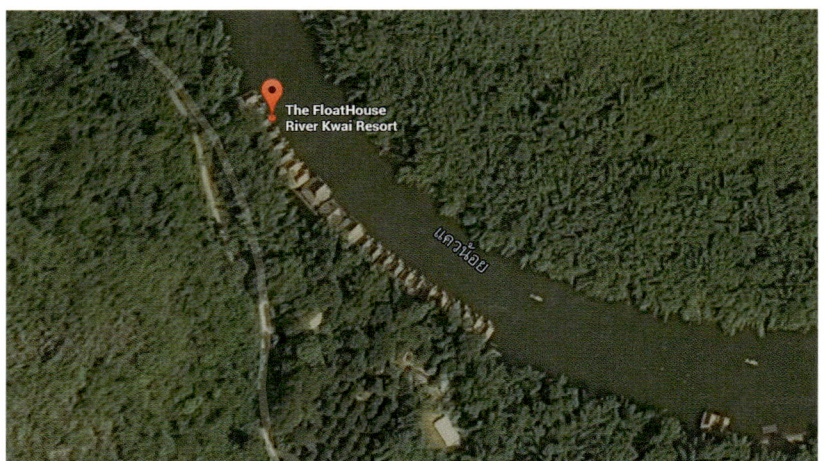

(Source: Google Map)

그림 372
Overview 1 of
The FloatHouse River Kwai Resort

(Source: http://www.serenatahotels.com/kanchanaburi-hotels/the-floathouse-river-kwai-resort-en.html)

그림 373
Overview 2 of
The FloatHouse River Kwai Resort

(Source: http://www.serenatahotels.com/kanchanaburi-hotels/the-floathouse-river-kwai-resort-en.html)

그림 374
Overview 3 of
The FloatHouse River Kwai Resort

(Source: http://www.thefloathouseriverkwai.com/gallery/)

그림 375
Restaurant 1 of
The FloatHouse River Kwai Resort

(Source: http://www.thefloathouseriverkwai.com/gallery/)

Thailand
The FloatHouse River Kwai Resort

그림 376
Restaurant 2 of
The FloatHouse River Kwai Resort

(Source: http://www.thefloathouseriverkwai.com/gallery/)

그림 377
Bed Room 1 of
The FloatHouse River Kwai Resort

(Source: http://www.serenatahotels.com/kanchanaburi-hotels/the-floathouse-river-kwai-resort-en.html)

그림 378
Balcony of
The FloatHouse River Kwai Resort

(Source: http://www.thefloathouseriverkwai.com/gallery/)

그림 379
Bed Room 2 of
The FloatHouse River Kwai Resort

(Source: http://www.thefloathouseriverkwai.com/gallery/)

그림 380
Shower Room of
The FloatHouse River Kwai Resort

(Source: http://www.thefloathouseriverkwai.com/gallery/)

Thailand R_THA_02
The FloatHouse River Kwai Resort

설명(Description) [51]

일상에서 벗어나서 세계적으로 가장 특별한 플로팅 호텔—The Float House River Kwai Resort—에서 대접받을 수 있는 곳은 River Kwai, Kanchanaburi, Thailand에 위치하고 있으며, 독특하고 화려하게 디자인된 플로팅 호텔이 주변의 자연환경과 조화되고 있다.

이 우아한 플로팅 호텔 리조트는 티크와 대나무로 지어졌고, 목재 가구로 장식했으며 다양한 서비스와 시설을 갖추고 있다. 플로팅 로비와 식당은 플로팅 빌라 군의 가운데 부분에 배치하여 고객 이용의 편의성을 제고하였다. 이 리조트는 River Kwai—세계에서 가장 역사적인 강 중의 하나—의 아름다운 구역에 자리하고 있어서 자연에 의한 디자인으로서 최고의 결과물이다.

생태적 관광객을 염두에 두고 개발되었기 때문에, The Float House River Kwai Resort는 두꺼운 초가지붕과 함께 지역의 재료와 미얀마로부터 이주한 소수민족인 지역사회의 인력을 이용하여 건립되었다. 따라서 목표지향점은 자연, 역사 및 문화에서 풍부함을 찾는 것이다.

이 리조트에서 즐길 만한 일은 많은데, 즉 코끼리 타기, 카약 즐기기, 래프팅, 산악자전거 타기, 과수원 방문, 꼬리가 긴 보트 타기, 강과 폭포에서 수영하기, 많은 동굴 탐사 등이 있다.

숙소는 18개의 우아하고 아름다운 플로팅 빌라로 구성되는데, 태국 전통 스타일로 설계되었다. 즉 안락함을 줄 수 있고 자연과 조화되도록 티크목 가구를 사용하였다. 각 빌라는 개별적인 발코니, 피어가 있어서 투숙객은 휴식을 취하고 아름다운 풍경에 매료될 수 있다. 모든 객실은 여유있게 디자인된 공용공간과 연계되어 있다.

---

51) The FloatHouse River Kwai Resort Homepage(http://www.thefloathouseriverkwai.com/)

R_UK_01
Brockholes Visitor Center

개요 Outline	건축가(Architects): Adam Khan Architects 위치(Location): Preston, UK 면적(Project area): 1,400 sqm 연도(Project year): 2011

그림 381
Location 1 of
Brockholes Visitor Center

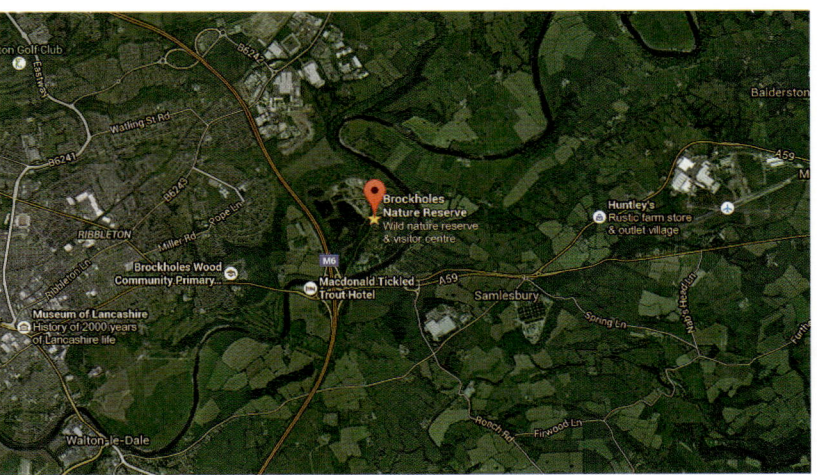

(Source: Google Map)

그림 382
Location 2 of
Brockholes Visitor Center

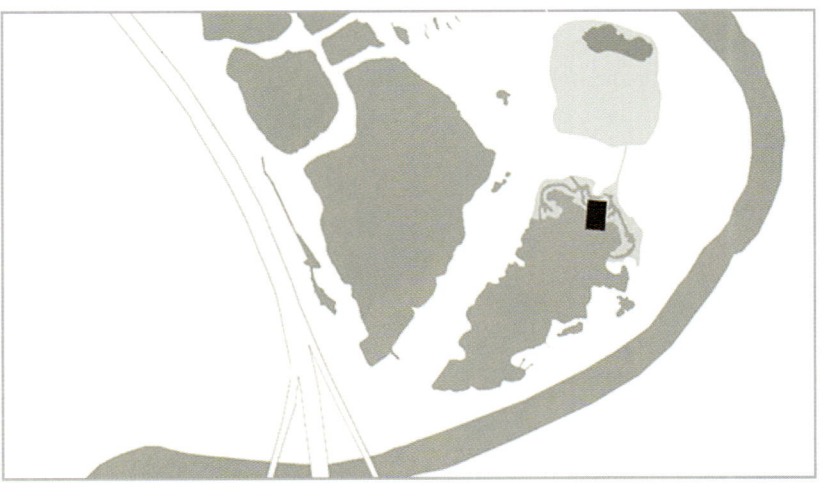

(Source: http://www.adamkhan.co.uk/)

UK R_UK_01
Brockholes Visitor Center

그림 383
Surrounding of
Brockholes Visitor Center

(Source: http://www.adamkhan.co.uk/)

그림 384
Overview 1
Brockholes Visitor Center

(Source: http://www.adamkhan.co.uk/)

그림 385
Overview 2
Brockholes Visitor Center

(Source: http://inhabitat.com/brockholes-uks-first-floating-nature-reserve-is-now-open-for-exploration/)

그림 386
Access Road of
Brockholes Visitor Center

(Source: http://inhabitat.com/brockholes-uks-first-floating-nature-reserve-is-now-open-for-exploration/)

그림 387
Pedestrian of
Brockholes Visitor Center

(Source: http://inhabitat.com/brockholes-uks-first-floating-nature-reserve-is-now-open-for-exploration/)

그림 388
Interior of
Brockholes Visitor Center

(Source: http://www.archdaily.com/247076/2012-riba-award-winners-announced-3/5_north-west_brockholes03ioana-marinescu/)

239

UK — Brockholes Visitor Center

R_UK_01

그림 389
Under Construction of
Brockholes Visitor Center

(Source: http://inhabitat.com/brockholes-uks-first-floating-nature-reserve-is-now-open-for-exploration/)

그림 390
Floor Plan of
Brockholes Visitor Center

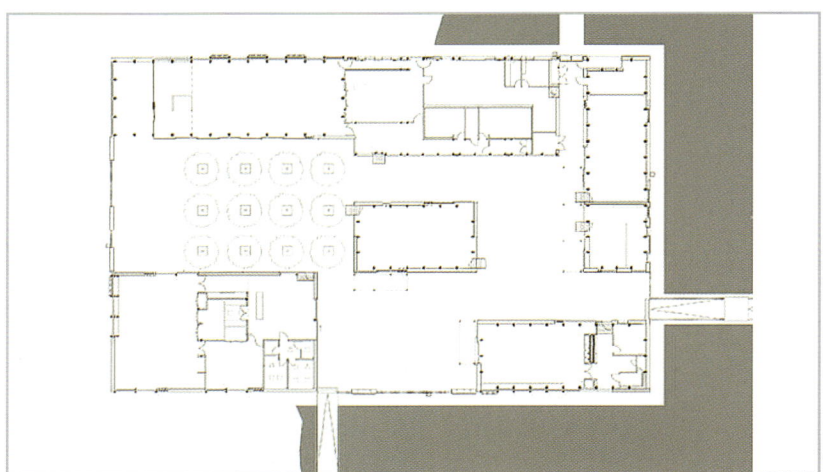

(Source: http://inhabitat.com/brockholes-uks-first-floating-nature-reserve-is-now-open-for-exploration/)

그림 391
Section of
Brockholes Visitor Center

(Source: http://www.adamkhan.co.uk/)

설명(Description)[52]

영국 Preston 근처에 있는 폐허되어 버려진 석산 지역으로부터 Brockholes라는 이름의 새로운 자연보호 지역이 탄생하였다. 2,795㎡의 콘크리트 폰툰 위에 바닥면적 1,400㎡의 방문객 센터 건물이 건립되었다. 이 센터는 전시공간과 상점뿐만 아니라 카페, 회의센터, 교육시설 등으로 구성되어 있다. 인상적인 점은 방문객이 평화로운 주변 환경을 즐길 수 있도록 옥외 데크를 설치한 아름다운 플로팅 생태마을이라는 것이다.

Brockholes 방문객 센터는 속을 비워서 부력을 얻은 콘크리트 함체 위에 있는데, 호수를 가로질러서 떠내려가는 것을 막기 위하여 4개의 철제 기둥으로 붙잡아 놓았다(돌핀 계류 방식). 재난시에나 필요한 것이지만, 이 건물은 평상시 수위보다 최대 3m까지 떠오를 수 있게 계획되었다. 이 지역은 100년에 1회 빈도로 높이 3m 홍수가 있고, 연중 수위 변화는 40cm이기 때문이다.

건축가는 공기 순환과 배출에 유리하도록 건물에 높고 가파른 경사 지붕을 디자인하였다. 물홈통은 수명이 길고 재사용이 가능한 동판으로 제작하여 설치하였다. 중수 시스템과 화목 보일러를 도입하여 녹색건축의 가치를 더욱 높였다. 건물의 통풍은 전적으로 자연적 시스템에 의존하고 있다. 단열재로는 재사용 신문지로 만든 저렴하고 단열에 효과적인 재료를 사용하였다. 결과적으로 이 건물은 영국의 친환경건축물인증(BREEAM)에서 디자인 단계 '우수'를 받았고 에너지성능인증에서 A등급을 획득하였다.

건물의 입면은 여름에 최고의 그늘을 만드는 외부 차양을 도입한 친환경적 시스템이다. 건물에서 낮은 창문턱은 효과적인 자연환기를 가능하게 하고 조망을 방해하지 않는다. 또한 겨울동안 내부공간에서는 최대의 주광과 패시브 태양열을 받을 수 있다. 호수에 친밀감을 느낄 수 있도록 옥외 데크는 수면보다 단 15cm 높이에 있다.

---

52) Bridgette Meinhold(2011), Brockholes: UK's First Floating Nature Reserve Is Now Open For Exploration, inhibitat(http://inhabitat.com/brockholes-uks-first-floating-nature-reserve-is-now-open-for-exploration/)

R_UK_02
The Egg Home

개요
Outline

건축가(Architects): Perring Architecture and Design and SPUD design studio
위치(Location): Beaulieu River, New Forest, UK
면적(Project area): 16.8 sqm
연도(Project year): 2013

그림 392
Location of
the Egg Home

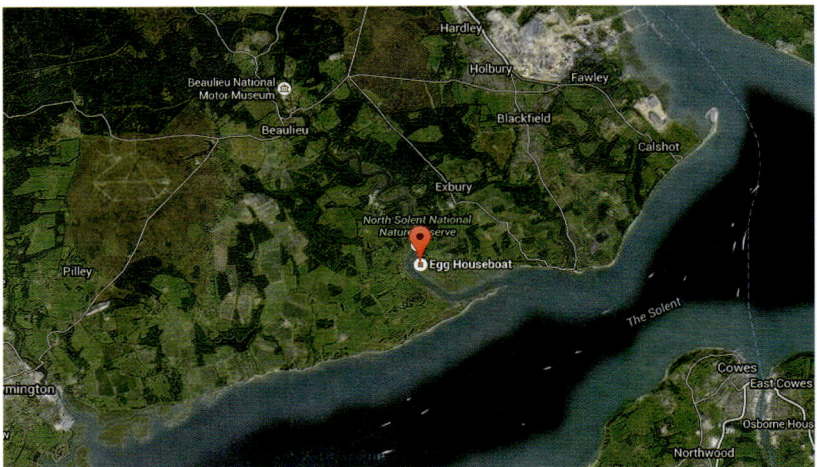

(Source: Google Map)

그림 393
Overview of
The Egg Home

(Source: http://www.designboom.com/architecture/exbury-egg-by-pad-studio-spud-group-stephen-turner/)

그림 394
Concept of
The Egg Home

(Source: http://www.designboom.com/architecture/exbury-egg-by-pad-studio-spud-group-stephen-turner/)

그림 395
Interior of
The Egg Home

(Source: http://www.dailymail.co.uk/sciencetech/article-2478313/Meet-man-lives-works--egg-Giant-floating-wooden-pod-artists-studio-home.html)

그림 396
Floor Plan of
The Egg Home

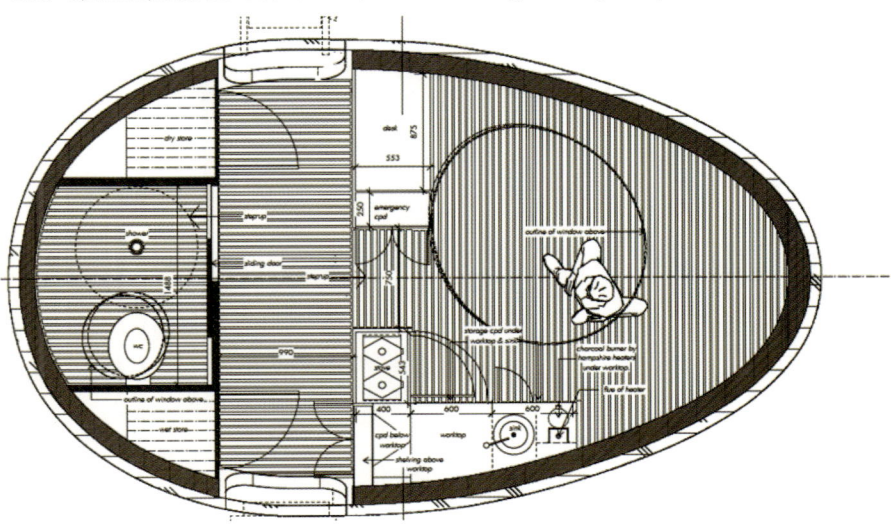

(Source: http://www.designboom.com/architecture/exbury-egg-by-pad-studio-spud-group-stephen-turner/)

243

UK R_UK_02
The Egg Home

그림 397
Under Construction of
The Egg Home

(Source: http://www.dailymail.co.uk/sciencetech/article-2478313/Meet-man-lives-works--egg-Giant-floating-wooden-pod-artists-studio-home.html)

그림 398
Installation of
The Egg Home

(Source: http://www.designboom.com/architecture/exbury-egg-by-pad-studio-spud-group-stephen-turner/)

그림 399
Transportation of
The Egg Home

(Source: http://www.e-architect.co.uk/england/exbury-egg)

설명(Description)[53]

Exbury Egg는 River Beaulieu 어귀에 예술가 Stephen Turner를 위하여 지은 임시적인 에너지 자급자족 작업공간이다. 여기는 머무는 장소이고, 조수가 있는 샛강의 생태를 연구하는 실험실이고, 필수적인 물품의 보관과 전시공간이 있는 수집 및 분석 센터이다. 시설의 하부는 수면 아래에서 연간 730회의 밀물과 썰물이 있고, 상부에는 365일 바람, 비, 태양 빛에 의한 날씨가 있다.

The Egg는 조류에 의하여 상승하거나 하강하는 보트와 유사하게 계류되어 있다. Exbury Egg의 밝은 색상과 기본적인 자연스러움은 우리가 살고 있는 방향을 재평가하고, 자연자원의 지속가능하고 미래지향적인 사용을 적절하게 고려하기 위함이다. Stephen Turner는 일상생활에서 귀중하고 초자연적인 것을 보여주는 자연과의 감정이입 관계성을 탐구하는 데 관심이 있다. 창조된 예술품은 Stephen의 직업으로부터 나온다. 즉 직접적인 경험을 통하여 지역의 자연적 순환과 과정 및 환경의 끊임없는 계절적 흐름 속에서 생활의 관계성을 이해하는 것이다.

Exbury Egg는 2가지 핵심 전제를 갖고 있다. 즉 "Lean, Green and Clean"과 "Reduce, Reuse and Recycle"이다. 작업 중의 잠재적 에너지 요구량은 Stephen의 계절적 요인으로부터 오는 변화에 대한 고려를 포함하여 예상되는 일상적 행동을 파악함으로써 결정되었다. Stephen의 전기 사용 요구량은 노트북, 디지털 카메라, 휴대폰의 충전을 위한 전기를 포함하는데 태양광을 활용하여 해결한다.

이것은 테크놀로지를 거부하면서 자연으로 돌아가자는 로맨틱하고 반 근대적인 프로젝트는 아니다. 오히려 새로이 시도되고 시험된 것과 통합된 새로운 것의 가장 우수하고 효율적인 것을 요구하는 것이다.

초등학교 학생부터 대학생까지를 커버하는 교육 프로그램이 있을 예정이다. 학교는 건설 기간 동안 Egg와 협력하고 프로그램을 통하여 과학, 예술, 생태학 및 공학 주제와 관련하여 지속적인 기회를 가질 것이다. 또한 각 나이 계층의 사람들과 함께 지역사회를 위한 기회도 2013년과 2014년도 동안 각종 행사, 세미나 워크숍 등을 통하여 제공될 것이다.

---
[53] Stephen Turner's EXBURY EGG Blog(http://www.exburyegg.org/)

R_USA_01
Oregon Yacht Club

개요　　건축가(Architects): -
Outline　위치(Location): Portland, OR, USA
　　　　면적(Project area): - sqm
　　　　연도(Project year): 1910

그림 400
Location 1 of
Oregon Yacht Club

(Source: Google Map)

그림 401
Location 2 of
Oregon Yacht Club

(Source: Google Map)

그림 402
Overview of
Oregon Yacht Club

그림 403
Access Bridge of
Oregon Yacht Club

그림 404
Floating Home Unit 1 of
Oregon Yacht Club

USA | Oregon Yacht Club
R_USA_01

그림 405
Floating Home Unit 2 of Oregon Yacht Club

그림 406
Floating Home Unit 3 of Oregon Yacht Club

그림 407
Floating Home Unit 4 of Oregon Yacht Club

그림 408
Walkway of
Oregon Yacht Club

그림 409
Dolphin Mooring of
Oregon Yacht Club

그림 410
Grating in Walkway of
Oregon Yacht Club

USA — Oregon Yacht Club

R_USA_01

그림 411
Utility Station of
Oregon Yacht Club

그림 412
Empty Slip of
Oregon Yacht Club

그림 413
Mom & Daughter Enjoying Boating of
Oregon Yacht Club

| 설명(Description)[54] | Oregon Yacht Club(OYC)은 1900년 요트 클럽으로 출발하여 100년이 넘는 역사를 가지고 있다. 처음에는 회원들이 요트 기술을 연마하며 즐기기 위한 모임이었으나, 1910년에는 여름 동안만 플로팅 주택이 허용되고 점차 영구적인 주택이 건립되었다.

당초의 단층 소규모 주택들은 점차 2층 대규모 고급주택으로 대체되고 있다. 현재 38호 주택이 있고, 폰툰은 대부분 목재로 만들어졌고, 계류는 철재 돌핀을 채용하고 있다. 주된 주택의 배치는 일면형이라서 조망이 양호하며, 보행로 건너편으로 부속건물이 있어서 구조적으로 시각적으로 안전한 느낌을 준다.

단지의 입구 육상에 주차장과 부대시설이 배치되어 있다. 물에 자연채광이 가능하도록 하기 위하여 보행로에 일부 철재 그릴을 설치하였다. 거주자들은 매년 안전을 위한 시설 점검을 받고 있으며 자연환경 보전과 복원에 많은 관심을 가지고 있다.

이 플로팅 홈 주거단지에서는, 거주자들은 자연환경 속에서 수상의 평화롭고 편안한 분위기를 즐기며 살고 있다. 그들이 생각하는 최고의 조망은 인공 구조물이 전혀 보이지 않고 하늘, 산, 나무, 들판 또는 물 등과 같이 자연적인 요소만 보이는 것으로 여긴다. 또한 거주자들은 자연과의 연결은 건강과 웰빙의 긍정적인 상태를 만들어 내는 것으로 간주한다. 거주자들은 이웃과 대부분 사이좋게 지내기 때문에 사회적 지속가능성이 있다고 생각된다.

거주자들은 야생 조류나 수생 식물 같은 자연 환경을 보존하는 것에 관심을 가지고 있으며, 홍수나 태풍과 같은 자연재해에 대처하는 데 상호 협조하고 있고, 화재나 피난에 대해서도 협동하고 있으며, 시 담당자들과 법적인 규제에 대하여 협상하고 지방정부로부터 행정적/재정적 지원을 얻는 것에 힘을 모으고 있다. 이렇듯 플로팅 홈 주거단지에서의 굳건한 사회적 지속가능성은 필수적이고 쉽게 발견할 수 있다.

이 플로팅 주거단지 답사 시 집 근처 강에서 모녀가 보트를 타고 있는 모습을 목격하였다. 안전 설비로 튜브 보트를 매달고 모녀가 다정하게 대화하면서 보트를 타는 장면은 가족의 심신 모두 평안함 그 자체로 많은 것을 되돌아보고 생각하는 계기가 되었다. |
|---|---|

---

54) Oregon Yacht Club Homepage(http://www.oregonyachtclub.com/)

R_USA_02
Sea Village Marina

개요
Outline

건축가(Architects): –
위치(Location): Northfield, NJ, USA
면적(Project area): 57.6 sqm/Unit
연도(Project year): 1980

그림 414
Location 1 of
Sea Village Marina

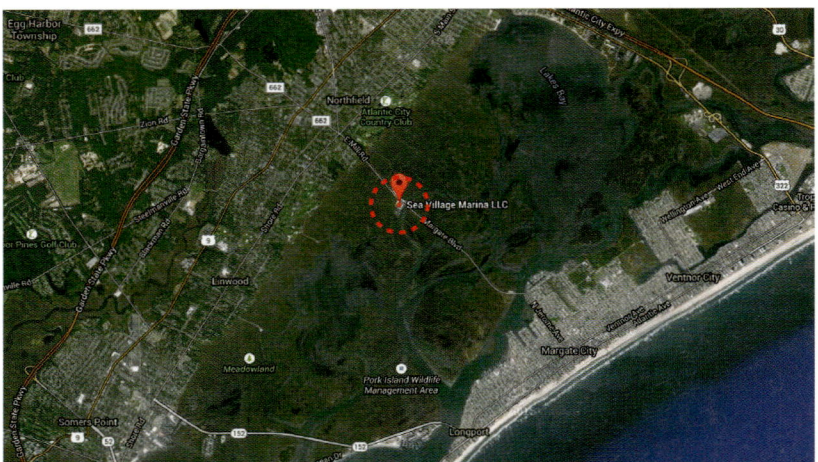

(Source: Google Map)

그림 415
Location 2 of
Sea Village Marina

(Source: Google Map)

그림 416
Aerial View of
Sea Village Marina

(Source: http://www.imagejuicy.com/images/pools/f/floating-pool/27/)

그림 417
Information of
Sea Village Marina

그림 418
Overview 1 of
Sea Village Marina

253

USA Sea Village Marina
R_USA_02

그림 419
Overview 2 of
Sea Village Marina

그림 420
Overview 3 of
Sea Village Marina

그림 421
Overview 4 of
Sea Village Marina

그림 422
Walkway of
Sea Village Marina

그림 423
Floating Home Interior 1 of
Sea Village Marina

그림 424
Floating Home Interior 2 of
Sea Village Marina

USA R_USA_02
Sea Village Marina

그림 425
Utility Station 1 of
Sea Village Marina

그림 426
Utility Station 2 of
Sea Village Marina

그림 427
Alarm Bell of
Sea Village Marina

그림 428
Registration Number of
Sea Village Marina

설명(Description) Sea Village Marina는 사람들이 1년 내내 플로팅 홈에서 거주하는 미국 동부지역에서 소수의 장소 중 하나이다. 이 지역은 서부 샌프란시스코나 시애틀과는 달리, Sea Village Marina는 자신만의 매력을 갖고 있다. 75개의 slip이 있으나 53개의 플로팅 홈이 신축된 상태이다. 몇 가지 모델이 있으며 임대도 가능하다.

플로팅 홈은 도크에 계류된 유리섬유 부유체 위에 지어졌다. 육지의 현대식 주택에서 갖고 있는 편의시설은 모두 갖추고 있다. 즉, 식기 세척기와 냉장고를 갖춘 주방, 현대식 설비를 갖는 욕실, 중앙공급식 공

USA | Sea Village Marina
R_USA_02

기조화, 가스 벽난로 등. 특히 무엇보다도 웅장한 일출과 일몰을 볼 수 있는 창문을 갖고 있다.

이 주택들은 평소 가볍게 출렁인다. 플로팅 홈이 배로 등록되었기 때문에 Coast Guard 규정에 맞아야 한다. 비록 도크를 떠나 항해할 일이 없지만, 구명 기구를 갖추어야 한다. 이 플로팅 주택을 거래할 때는 보트로 간주되기 때문에 보트 판매자를 통해야 한다. 많은 주민들은 휴식을 위해서 여기에 왔기 때문에 떠나지 않는다.

여기의 표준적인 플로팅 주택은 12m × 4.8m 바닥 크기에 3 Bedroom, 2 Baths이다. 대부분 주택 옥상에 데크가 있어서 360도 조망이 가능하다. 염기 때문에 육지의 주택보다 자주 페인트를 칠해야 한다. 다른 측면은 유지관리가 별로 필요 없다. 유리섬유 부유체에 따개비가 붙는데, 항해를 하지 않기 때문에 문제가 되지 않는다[55].

2013년 8월 Sea Village Marina 현지를 방문하여 현장을 보니, 불행하게도 2012년 10월 허리케인 샌디(Sandy)에 플로팅 주거단지가 거의 망가진 상태이고, 거주자들이 모두 다른 곳으로 이주한 상태였다. 사고 위험 때문에 현장 출입을 제한하고 있었으며, 현장에서 만난 매니저 Thomas Martinolich는 우리에게 한 세대의 실내도 보여주었는데 규모가 상당히 큰 편이다.

전반적으로 플로팅 주택보다는 통행로가 특히 많이 망가졌다. 제대로 된 연구나 구조 계산 없이 시공한 것으로 추정되었다. 여기는 호수이기 때문에 파랑보다는 태풍에 당한 것으로 보는데, 근처 육지에 있는 주택도 많이 파괴되었다고 한다. 매니저에 의하면 전체적으로 수리해서 다시 사용할 계획이며, 우리의 답사 목적과 연구단 진행 사항을 설명하니 이러한 연구를 지원하는 것은 좋은 정부라는 대답이 왔다. 이후 관련 기사를 찾아보니 이 플로팅 주거단지 회사가 파산한 것으로 나오는 것 같다.

---

55) Lauren Payne(2008), Dockers In New Jersey's only floating community, you can catch dinner out your window, New Jersey Monthly(http://njmonthly.com/articles/jersey-living/dockers/)

R_USA_03
Tenas Chuck Moorage

개요 Outline	건축가(Architects): – 위치(Location): WA, USA 면적(Project area): – sqm 연도(Project year): 1996

그림 429
Location 1 of
Tenas Chuck Moorage

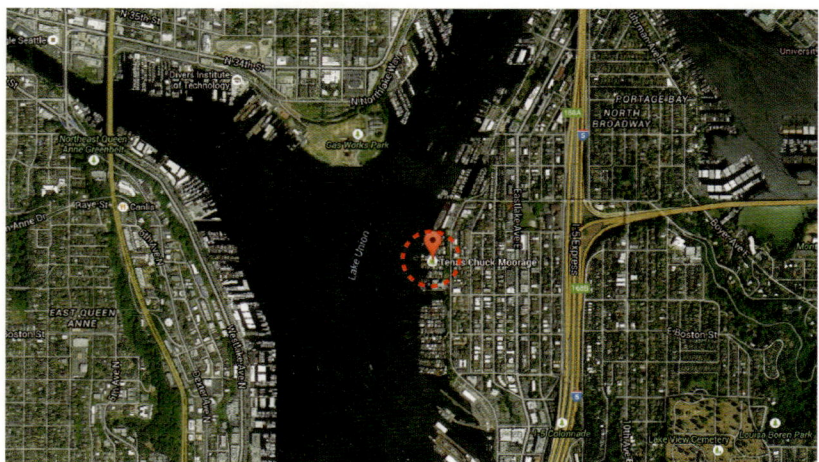

(Source: Google Map)

그림 430
Location 2 of
Tenas Chuck Moorage

(Source: Google Map)

259

USA R_USA_03 Tenas Chuck Moorage

그림 431
Entrance of
Tenas Chuck Moorage

그림 432
Post Boxes of
Tenas Chuck Moorage

그림 433
Parking Lot of
Tenas Chuck Moorage

그림 434
**Walkway 1 of
Tenas Chuck Moorage**

그림 435
**Walkway 2 of
Tenas Chuck Moorage**

그림 436
**Floating Home Unit 1 of
Tenas Chuck Moorage**

USA — Tenas Chuck Moorage

R_USA_03

그림 437
Floating Home Unit 2 of
Tenas Chuck Moorage

그림 438
Water Leisure Equipments of
Tenas Chuck Moorage

그림 439
Floating Homes of
Tenas Chuck Moorage

그림 440
"BE NICE or LEAVE" of
Tenas Chuck Moorage

그림 441
Dolphin Mooring of
Tenas Chuck Moorage

그림 442
Concrete Pontoon of
Tenas Chuck Moorage

USA — Tenas Chuck Moorage

R_USA_03

그림 443
Utility Station of Tenas Chuck Moorage

그림 444
Fire Bell of Tenas Chuck Moorage

| **설명(Description)** | Tenas Chuck는 유니온 호수(Lake Union)의 옛 이름이고, 작은 물이라는 의미를 갖고 있다. 전체적으로 32호 규모이고, 폰툰의 재료는 목재가 대부분이고, 신축된 주택에서 일부 콘크리트도 보인다.

계류는 돌핀 방식으로 목재가 대부분이고 콘크리트나 철재도 보인다. 주택은 통로의 양쪽에 배치되어 양면형이어서 호수 쪽 단부에 위치한 주택을 제외하고는 전망이 좋은 편은 아니다. 주차장은 육상의 단지 입구에 준비되어 있다.

보행로와 주택의 입구에는 화분에 심어진 수목이 우거져서 육지의 주택가를 연상시키고, 각종 설비라인과 계량기 함이 보이고, 화재시를 대비하여 소화전, 소화기, 소방 호스, 구명 로프, 알람 종 등이 구비되어 있다.

답사 중 15년 정도 거주하고 있는 주민을 포함하여 몇 사람에게 거주 이유를 물었는데, "유니온 호수의 경치가 좋아서", "이웃 주민이 좋아서", "물에 바로 뛰어들 수 있어서", "수상생활이 좋아서" 등이라고 답했다.

USA

R_USA_04
Jantzen Beach Moorage

개요
Outline

건축가(Architects): –
위치(Location): Portland, OR, USA
면적(Project area): – sqm
연도(Project year): 1997

그림 445
Location 1 of
Jantzen Beach Moorage

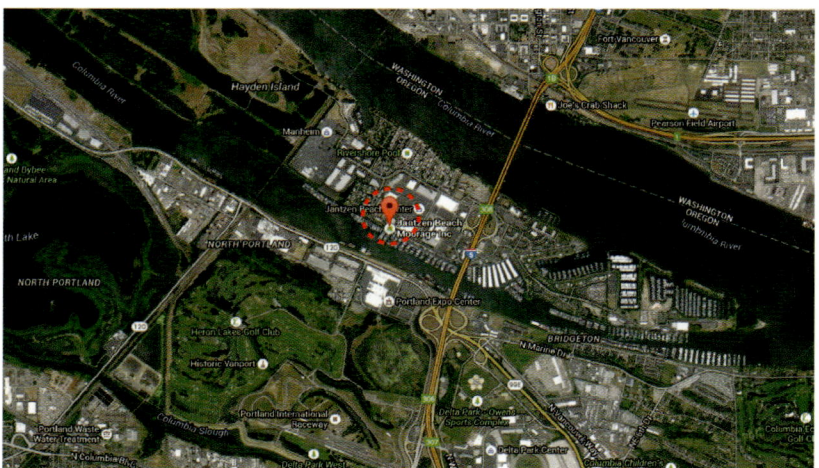

(Source: Google Map)

그림 446
Location 2 of
Jantzen Beach Moorage

(Source: Google Map)

그림 447
Information of
Jantzen Beach Moorage

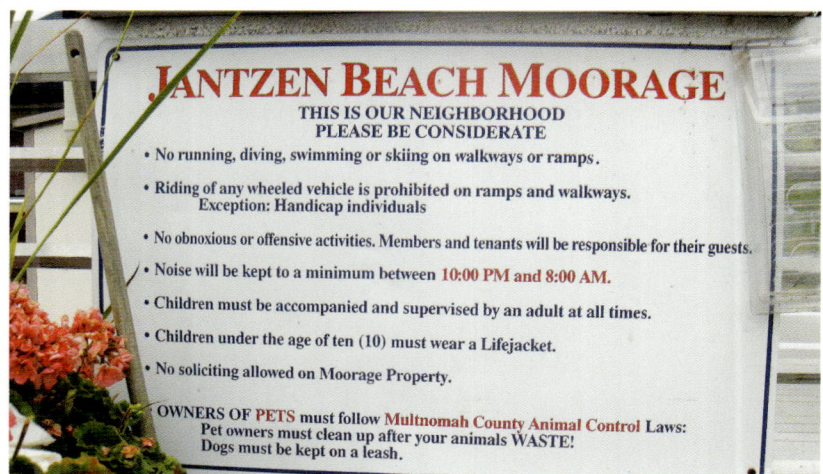

그림 448
Post Boxes of
Jantzen Beach Moorage

그림 449
Parking Lot of
Jantzen Beach Moorage

USA — Jantzen Beach Moorage

R_USA_04

그림 450
Access Bridge of
Jantzen Beach Moorage

그림 451
Walkway 1 of
Jantzen Beach Moorage

그림 452
Walkway 2 of
Jantzen Beach Moorage

그림 453
Floating Homes 1 of
Jantzen Beach Moorage

그림 454
Floating Homes 2 of
Jantzen Beach Moorage

그림 455
Floating Homes 3 of
Jantzen Beach Moorage

USA Jantzen Beach Moorage

R_USA_04

그림 456
Fire Hose Reel of
Jantzen Beach Moorage

그림 457
Utility Station of
Jantzen Beach Moorage

설명(Description)   이 플로팅 주택 주거단지는 북미에서 두 번째로 큰 대규모로서 2단계에 걸쳐서 건립되었다. 전체적으로 주택은 177호 규모이고 폰툰의 재료는 거의 목재로 되어 있다. 계류는 1단계에는 목재 돌핀을 사용했고, 2단계에는 철재 돌핀을 채택하였다.

통행로는 목재로 되어 있는데 최근 건립된 2단계 부분에는 부분적으로 플라스틱 그레이팅을 설치하여, 통행로 아래 물까지 어느 정도 빛이 들어갈 수 있도록 배려하였다. 이러한 시설물은 자연환경에 대한 배려로 보인다.

주택의 배치를 보면 1단계에는 중첩된 일면형으로 구성하여 여유있는 외부공간을 구성하였으나 좋은 조망을 확보하기 어렵다. 반면 2단계에는 주택을 양면형으로 구성하여 강 쪽을 바라보는 세대는 좋은 조망을 가진다.

이 플로팅 주거단지에 인접하여 대형 쇼핑몰이 있으며, 단지 내 육상에는 주차장과 각종 창고가 자리 잡고 있다. 주거단지 건축위원회가 있어서, 각 플로팅 주택의 각종 기준과 법규 준수 여부를 확인하며 건축 외관에 영향을 미치는 전반적인 문제를 조정하는 의무와 책임을 갖는다[56].

---

56) Jantzen Beach Moorage, Inc. Homepage(http://www.jbmi.net/)

R_USA_05
Ducks Moorage LLC

개요 | 건축가(Architects): -
Outline | 위치(Location): Portland, OR, USA
| 면적(Project area): - sqm
| 연도(Project year): 1997

그림 458
Location 1 of
Ducks Moorage LLC

(Source: Google Map)

그림 459
Location 2 of
Ducks Moorage LLC

(Source: Google Map)

그림 460
Information of
Ducks Moorage LLC

그림 461
Parking Information of
Ducks Moorage LLC

그림 462
Gate of
Ducks Moorage LLC

USA R_USA_05
Ducks Moorage LLC

그림 463
Access Bridge of
Ducks Moorage LLC

그림 464
Overview 1 of
Ducks Moorage LLC

그림 465
Overview 2 of
Ducks Moorage LLC

그림 466
Overview 3 of
Ducks Moorage LLC

설명(Description) 이 플로팅 주택 주거단지는 전체적으로 주택은 40slip 규모이고 육지에 20개의 창고 공간이 있다. 폰툰의 재료는 콘크리트와 목재로 되어 있다. 계류는 철재로 'ㅅ'자형 돌핀을 채택하였다. 돌핀의 상당한 높이까지 진흙이 묻어 있는 것을 보면 우기에는 수위가 많이 높아짐을 짐작할 수 있다. 통행로는 목재로 되어 있다.

주택의 배치를 보면 일면형인데 강의 흐름과 직각으로 배치하여 프라이버시 보호나 좋은 조망을 확보하기 어렵다. 비교적 최근에 건립된 것으로 보이며, 유닛의 크기도 여유로워 보인다. 인접한 육상에 주차장을 확보하고 있다.

R_USA_06
Fennell Floating House

개요 Outline	건축가(Architects): Robert Harvey Oshatz Architect 위치(Location): Oregon Yacht Club, Portland, OR, USA 면적(Project area): 212 sqm 연도(Project year): 2005

그림 467
Location of
Fennell Floating House

(Source: Google Map)

그림 468
Aerial View of
Fennell Floating House

(Source: http://www.solaripedia.com/images/large/1547.jpg)

그림 469
Overview 1 of
Fennell Floating House

(Source: http://kcmodern.blogspot.kr/2010_04_25_archive.html)

그림 470
Overview 2 of
Fennell Floating House

(Source: http://www.solaripedia.com/images/large/1552.jpg)

그림 471
Water Side Facade of
Fennell Floating House

(Source: http://www.viahouse.com/2011/03/unique-architecture-of-floating-house-from-robert-harvey-oshatz/)

USA | Fennell Floating House

R_USA_06

그림 472
View from Living Room in
Fennell Floating House

(Source: http://kcmodern.blogspot.kr/2010_04_25_archive.html)

그림 473
Stair of
Fennell Floating House

(Source: http://inhabitat.com/robert-oshatzs-floating-fennell-house-is-a-passive-riverside-dream-home/)

그림 474
Curved design of
Fennell Floating House

(Source: http://inhabitat.com/robert-oshatzs-floating-fennell-house-is-a-passive-riverside-dream-home/)

그림 475
Interior of
Fennell Floating House

(Source: http://www.solaripedia.com/images/large/1553.jpg)

그림 476
Living Room 1 of
Fennell Floating House

(Source: http://www.solaripedia.com/images/large/1538.jpg)

그림 477
Living Room 2 of
Fennell Floating House

(Source: http://www.solaripedia.com/images/large/1542.jpg)

USA — Fennell Floating House

R_USA_06

그림 478
Site Plan of
Fennell Floating House

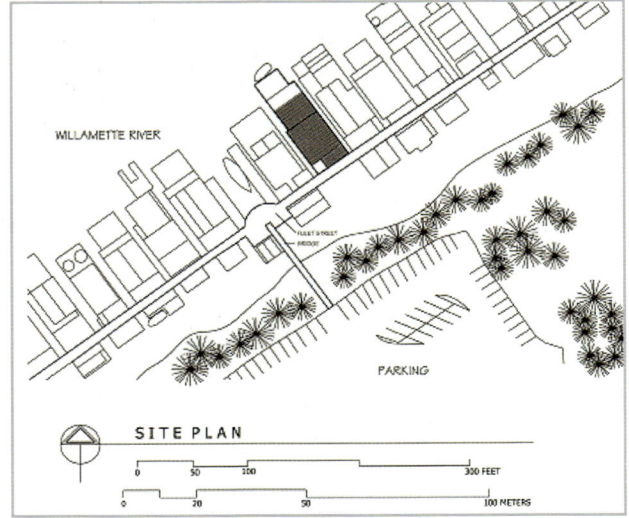

(Source: http://www.solaripedia.com/13/164/1552/fennell_residence_water.html)

그림 479
Floor Plans of
Fennell Floating House

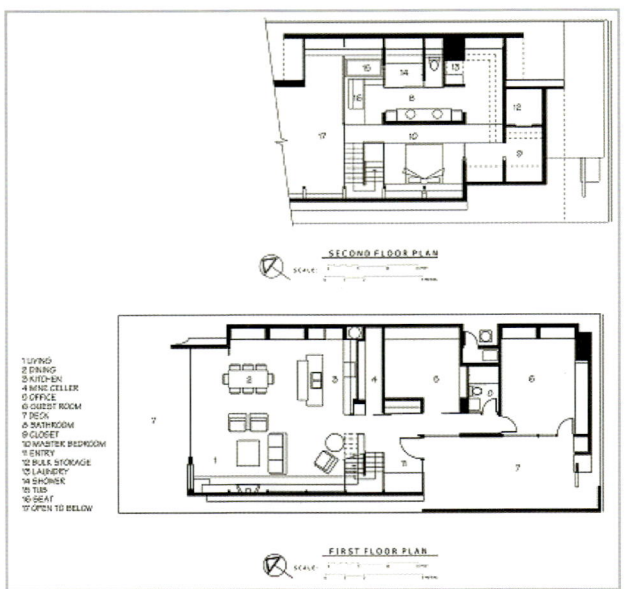

(Source: http://www.solaripedia.com/13/164/1552/fennell_residence_water.html)

그림 480
Sections of
Fennell Floating House

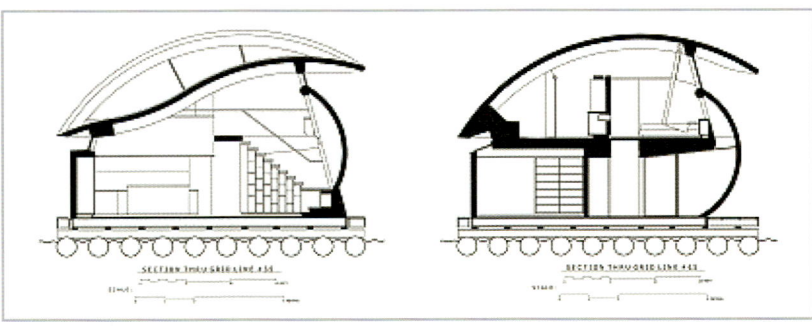

(Source: http://www.solaripedia.com/13/164/1552/fennell_residence_water.html)

설명(Description)[57]

오리건 요트 클럽(Oregon Yacht Club) 주거단지의 대표적인 신축 주택으로 2층, 바닥면적 212㎡의 Floating Fennell House가 있다. 이 플로팅 주택은 전문직 부부가 그 가족이 꿈의 주말 및 여름 별장용으로 사용하기 위하여 플로팅 주거단지의 빈 계류장을 구입함으로써 시작되었다. 건축주는 1년 이내에 집을 짓기를 원했으나, 당시 시공 중인 이 건축가의 유사한 스타일의 작품을 보여주고 집짓는 과정의 어려움을 건축주에게 시각적으로 이해시켜서, 결국 이 집은 설계부터 시공까지 5년이 소요되었다.

이 주택은 초저에너지 주택이며 전체 구조는 소용돌이 및 곡선 디자인에 적합한 집성목재로 구성되어 있다. 이러한 공법은 다양한 형태를 만들 뿐만 아니라 사용되는 자재의 양도 많이 줄일 수 있어서 경제적이고, 가볍고 시공이 용이하다.

외벽의 창문은 아름다운 빌라메트 강(Willamette River)의 조망을 고려하였으며, 창문은 자연환기를 가능하게 하면서 낮 동안에는 태양열과 빛을 받아들이게 한다. 주택 자체를 공장에서 제작하고 보트로 운반했기 때문에, 이 주택의 공사는 최소의 에너지를 소요하였으며, 특히 중요한 것은 공사 중 주변에 소음이나 분진을 내지 않아서 플로팅 홈 주거단지의 분위기를 전혀 해치지 않았다는 점이다. 이 주택은 아름답고 현대적인 주택 형태를 주변 환경과 통합하고 있다.

---

57) Molly Cotter(2011), Robert Oshatz's Floating Fennell House is a Passive Riverside Dream Home, inhabitat(http://inhabitat.com/robert-oshatzs-floating-fennell-house-is-a-passive-riverside-dream-home/). Ingrid Spencer(2007), Fennell Residence, Architectural Record(http://www.calvertglulam.com/arch_record.pdf).

R_USA_07
Coastal Floating Home

개요
Outline

건축가(Architects): -
위치(Location): Port Clinton, OH, USA
면적(Project area): 56.7 sqm(Sunrise), 97.2 sqm(Serenity)
연도(Project year): -

그림 481
Location 1 of
Coastal Floating Home

(Source: Google Map)

그림 482
Location 2 of
Coastal Floating Home

(Source: Google Map)

그림 483
Overview of
Coastal Floating Home

그림 484
Floating Home Unit of
Coastal Floating Home

그림 485
Parking Lot & Access Bridge of
Coastal Floating Home

USA — R_USA_07
Coastal Floating Home

그림 486
Interior of
Coastal Floating Home

그림 487
Balcony of
Coastal Floating Home

그림 488
Pontoon of
Coastal Floating Home

그림 489
Dolphin Mooring of
Coastal Floating Home

그림 490
Utility Station of
Coastal Floating Home

그림 491
Master Plan of
Coastal Floating Home

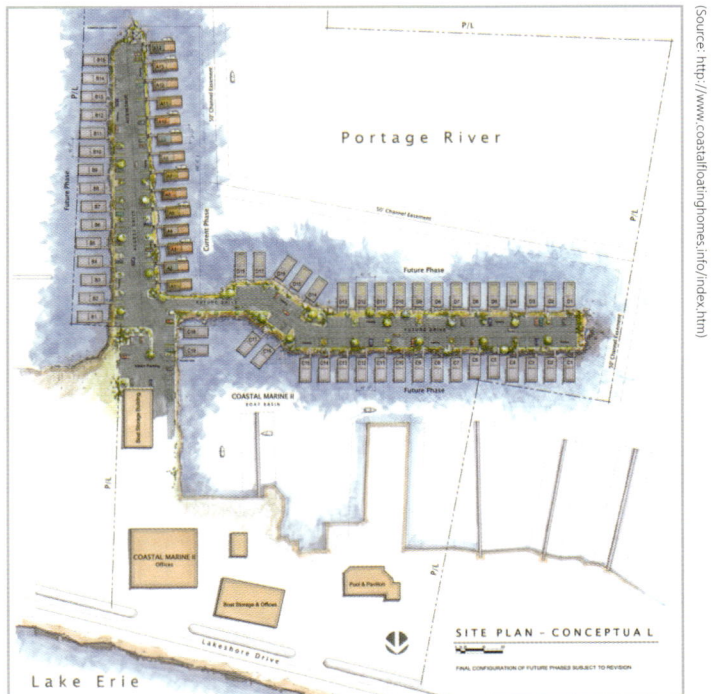

USA — Coastal Floating Home

R_USA_07

그림 492
Sunrise Type(1 story) of Coastal Floating Home

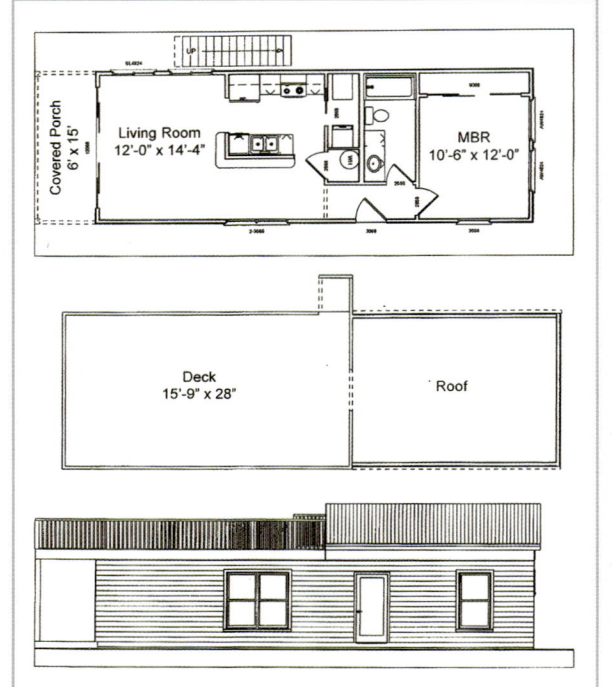

그림 493
Serenity Type(2 story) of Coastal Floating Home

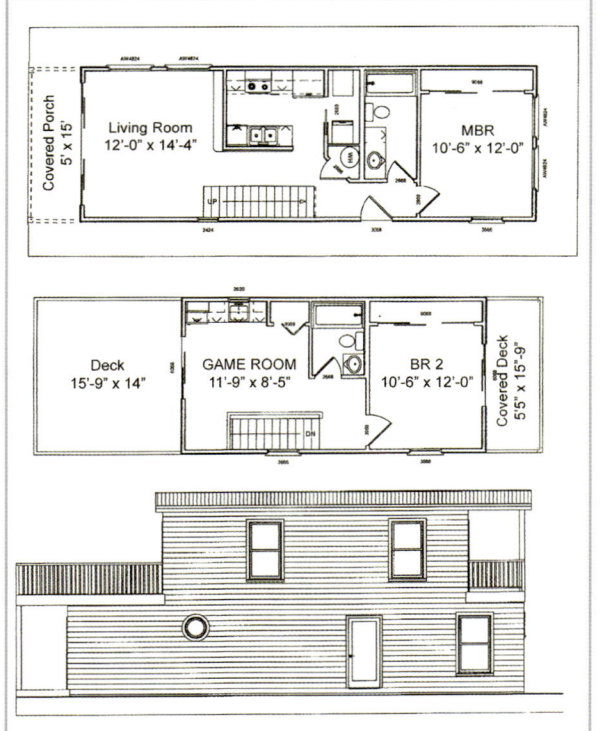

(Source: http://www.coastalfloatinghomes.info/index.htm)

설명(Description)[58]

Lake Erie에 가까운 Portage River에 지은 플로팅 주택단지이다. 각 플로팅 주택은 Lake Erie로의 일몰을 볼 수 있는 위치에 자리 잡고 있다. 주변의 자연환경이 좋기 때문에 낚시, 보트타기, 크루즈 등 수상활동을 즐길 수 있다.

개인 주차공간을 갖고 있으며, 수면 위 90cm에 떠 있는 새롭고 모든 것이 구비된 별장을 보유할 수 있다. 지붕의 선 데크에서 수공간을 수 마일 조망할 수 있고 해를 즐길 수 있다. 이 플로팅 주택단지에는 저렴한 가격으로 주택을 장기간 임대할 수 있는 패키지도 있다.

단위 평면으로는 1개층 형과 2개층 형이 제안되어 있다. 회사가 제시한 단지의 마스터플랜을 보면, 60여 호의 플로팅 주택을 공급하려 했으나, 경제 침체로 인하여 6채를 짓는 데 그쳤다. 또한 지역에서 플로팅 건축에 대한 인식이 아직 부족한 것으로 생각된다.

폰툰은 여러 개의 합성수지 박스를 경량철골로 엮어서 만든 구조이고, 계류는 돌핀 방식으로 강관 파이프에 흰색 PVC 파이프를 덮어서 사용하였다.

---
58) Coastal Floating Home Homepage(http://www.coastalfloatinghomes.info/index.htm)

R_USA_08
Lake Erie Floating Homes

개요　　건축가(Architects): -
Outline　위치(Location): Port Clinton, OH, USA
　　　　면적(Project area): 36 sqm/Unit
　　　　연도(Project year): 2007

그림 494
Location 1 of
Lake Erie Floating Homes

(Source: Google Map)

그림 495
Location 2 of
Lake Erie Floating Homes

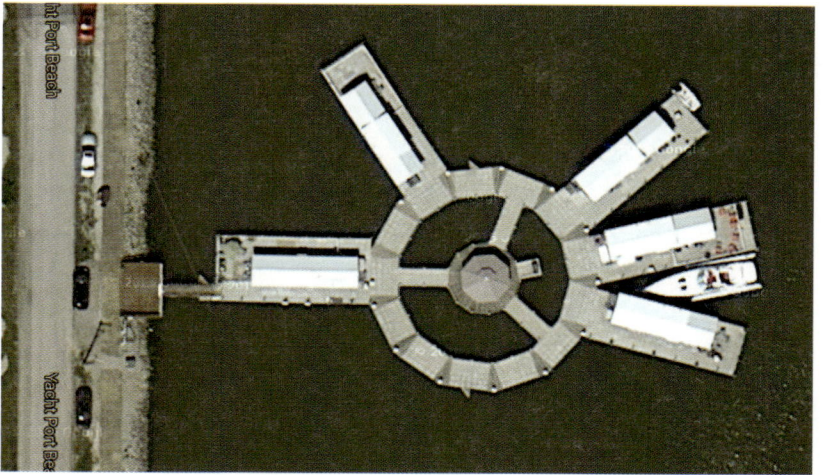

(Source: Google Map)

그림 496
Overview 1 of
Lake Erie Floating Homes

(Source: http://db.flexibilni-architektura.cz/o/240)

그림 497
Overview 2 of
Lake Erie Floating Homes

그림 498
Lake Erie Floating Homes

USA — Lake Erie Floating Homes
R_USA_08

그림 499
Public Space of
Lake Erie Floating Homes

그림 500
Floating Home Unit of
Lake Erie Floating Homes

(Source: http://db.flexibilni-architektura.cz/o/240)

그림 501
Interior 1 of
Lake Erie Floating Homes

그림 502
Interior 2 of
Lake Erie Floating Homes

그림 503
Utility Station of
Lake Erie Floating Homes

USA R_USA_08
Lake Erie Floating Homes

그림 504
Site Plan of
Lake Erie Floating Homes

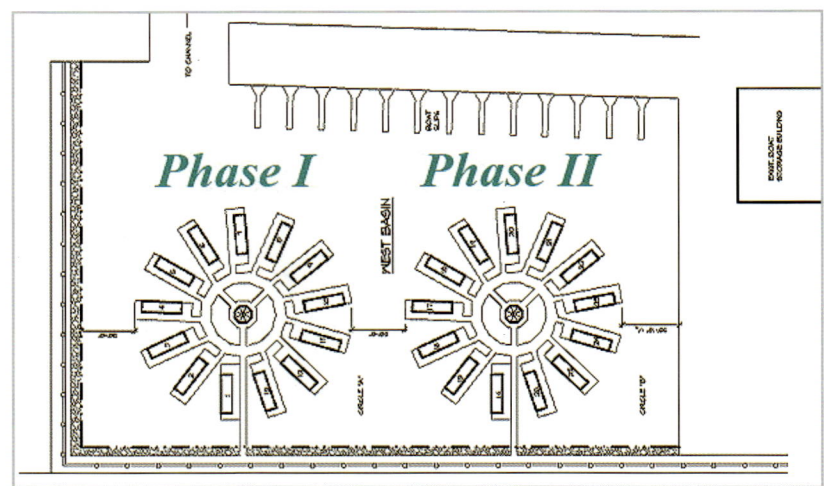

(Source: http://www.lakeeriefloatinghomes.com/)

그림 505
Unit Floor Plan of
Lake Erie Floating Homes

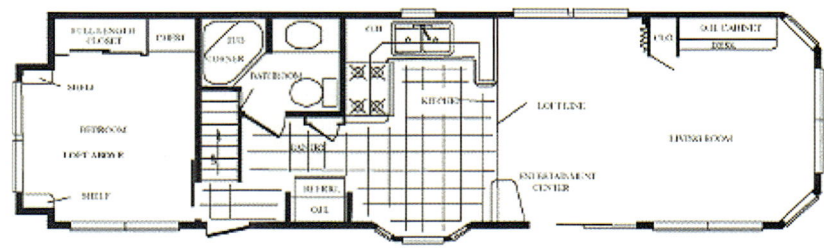

(Source: http://www.lakeeriefloatinghomes.com/)

설명(Description)[59]   Lake Erie Floating Homes는 혁신적 새로운 개념의 워터프런트 주거이다. 조립식 공법, 자급적인 주거 및 플로팅 도크가 결합하여 수상에서 거주할 수 있다. 이 주거단지는 16.2m × 5.4m 데크에 아름답고 현대적인 주택 13동으로 구성되어 있다. 이 주거단지는 요트 클럽(Marina International)의 일부로서 모든 편익시설을 이용할 수 있다.

각각의 주택은 면적 36㎡로 안락하고 편리하다. 원래 계획은 1단계와 2단계를 진행하려고 했으나, 경기 침체로 인하여 1단계도 절반 정도 건립하여 입주한 상태이다. 또한 지역주민들의 플로팅 홈에 대한 인식도 낮은 편이다. 답사 시 한 유닛에 들어가 보았는데, 그 가족은 영구적인 주택으로보다는 여름 별장으로 사용하고 있다는 이야기를 들었다.

---

59) Lake Erie Floating Homes Homepage(http://www.lakeeriefloatinghomes.com/)

R_USA_09
Island Cove Floating Home Moorage

개요 Outline	건축가(Architects): – 위치(Location): Portland, OR, USA 면적(Project area): 60–140 sqm/house 연도(Project year): 2007

그림 506
Location 1 of
Island Cove Floating Home Moorage

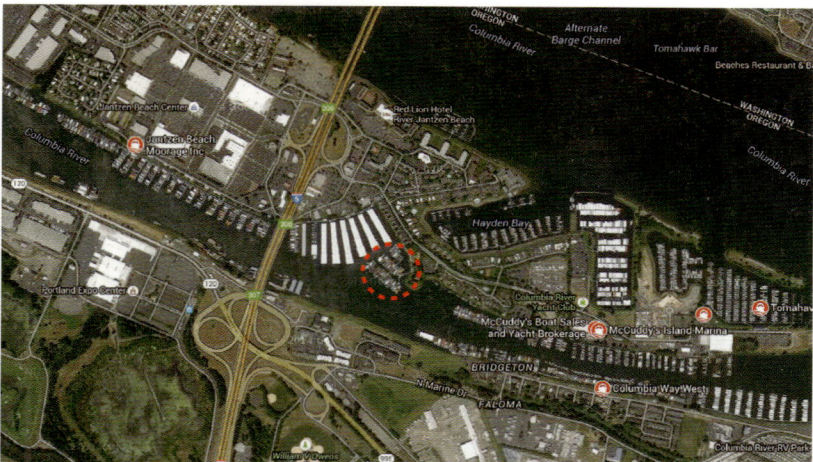

(Source: Google Map)

그림 507
Location 2 of
Island Cove Floating Home Moorage

(Source: Google Map)

USA Island Cove Floating Home Moorage

그림 508
Information 1 of
Island Cove Floating Home Moorage

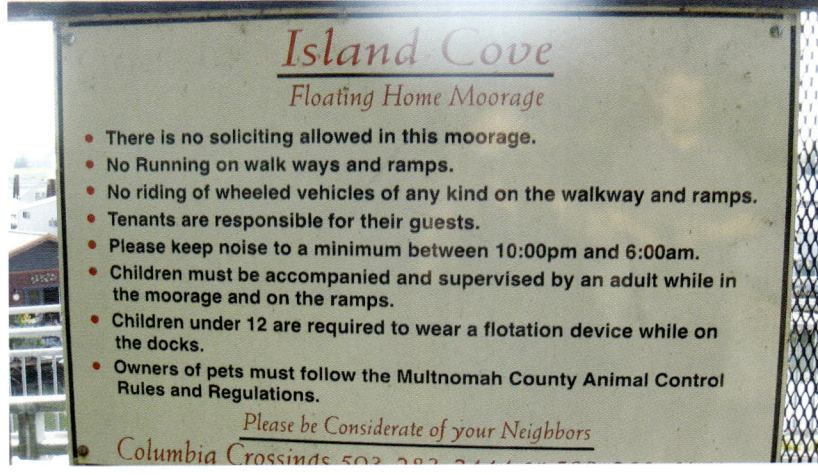

그림 509
Information 2 of
Island Cove Floating Home Moorage

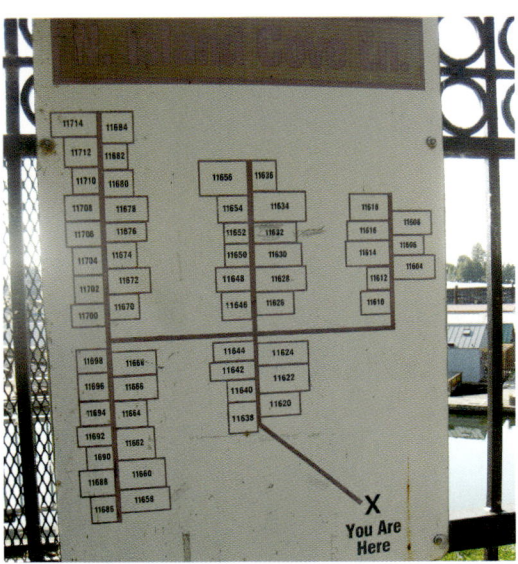

그림 510
Access Bridge of
Island Cove Floating Home Moorage

그림 511
Overview 1 of
Island Cove Floating Home Moorage

그림 512
Overview 2 of
Island Cove Floating Home Moorage

그림 513
Overview 3 of
Island Cove Floating Home Moorage

USA | Island Cove Floating Home Moorage

R_USA_09

그림 514
Walkway of
Island Cove Floating Home Moorage

그림 515
Floating Home Unit of
Island Cove Floating Home Moorage

설명(Description) 오리건 주에서 최초로 〈Clean Marina〉상을 수상한 플로팅 주택 주거단지로서 54호 규모이며, 각 세대마다 요트를 정박할 수 있는 데크를 갖고 있으며, 주거단지에 인접하여 대규모 요트 계류장이 있다.

폰툰은 대부분 목재이나 콘크리트도 보인다. 계류는 철재 돌핀인데 구조적으로 강점을 갖는 'ㅅ'자 형태이다. 주택의 배치는 3겹의 양면형으로 강 쪽으로 면한 외곽의 주택만이 좋은 조망을 가질 수 있다.

단지 입구의 육상에 주차장이 마련되어 있으며, 강변에 주민들이 즐길 수 있는 백사장이 있고, 도시공원(Lotus Isle City Park)이 인접하여 위치하고 있기 때문에 주변의 주거환경이 양호하다.

R_USA_10
Newport Seafood Grill

개요 Outline	건축가(Architects): - 위치(Location): Portland, OR, USA 면적(Project area): - sqm 연도(Project year): -

그림 516
Location 1 of
Newport Seafood Grill

(Source: Google Map)

그림 517
Location 2 of
Newport Seafood Grill

(Source: Google Map)

297

USA R_USA_10
Newport Seafood Grill

그림 518
Access Bridge of
Newport Seafood Grill

그림 519
Overview of
Newport Seafood Grill

그림 520
Newport Seafood Grill

그림 521
Walkway of
Newport Seafood Grill

그림 522
Outdoor Deck of
Newport Seafood Grill

USA Newport Seafood Grill
R_USA_10

그림 523
Outdoor Restaurant of
Newport Seafood Grill

그림 524
Interior of
Newport Seafood Grill

그림 525
Dolphin Mooring 1 of
Newport Seafood Grill

그림 526
Dolphin Mooring 2 of
Newport Seafood Grill

설명(Description)   Portland 도심에 있는 해산물 식당으로 근처에 있는 마리나 이용자와 도심 아파트의 거주자들이 애용하고 있다. 수평 창을 많이 설치하여 조망도 양호하고 검정색 톤으로 마무리한 실내 분위기도 좋은 편이다. 계류를 위한 일부 철재 돌핀이 지나치게 거대해 보이는 단점이 있는데, 진흙이 상당한 높이까지 묻어 있는 것을 보면 연중 강물의 수위 차가 크다는 것을 알 수 있다.

R_USA_11
Lake Union Floating Home

개요
Outline

건축가(Architects): Vandeventer + Carlander Architects
위치(Location): Lake Union, Seattle, WA, USA
면적(Project area): 254 sqm(Exterior 80 sqm)
연도(Project year): 2008

그림 527
Location 1 of
Lake Union Floating Home

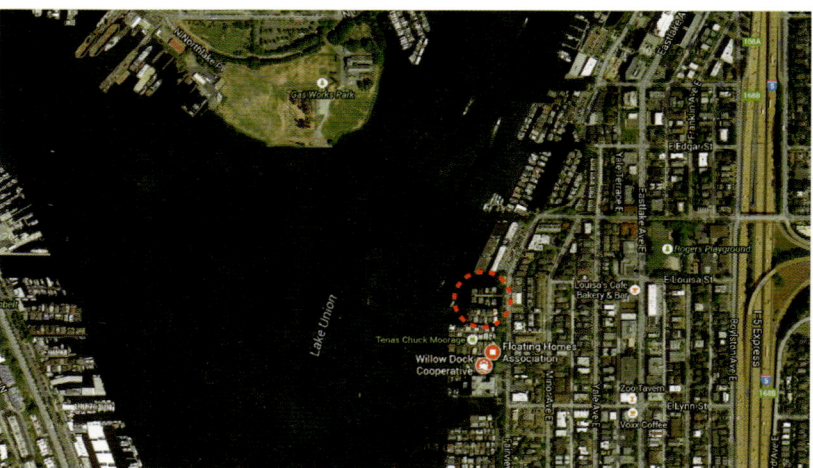

(Source: Google Map)

그림 528
Location 2 of
Lake Union Floating Home

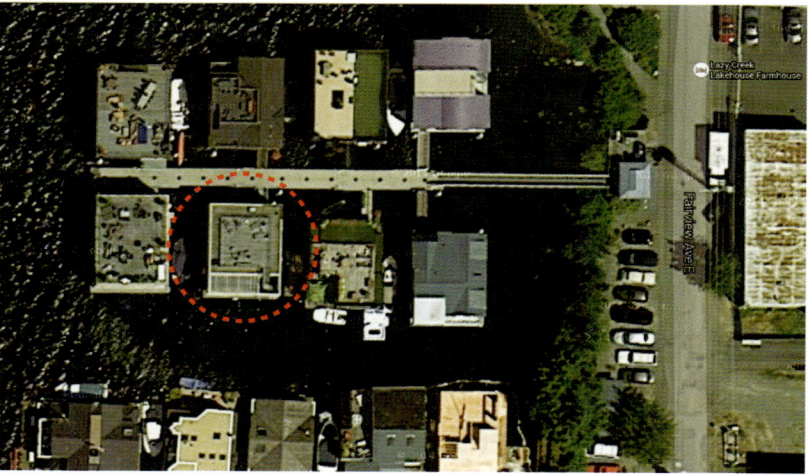

(Source: Google Map)

그림 529
Overview 1 of
Lake Union Floating Home

(Source: http://www.archdaily.com/58850/lake-union-floating-home-vandeventer-carlander-architects/)

그림 530
Overview 2 of
Lake Union Floating Home

(Source: http://www.archdaily.com/58850/lake-union-floating-home-vandeventer-carlander-architects/)

그림 531
Living Room 1 of
Lake Union Floating Home

(Source: http://www.archdaily.com/58850/lake-union-floating-home-vandeventer-carlander-architects/)

USA — R_USA_11
Lake Union Floating Home

그림 532
Living Room 2 of
Lake Union Floating Home

(Source: http://www.archdaily.com/58850/lake-union-floating-home-vandeventer-carlander-architects/)

그림 533
Dining Room of
Lake Union Floating Home

(Source: http://www.archdaily.com/58850/lake-union-floating-home-vandeventer-carlander-architects/)

그림 534
Bedroom of
Lake Union Floating Home

(Source: http://www.archdaily.com/58850/lake-union-floating-home-vandeventer-carlander-architects/)

그림 535
Terrace of
Lake Union Floating Home

(Source: http://www.archdaily.com/58850/lake-union-floating-home-vandeventer-carlander-architects/)

그림 536
Exploded Axonometry of
Lake Union Floating Home

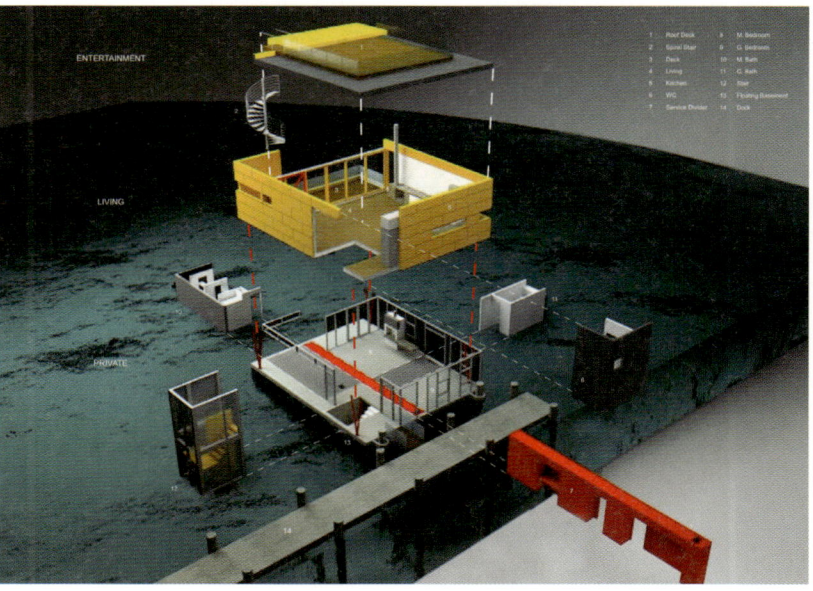

(Source: http://www.archdaily.com/58850/lake-union-floating-home-vandeventer-carlander-architects/)

USA — R_USA_11
Lake Union Floating Home

그림 537
Site Plan of
Lake Union Floating Home

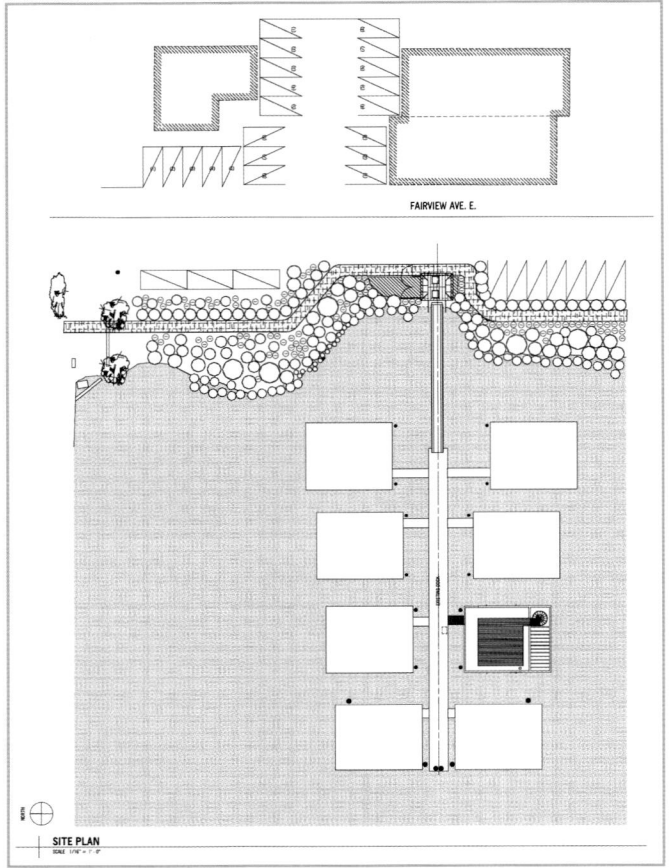

(Source: http://www.archdaily.com/58850/lake-union-floating-home-vandeventer-carlander-architects/)

그림 538
Basement Floor Plan of
Lake Union Floating Home

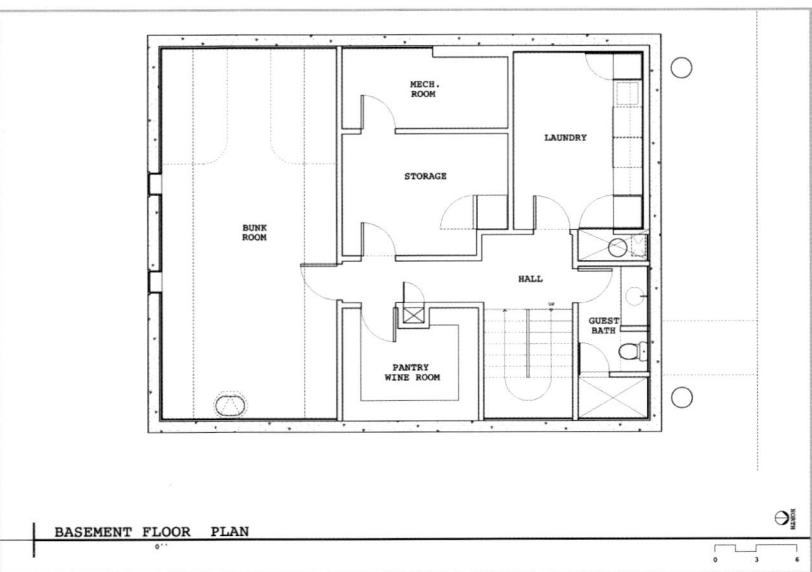

(Source: http://www.archdaily.com/58850/lake-union-floating-home-vandeventer-carlander-architects/)

그림 539
1st Floor Plan of
Lake Union Floating Home

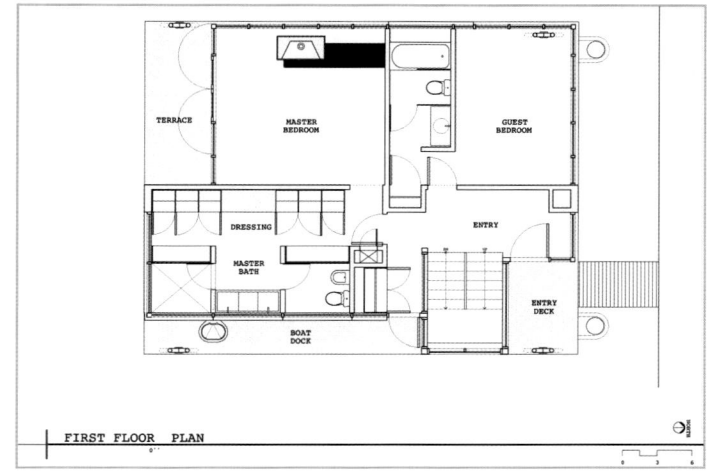

(Source: http://www.archdaily.com/58850/lake-union-floating-home-vandeventer-carlander-architects/)

그림 540
2nd Floor Plan of
Lake Union Floating Home

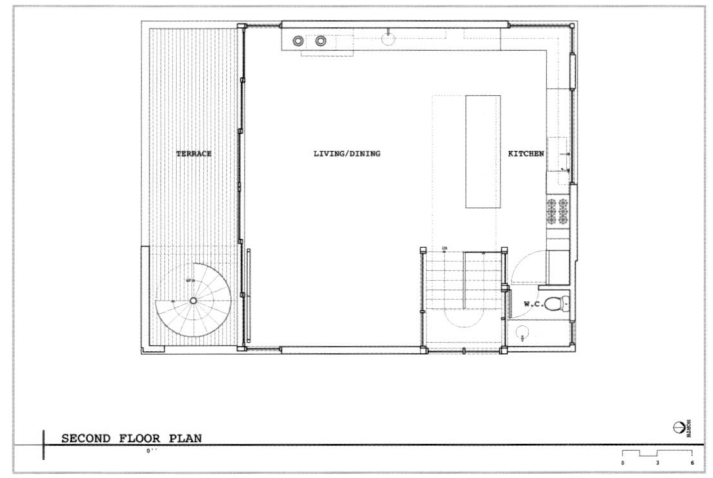

(Source: http://www.archdaily.com/58850/lake-union-floating-home-vandeventer-carlander-architects/)

그림 541
Roof Plan of
Lake Union Floating Home

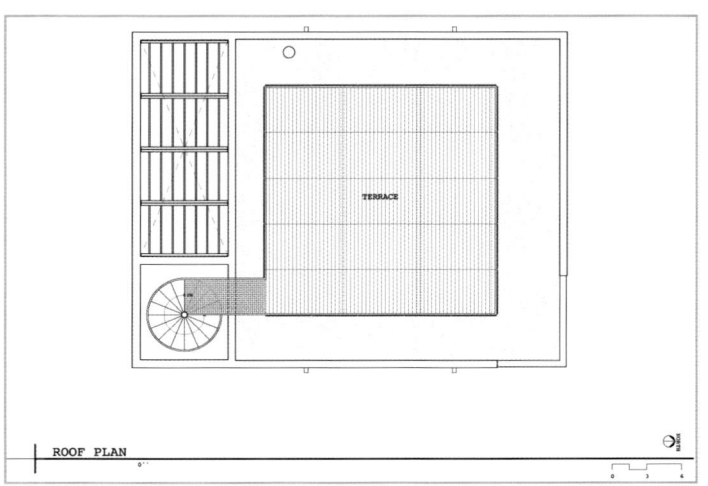

(Source: http://www.archdaily.com/58850/lake-union-floating-home-vandeventer-carlander-architects/)

USA — Lake Union Floating Home

설명(Description)[60]

시애틀에서 플로팅 홈은 길고도 유명한 역사가 지속되고 있는데, 이 새로운 플로팅 홈은 도시의 중심부인 유니온 호수에 위치하고 있다. 남쪽(시애틀 도심부)으로부터 서쪽을 거쳐서 북쪽(Gas Works Park)까지 열려진 전망을 갖고 있기 때문에, 이 주택은 위치의 장점을 제대로 살리고 있다. 건축주는 안락한 생활과 고상한 오락을 즐길 수 있는 공간이 제공되는 현대적인 주택을 요구했다. 최종 디자인은 따분한 박스를 건축적으로 통합하는 변환 과정을 통하여 집에 이러한 요구에 맞는 성능을 갖추도록 노력했다.

한정된 허용 공간 내에서 내부 생활과 외부 오락공간을 극대화하고자 하는 건축주의 요구를 반영하여, 평면은 진입층에 사적인 공간, 상부층에 공용공간을 배치함으로써 전형적인 주거모델을 따랐다. 이러한 전략은 옥상 데크로 연결되는 원형 계단으로 직접 출입이 가능하게 상부 레벨에 하나의 큰 공간으로 오락공간을 통합하게 되었다. 이 디자인은 사용에 있어서 융통성을 주고 전망을 최대한 가능하게 하고 거실 공간에 빛을 제공한다.

주택의 매스를 처리하는 것은 조각 연습과 같다. 건축주의 공간적 요구에 맞추면서 시각적으로 흥미롭고 일관성이 있는 외피를 개발하는 것은 도전이었다. 다양한 데크가 볼륨 속으로 후퇴해 있고 재료와 표면의 변화는 다양한 내부공간의 용도를 말해주는 악센트가 된다. 투명한 계단실은 2개 층을 함께 맞춰주고 중심적인 시각적 요소가 된다. 상부 레벨의 큰 슬라이딩 문은 내부를 외부로 개방함으로써 거주공간과 주변 호수의 연결성을 증대시킨다. 침실에서는, 유리 문과 창문의 배치는 조망을 극대화하고, 인근 플로팅 홈 주거단지와 시각적 연계를 강조하고, 자연채광을 제공하도록 섬세하게 고려되었다.

---

60) Lake Union Floating Home / Vandeventer + Carlander Architects, 2010.5.8, ArchDaily(http://www.archdaily.com/?p=58850)

외부 재료는 미적인 품질과 저비용 유지관리를 고려하여 선정되었다. 진입 레벨 욕실에 붙인 알루미늄 패널은 같은 층 전면 창문을 보정해준다. 상부 레벨은 섬유 시멘트 패널과 비막이 스크린 붙임이 특징이다. 이 통합적인 패널 색깔은 밝은 톤의 알래스카 측백나무 창문을 보완해준다. 외부 면의 구성은 내부 공간 용도를 직접적으로 반영한다.

내부 재료는 건축주의 가구와 색깔 천정을 보완하기 위하여 주의 깊게 선정되었다. 진입 레벨 집기의 마호가니와 상부 레벨 집기의 줄무늬 목재 같은 나무의 선택은 건축주의 풍부하고 절충적인 가구 현황에 근거했다. 밝은 색상의 대나무 바닥과 알래스카 측백나무 벽 패널 및 우물 천정은 강한 가구 요소를 돋보이게 한다.

환경적인 관심을 반영하여, 창문의 위치나 방식은 풍부한 자연채광과 함께 패시브 냉난방을 증진시킨다. 차광 스크린과 처마는 여름철에 효율적인 그늘을 제공한다. 효율적인 온수 바닥 난방은 효율적인 에너지 히트펌프 시스템을 활용하고 신선한 공기 환기시스템은 에너지 절감 열교환기를 사용한다.

R_USA_12
The Float House

개요 Outline	건축가(Architects): Morphosis Architects 위치(Location): 1638 Tennessee St, New Orleans, LA, USA 면적(Project area): 88 sqm 연도(Project year): 2009

그림 542
Location 1 of the Float House

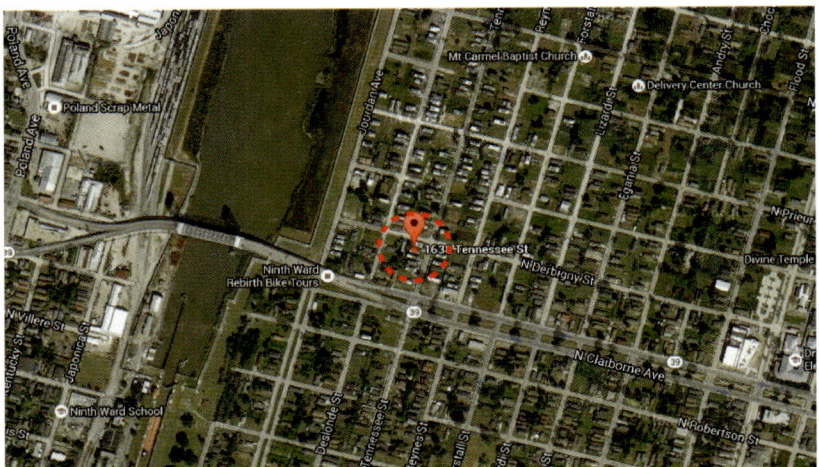

(Source: Google Map)

그림 543
Location 2 of the Float House

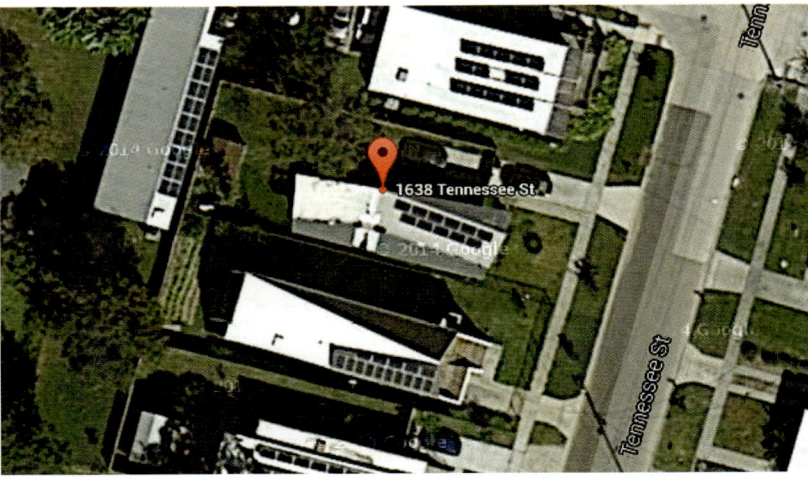

(Source: Google Map)

그림 544
The Float House

(Source: http://www.archdaily.com/259629/make-it-right-house-morphosis-architects/)

그림 545
Overview of
The Float House

(Source: http://www.archdaily.com/259629/make-it-right-house-morphosis-architects/)

그림 546
Side View of
The Float House

(Source: http://www.archdaily.com/259629/make-it-right-house-morphosis-architects/)

USA — The Float House

R_USA_12

그림 547
Interior 1 of The Float House

(Source: http://www.archdaily.com/259629/make-it-right-house-morphosis-architects/)

그림 548
Interior 2 of The Float House

(Source: http://www.archdaily.com/259629/make-it-right-house-morphosis-architects/)

그림 549
Interior 3 of The Float House

(Source: http://www.archdaily.com/259629/make-it-right-house-morphosis-architects/)

그림 550
Complete Assembly of
The Float House

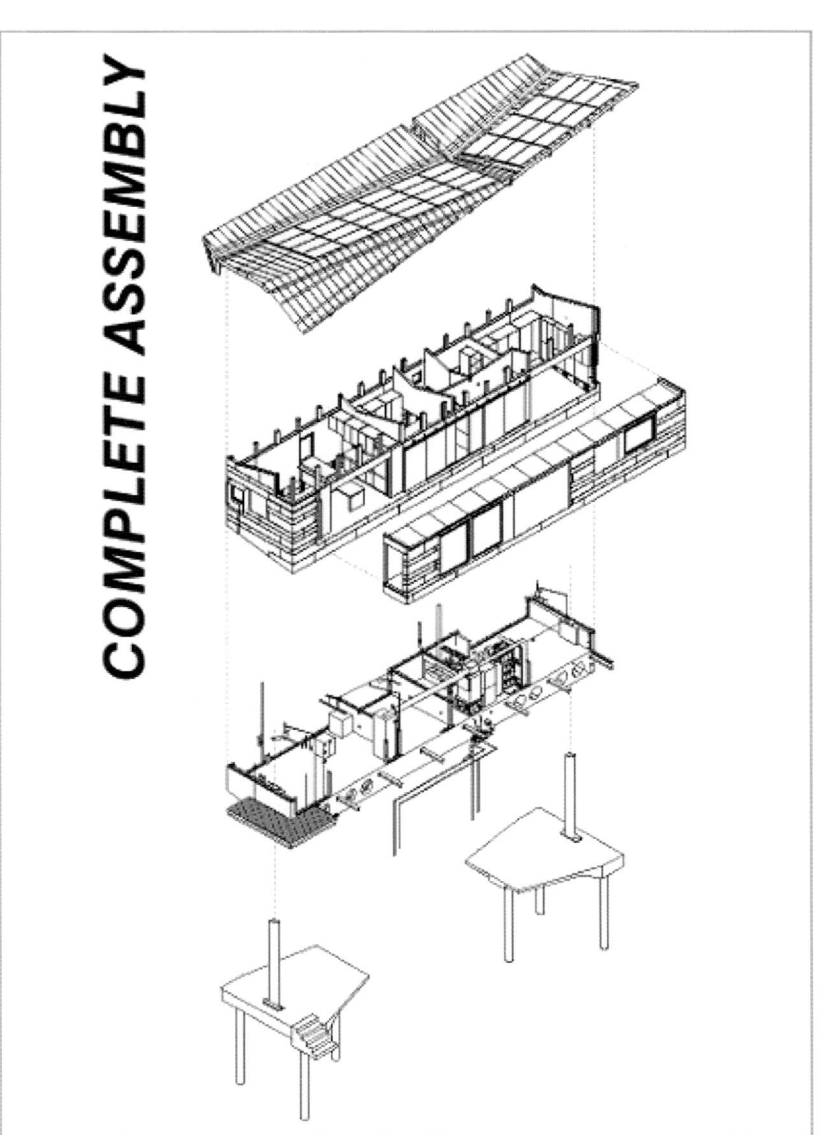

(Source: http://www.archdaily.com/259629/make-it-right-house-morphosis-architects/)

그림 551
Floor Plan of
The Float House

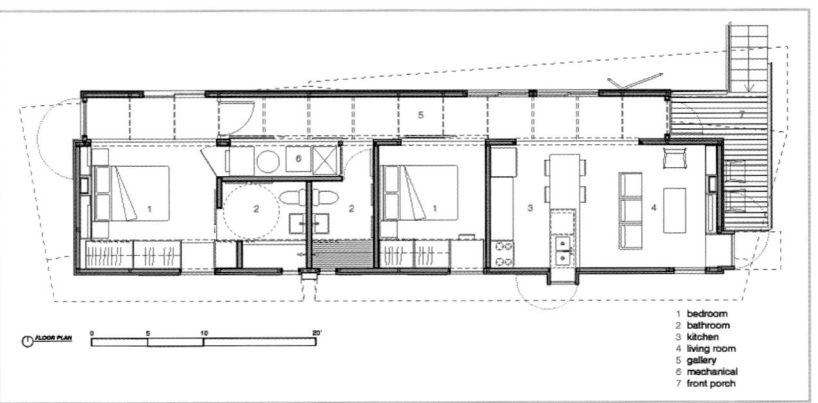

(Source: http://archinect.com/sajimatuk/project/float-house)

USA The Float House
R_USA_12

설명(Description)[61]

The Float House는 새로운 유형의 집이다. 필요한 물과 전기를 지속적으로 공급할 수 있는 집, 허리케인 Katrina 같은 규모의 폭풍우로 인한 홍수에도 살아남을 수 있는 집, 어쩌면 제일 중요할 수도 있는데, 저소득층 주거로서 기능하기에 충분할 정도로 저렴하게 건립될 수 있는 집이다.

저렴하게 제공

지역의 문화와 기후에 적합하게 대응하며 대량생산 가능한 저렴한 주택으로의 새로운 접근이라 할 수 있다.

The Float House는 New Orleans의 독특한 문화와 지역적 맥락을 반영하면서, 대량생산의 효율성을 최적화시킨다. The Ninth Ward의 컬러풀한 토속적인 주택은, 지역 주민들이 오랫동안 전통적으로 변화시켜서 개인화한 것으로, 지역사회의 활기찬 문화를 반영한다. 이 주택은 New Orleans와 Lower Ninth Ward 지역에 널리 퍼져 있는 샷건하우스(shotgun house, 방의 앞뒤가 죽 붙어 있는 집)의 토착화된 유형으로부터 발전되었다. 샷건하우스와 마찬가지로, 이 주택은 높여진 바닥에 앉아 있다. 이러한 혁신적인 바닥 즉 '몸체(chassis)'는 모든 기계, 전기, 위생 및 지속가능 시스템을 통합하고 있으며, 홍수 시에는 안전하게 떠오른다. 몇몇 차체 타입을 지원하기 위해서 고안된 GM의 스케이트보드 새시에서 영감을 받아서, 이 주택의 새시도 다양한 맞춤형 주택 형상을 지원할 수 있도록 디자인되었다.

New Orleans의 Lower Ninth Ward에 거주하는 가족들의 요구에 맞도록 개발되었기 때문에, the Float House는 조립식이며 저렴한 주택의 유형이고, 세계적으로 홍수 지역의 요구에 대응할 수 있다. 이 주택은 조립식 부품을 현장에서 조립할 수 있다.

---

[61] The FLOAT House - Make it Right / Morphosis Architects, 2012.8.2, ArchDaily(http://www.archdaily.com/?p=259629)

모듈화된 새시는 발포 폴리스티렌 폼(expanded polystyrene foam)을 유리섬유 보강 콘크리트로 둘러싼 하나의 유닛으로서 조립식 부품인데, 모든 벽 앵커, 전기, 기계 및 위생 배관 시스템이 미리 설치된다. 새시 모듈은 전체적으로 공장에서 현장으로 표준적인 평판 트레일러로 운반된다.

주택을 땅에 정착할 말뚝과 새시가 자리 잡을 콘크리트 패드는 현장에서 시공되는데, 지역의 노동자와 전통적인 공법을 이용한다.

패널화된 벽체, 창문, 실내마감, 지붕 판 등은 기성품으로서 각종 기구의 설치와 더불어 현장에서 조립된다. 이러한 효율적인 방식은 현대적인 대량생산과 전통적인 현장 시공을 통합하여 가격을 낮추고, 품질을 보장하며, 쓰레기를 줄인다.

뜨게 함

수위 상승에 따라서 주택이 안전하게 떠 홍수에 안전하다.

국제적인 기후변화는 점차 심각한 홍수와 자연재해를 가속화하고 있다. 세계적으로 약 2억 명의 인구가 고위험 해안 홍수 지역에 살고 있는데, 미국에서만 3,600만 명 이상이 홍수의 위협에 직면해 있다. The Float House 유형이 이러한 불확실한 현실에 대응하는 지속가능한 삶의 방식을 제안하고 있다.

홍수로부터 보호하기 위하여, 이 주택은 가이드포스트 위로 수직적으로 떠오를 수 있는데, 수위 상승에 따라서 3.6m까지 안전하게 떠오를 수 있다. 홍수 시에는, 주택의 새시는 철재 기둥에 의해서 방향을 잡으면서 뗏목처럼 작동한다. 철재 기둥은 6개의 13.5m 깊이 파일로 연결된 2개의 콘크리트 파일 캡을 통하여 지반에 정착되어 있다.

토속적인 New Orleans 샷건하우스와 마찬가지로, 이 주택은 1.2m 바닥 위에 앉아 있다. 3m 또는 그 이상 높이의 지주 위에 집을 영구적으로 띄워놓지 않고, 이 주택은 심각한 홍수가 있을 때만 떠오른다. 이러한 형태는 지역사회의 활발한 포치 문화를 보전하고 노인이나 장애 주민을 위한 접근성을 제공하는 전통적인 전면 포치를 가능하게 한다.

USA The Float House
R_USA_12

기존의 주택은 허리케인 동안 집에 남아 있는 사람을 위한 디자인이 없는 반면, 이 주택은 재앙에서 피해를 최소화하며 거주자의 재산상 투자를 보존하기 위한 목적이 있다. 이러한 접근은 허리케인이나 홍수가 끝난 후 거주자가 조기에 복귀할 수 있게 해준다.

친환경적 실행

자신의 물과 전기 수요를 생산하고 지속하는 고성능 주택이다.

LEED Platinum 등급을 추진하는 과정에서, 이 주택은 저렴하고, 연간 순-제로 에너지 소비 주택의 혁신적인 모델이다. 고성능 시스템으로 인하여 이 주택은 전기, 공기 및 물 수요를 해결하고 자원 소비를 최소화한다.

태양광 발전 지붕의 태양광 패널은 주택의 전체 전기를 생산하여, 결과적으로 연간 순-제로 에너지 소비를 달성한다. 새시는 전기 시스템을 통합하여 태양광 전기를 저장하고 변환하여 매일 사용하며, 봄과 가을의 비수기에는 전기 그리드로 돌려보낸다.

우수 수집 경사진 오목한 지붕은 우수를 모으고, 새시에 있는 수조로 보낸다. 여기에서 일상생활을 위하여 물은 걸러지고 저장된다.

효율적인 시스템 저수량 위생기구, 저에너지 가전제품, 고성능 창문, 고단열 SIP(Structural Insulated Panel) 벽체 및 지붕 등을 포함하고, 물과 전기 소비를 최소화하고 집주인에게 생애 비용을 낮춘다.

고 등급 에너지 효율 주방, 가구와 기구는 내구력을 극대화하고 교체 수요를 감소시킨다.

지열을 이용한 냉난방 지열 기계시스템은 히트펌프를 통해서 공기를 데우거나 차게 한다. 즉 자연적으로 공기를 조정하여 무더운 여름 동안의 냉방 부하나 겨울의 난방 부하를 최소화한다.

R_USA_13
Cottonwood Cove Marina

|개요 Outline | 건축가(Architects): Carlson Studio Architecture
위치(Location): Lake Mohave, just outside Searchlight, NV, USA
면적(Project area): 180 sqm
연도(Project year): 2011 |

그림 552
Location 1 of
Cottonwood Cove Marina

(Source: Google Map)

그림 553
Location 2 of
Cottonwood Cove Marina

(Source: Google Map)

317

USA — R_USA_13
Cottonwood Cove Marina

그림 554
Overview of Cottonwood Cove Marina

(Source: http://inhabitat.com/cottonwood-cove-marina-set-to-be-worlds-first-leed-certified-floating-building/)

그림 555
Cottonwood Cove Marina 1

(Source: http://www.mspaceholdings.com/project/cottonwood-cove-marina)

그림 556
Cottonwood Cove Marina 2

(Source: http://inhabitat.com/cottonwood-cove-marina-set-to-be-worlds-first-leed-certified-floating-building/)

그림 557
Facade of
Cottonwood Cove Marina

(Source: http://inhabitat.com/cottonwood-cove-marina-set-to-be-worlds-first-leed-certified-floating-building/)

그림 558
Pontoon of
Cottonwood Cove Marina

(Source: http://inhabitat.com/cottonwood-cove-marina-set-to-be-worlds-first-leed-certified-floating-building/)

그림 559
Floor Plan of
Cottonwood Cove Marina

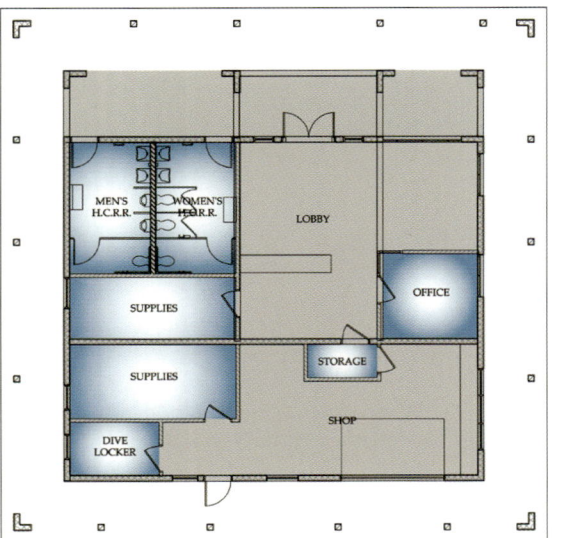

(Source: http://www.mspaceholdings.com/project/cottonwood-cove-marina)

Cottonwood Cove Forever Resorts Floating Marina - 2009 sq. ft.

USA R_USA_13
Cottonwood Cove Marina

설명(Description)[62]

Lake Mohave 수상에 떠 있는 Cottonwood Cove Marina는 사막의 오아시스 같은데, 세계 최초 LEED인증 플로팅 건물이다. 이 생태 친화 마리나는 호수에 보트를 타고자 하는 사람들에게 보트를 정박하고 휴식할 공간을 제공한다. 경량구조, 모듈러 공법, 생태 친화 재료, 주광, 에너지 효율 디자인 등은 LEED Gold 인증을 받으려는 마리나가 추구하는 그린 빌딩 전략이다.

호수의 남북 지역 사이에 떠 있는 새로운 마리나는 SIP 모듈러 벽 및 지붕 시스템으로 건설되었다. 이 시스템은 자중을 줄여서 함체가 커지는 것을 방지하며 건물 에너지 효율을 높인다. 데크는 벼 껍질과 재활용된 플라스틱의 합성품으로 제작되었고 외부 스터코는 재활용된 타이어 가루가 포함되어 있다. 건물은 low- 또는 no-VOC 생산품과 함께 재활용되고 지역에서 만들어진 부분이 많다.

사막 기후는 햇볕을 차단하고 실내를 시원하게 유지하기 위해서는 기밀하고 단열이 잘 된 건물을 요구한다. 충진 철판 'cool' 지붕은 태양에너지를 반사시킴으로써 열 획득을 감소시키나, 태양에너지를 흡수하여 건물에서 사용하는 태양열 시스템이 설치되었다. 개폐 가능한 창문은 연중 시원한 기간 자연환기를 시킬 수 있고 고성능 유리와 주광은 에너지 사용을 감소시킨다.

---

[62] Bridgette Meinhold(2011), Cottonwood Cove Marina Set to be World's First LEED-Certified Floating Building, inhibitat(http://inhabitat.com/cottonwood-cove-marina-set-to-be-worlds-first-leed-certified-floating-building/)

R_USA_14
Villiot Float Home

개요 Outline	건축가(Architects): Designs Northwest Architects 위치(Location): Lake Union, Seattle, WA, USA 면적(Project area): 108 sqm 연도(Project year): 2011

그림 560
Location 1 of
Villiot Float Home

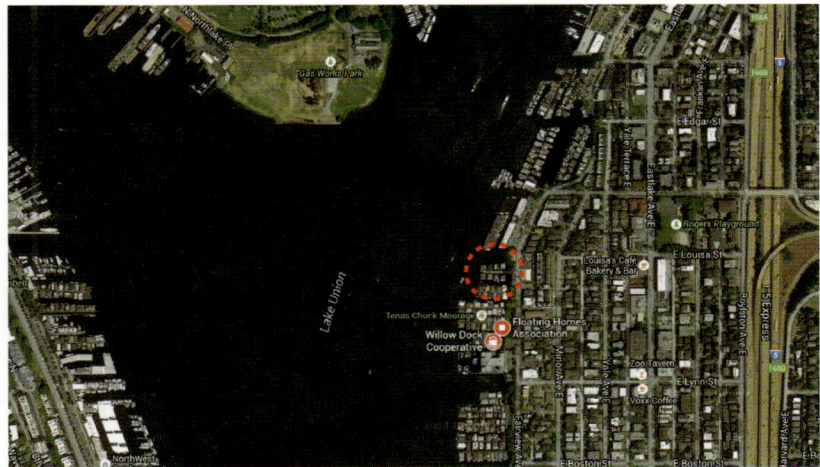

(Source: Google Map)

그림 561
Location 2 of
Villiot Float Home

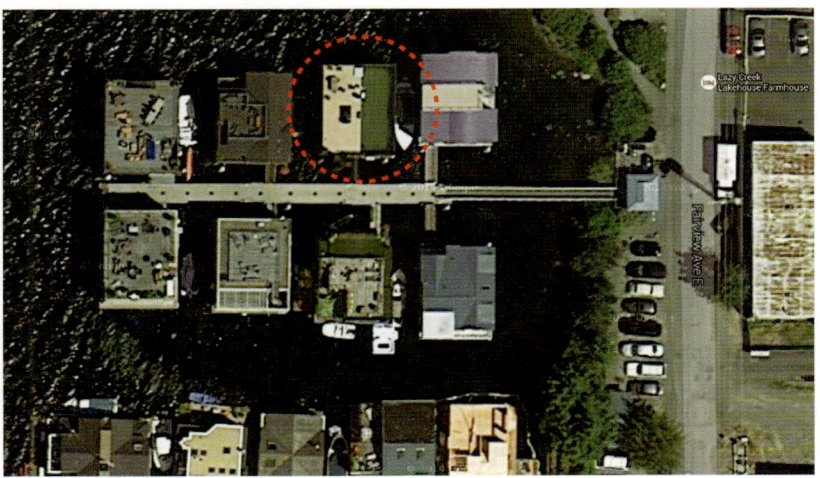

(Source: Google Map)

321

USA — Villiot Float Home
R_USA_14

그림 562
Villiot Float Home 1

(Source: http://www.homedsgn.com/2011/11/18/lake-union-float-home-by-designs-northwest-architects/)

그림 563
Villiot Float Home 2

그림 564
Living Room of
Villiot Float Home

그림 565
Dining Room of Villiot Float Home

(Source: http://www.homedsgn.com/2011/11/18/lake-union-float-home-by-designs-northwest-architects/)

그림 566
Stair of Villiot Float Home

(Source: http://www.homedsgn.com/2011/11/18/lake-union-float-home-by-designs-northwest-architects/)

그림 567
Upper Floor of Villiot Float Home

USA
R_USA_14
Villiot Float Home

그림 568
Bedroom of
Villiot Float Home

(Source: http://www.homedsgn.com/2011/11/18/lake-union-float-home-by-designs-northwest-architects/)

그림 569
Bath Room 1 of
Villiot Float Home

(Source: http://www.homedsgn.com/2011/11/18/lake-union-float-home-by-designs-northwest-architects/)

그림 570
Bath Room 2 of
Villiot Float Home

(Source: http://www.homedsgn.com/2011/11/18/lake-union-float-home-by-designs-northwest-architects/)

그림 571
Roof of
Villiot Float Home

(Source: http://www.homedsgn.com/2011/11/18/lake-union-float-home-by-designs-northwest-architects/)

그림 572
Site Plan of
Villiot Float Home

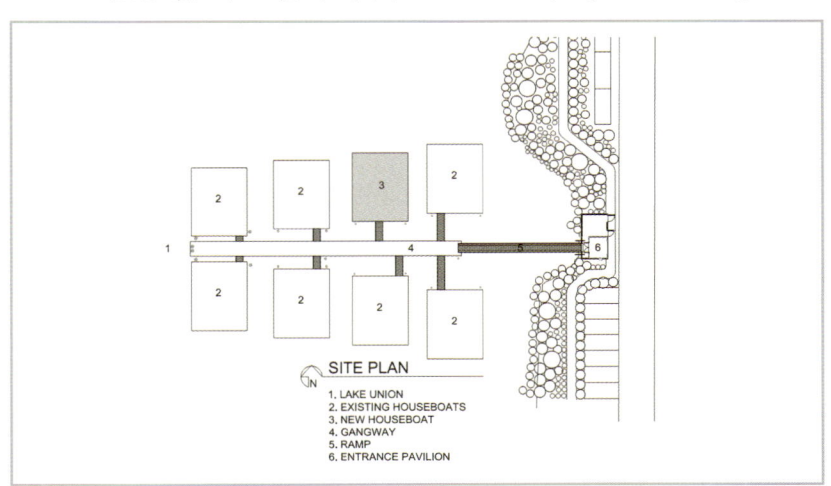

(Source: http://www.homedsgn.com/2011/11/18/lake-union-float-home-by-designs-northwest-architects/)

그림 573
Floor Plans of
Villiot Float Home

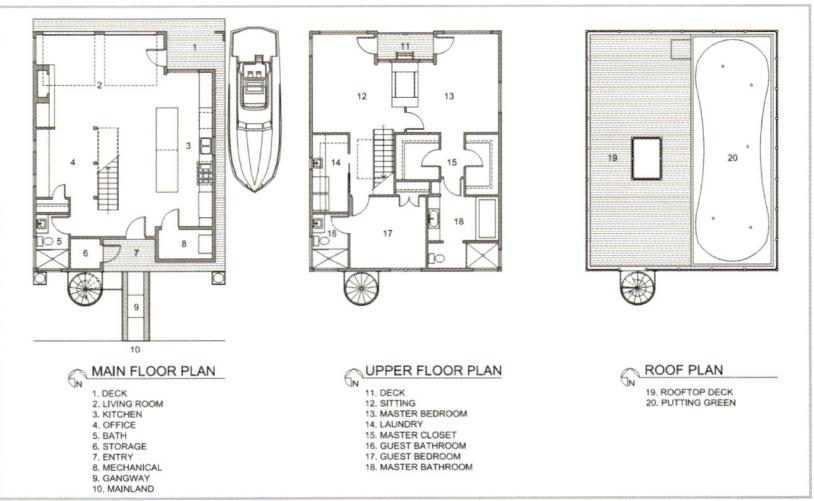

(Source: http://www.homedsgn.com/2011/11/18/lake-union-float-home-by-designs-northwest-architects/)

USA Villiot Float Home

R_USA_14

그림 574
Section of
Villiot Float Home

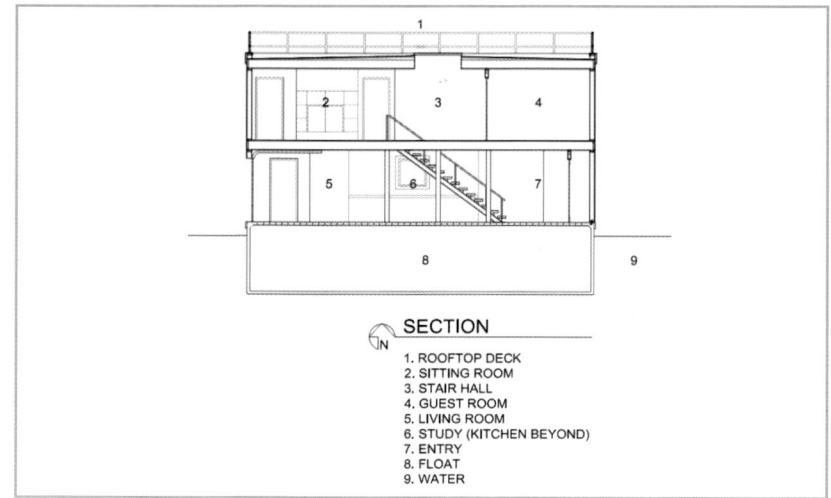

(Source: http://www.homedsgn.com/2011/11/18/lake-union-float-home-by-designs-northwest-architects/)

설명(Description)[63]

지역에서 예술품을 수집하고 물 위에서 살기를 즐기는 은퇴한 부부를 위하여 설계된, 이 108㎡ 2 Bedroom 플로팅 주택은 유니온 호수(Lake Union)에 위치하고 있다. 건축가에 따르면, "개념은 수변공간을 따라서 보이는 부두 건물에 어울리도록 구조를 디자인하였다. 옥상 데크는 시애틀 다운타운이 보이는 좋은 전망과 퍼팅 그린을 갖고 있다."고 한다.

부유체는 캐나다 밴쿠버에서 제작되었고, 모든 구조적 연결은 미리 설치되어야 했다. 부유체는 Gasworks Park 근처의 배 수리소로 이동되었고 주택은 거기에서 건조되었다. 조립이 완성되자, 예인선으로 유니온 호수를 가로질러서 운반하여 영구적인 위치에 계류하였다.

플로팅 주택은 유니온 호수에 위치하며 그 커뮤니티의 빈 장소(slip)에 마지막으로 설치되었다. 시애틀 하우스보트 및 플로팅 홈 커뮤니티는 독특하다. 주민들은 접근로를 공유하고 서로 가깝게 지내며 산다. 상호간 경쟁은 없으나, 지역사회의 다양성은 있다. 지역사회가 한 번도 개발된 적이 없다는 사실로부터 근거하는데, 몇 가지는 이러한 집을 좋아하는 다양한 스타일에 근거할 수 있다.

위치를 정하는 것은 장소의 역사성을 갖는 집을 짓는 것이다. 기존 주택들은 변수를 거의 설정하지 않고, 무한정 자유를 주며, 그러나 혼

---

63) Lake Union Float Home by Designs Northwest Architects, 2011.11.18, HomeDSGN(http://www.homedsgn.com/2011/11/18/lake-union-float-home-by-designs-northwest-architects/)

합되어야 하며 학대받지 않아야 하는 자유. 모든 플로팅 홈과 마찬가지로, 공간적 제한이 창의적인 해결책의 기회를 제공한다.

　건축주의 원래 의도는 틀림없이 독창적이어야 하지만, 가장 유명한 수공예 스타일을 흉내 냄으로써 주변 이웃들과 맞추는 것이었다. 수문을 산책한 후, 수공예 스타일이 부두에 설치되는 것으로 결정되었다. 과거를 자연스럽게 참조하는 것은 오랫동안 외형 변화가 거의 없는 도크를 꾸미는 마리나 창고를 모방하는 것이다. 이러한 큰 박스 같은 구조물은 시애틀의 수변을 지배했고 시애틀의 실용주의적 뿌리를 반영한다.

　'항구 미학'은 외부 디테일을 산업적 목적으로 끌고 갔고, 건축주와 시공자는 그의 집을 공사 끝까지 "플로팅 통조립 공장"이라고 불렀다. 외부의 케이지는 옥상으로 올라가는 회전계단을 포함하여 창고 같은 접근을 강화했다. 수직 띠는 항구의 바지선 위에 있는 박스를 생각나게 한다. 반면 Trespa 패널은 파사드에 따스함을 준다.

　이 집의 직설적인 생각은 단순한 레이아웃이다. 1층은 외벽에만 막힌 구조물이 있고 내부는 개방적이다. 1층과 2층을 연결하는 계단은 하나의 넓은 플랜지로 중앙에서 지지되기 때문에 시선은 방해받지 않는다. 모든 층은 상부에 창이 있는 문을 통해서 외부로 연결된다.

　2층은 개인적인 공간으로, 작은 창문 사용을 통하여 인근 주택으로부터 프라이버시를 보호하고, 물 쪽으로는 크고 넓은 조망을 갖는다. 집의 규모가 크기 때문에 세탁실과 손님방 같은 추가적인 공간이 가능하다. 지붕 데크는 1층의 회전계단과 2층 데크로부터 배 사다리를 이용하여 출입이 가능하다. 이 공간은 멋진 외부공간으로서 도시를 향한 아름다운 조망을 갖는다.

　외부 형태로 만들어진 단순한 형태는 현대적 생활 스타일과 잘 조화되었다. 주된 바닥은 바닥 복사 난방이 설치된 광낸 콘크리트로 마감되었다. 주된 바닥 위 마감 재료는 도시라는 위치를 고려하여 선택되었다. 광택이 나는 금속은 구조체와 계단에 사용되었고, 전나무 데크와 함께 집성목이 바닥에 사용되었다. 산업적 창고와 도시 다락의 혼합으로 인하여 부유하다는 특별한 느낌을 준다.

플로팅 건축, 새로운 건축 패러다임
Floating Architecture as a New Building Paradigm

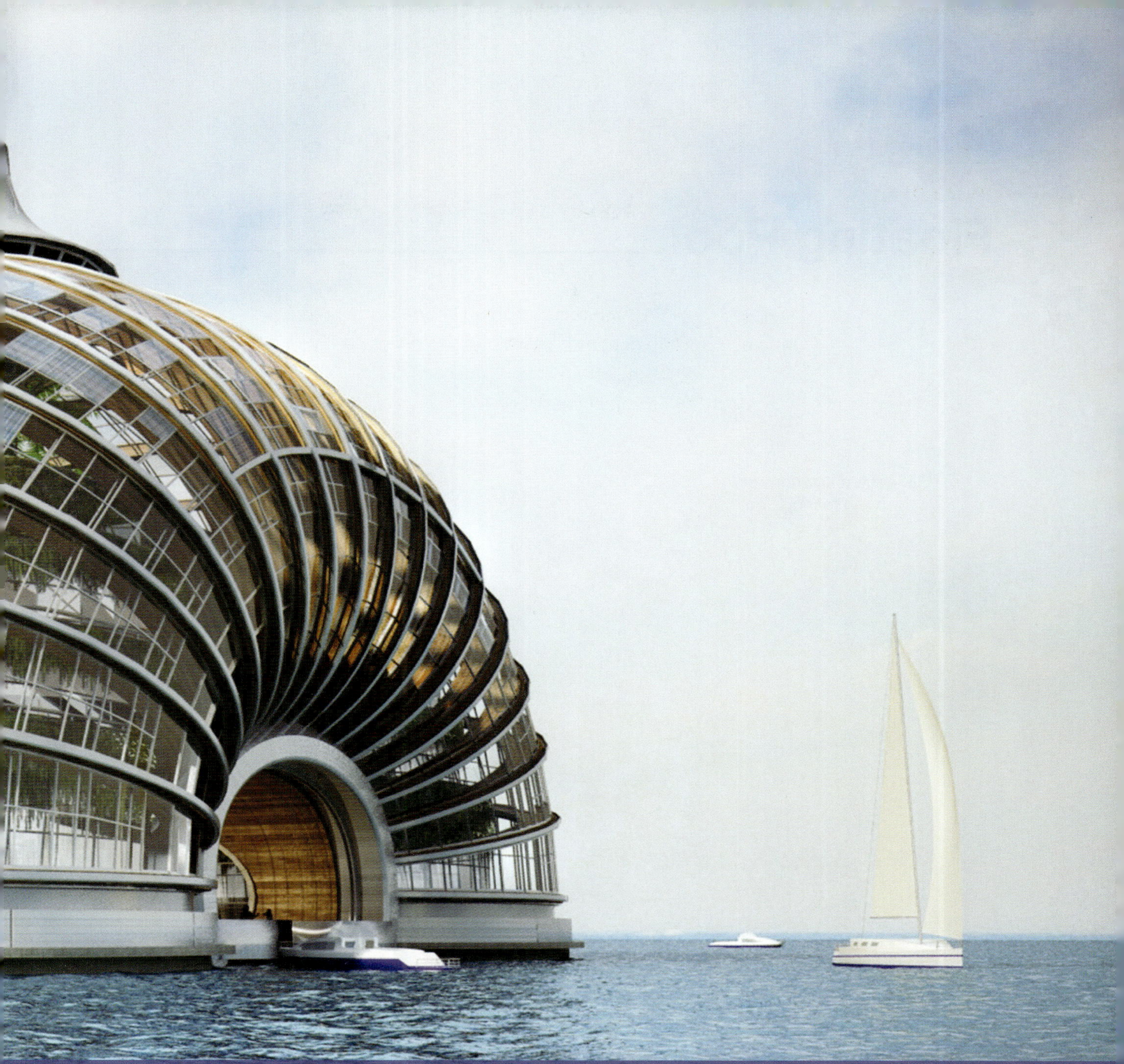

Chapter 03

플로팅 건축 계획안 사례

Planned Floating Architectures

Czech

P_CZE_01
Floating Pool

개요 / Outline

- 건축가(Architects): Andrea Kubná
- 위치(Location): Vltava river, Prague, Czech
- 면적(Project area): 810 sqm
- 연도(Project year): 2012

그림 575
Expected locations of Floating Pool

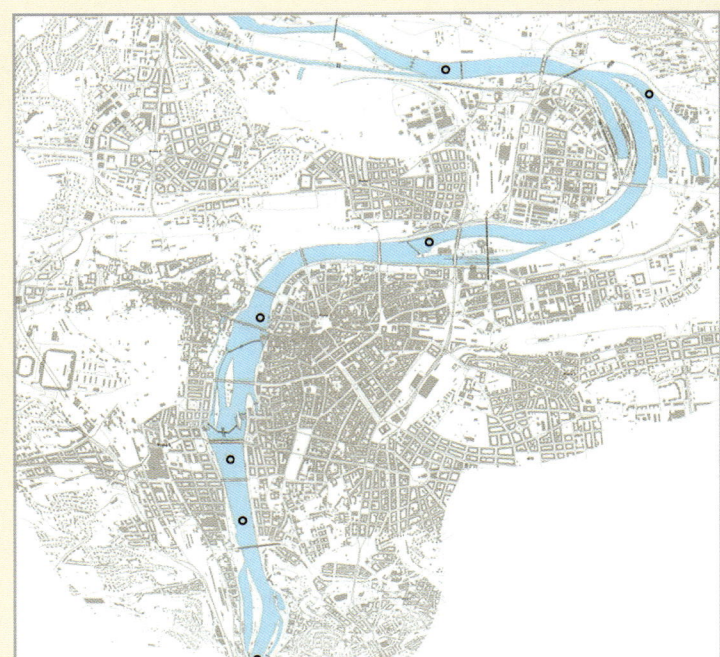

(Source: http://www.andreajaskova.cz/en/1/projects/29/)

그림 576
Floating Pool

(Source: http://inhabitat.com/floating-pool-could-clean-the-water-in-pragues-vltava-river/)

그림 577
Floating Pool in Summer

(Source: http://inhabitat.com/floating-pool-could-clean-the-water-in-pragues-vltava-river/)

그림 578
Floating Pool in Winter

(Source: http://inhabitat.com/floating-pool-could-clean-the-water-in-pragues-vltava-river/)

그림 579
Concert in Floating Pool

(Source: http://www.andreajaskova.cz/en/1/projects/29/)

Czech P_CZE_01
Floating Pool

그림 580
Shopping in Floating Pool

(Source: http://www.andreajaskova.cz/en/1/projects/29/)

그림 581
Floor Plan of Floating Pool

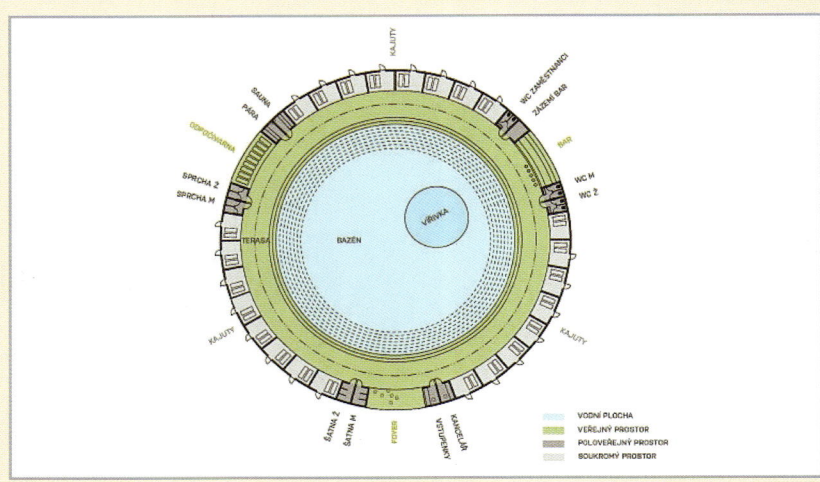

(Source: http://inhabitat.com/floating-pool-could-clean-the-water-in-pragues-vltava-river/)

그림 582
Section and Elevation of Floating Pool

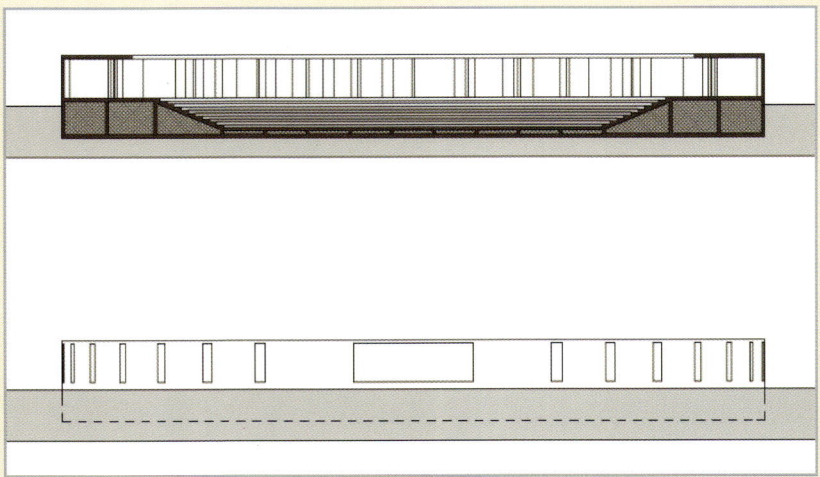

(Source: http://inhabitat.com/floating-pool-could-clean-the-water-in-pragues-vltava-river/)

설명(Description)[64]

이 플로팅 둥근 풀 프로젝트는 오염된 강을 정화하고 주민들에게 레크리에이션 시설을 제공하고자 하는 아이디어에서 나왔다. 역사적인 Vltava강은 산업화 이전에는 대중적인 수영장과 스케이트장이었다. 원형의 풀 구조물은 오염된 강물을 정화하는 대형 플로팅 여과기 같은 역할을 하기 때문에, 주민들은 종전과 같이 수영과 스케이트를 즐길 수 있다.

건축가는 직물 막의 정화시설을 갖는 몇 개의 플로팅 레크리에이션 섬을 만들 것을 제안했다. 사용자는 보트나 플로팅 보행교를 이용하여 출입할 수 있다. 풀은 건물의 중앙에 위치해 있고 바, 개인 캐빈, 갱의실, 휴게실, 샤워 및 사우나실, 기계실 같은 부대시설로 둘러싸여 있다. 어린이들을 위하여 작고 얕은 풀도 제공되었다.

강물은 풀 바닥에 있는 직물 막을 통하여 정화될 수 있다. 연중 사용하기 위하여 겨울에는 풀장은 아이스링크로 변환된다.

---

64) Bridgette Meinhold(2012), Floating Pool Could Clean the Water in Prague's Vltava River, inhabitat(http://inhabitat.com/floating-pool-could-clean-the-water-in-pragues-vltava-river/)

Hong Kong

P_HK_01
Floating Cemetery

개요
Outline

건축가(Architects): Tin Shun But
위치(Location): Hong Kong
면적(Project area): - sqm
연도(Project year): 2010

그림 583
Floating Cemetery

(Source: http://www.archdaily.com/62362/columbarium-at-sea-tin-shun-but/)

그림 584
Ash Scattering at Floating Cemetery

(Source: http://www.archdaily.com/62362/columbarium-at-sea-tin-shun-but/)

그림 585
Roof of
Floating Cemetery

(Source: http://www.archdaily.com/62362/columbarium-at-sea-tin-shun-but/)

그림 586
Cremation in
Floating Cemetery

(Source: http://www.archdaily.com/62362/columbarium-at-sea-tin-shun-but/)

그림 587
Columbarium of
Floating Cemetery

(Source: http://www.archdaily.com/62362/columbarium-at-sea-tin-shun-but/)

Hong Kong P_HK_01
Floating Cemetery

설명(Description)[65]

세계의 인구가 기하급수적으로 증가함에 따라서, 2030년까지 과밀한 몇몇 나라에서는 '죽은 자를 위한 땅'이 없을 정도로 급격하게 육지 공간이 부족할 것으로 예상된다. 홍콩의 건축가 Tin Shun But의 플로팅 납골당은 증가하는 인구와 땅에 대한 증가하는 요구에 대응하고자 제시한 아이디어이다.

이 디자인은 영면 장소를 항구에 정착시키는 새로운 방식을 제안한다. 반면 잠재력은 있으나 버려졌던 지역이 새롭게 활력을 갖는 공공공간으로 탄생한다. 플로팅 납골당은 바다에서 매장하는 전혀 새로운 개념을 제공한다. 홍콩에서 묘지를 찾는 것은 극히 어렵다. 매장 공간은 제한되어 있기 때문에, 민간 묘지 공간은 가격이 매우 비싸고 (USD $36,000) 공공 묘지는 대기 기간이 너무 길다(최대 56개월). 따라서 사망자의 90% 이상이 화장되고 있으며, 시 당국은 향후 20년 동안 400,000 유골을 수용해야 한다.

불교적인 전통에 따라서, 사람들은 별세한 선조에게 좋은 휴식 공간을 제공하길 원한다. 유골을 위한 다층의 납골묘를 짓느냐 또는 묘지를 위한 땅을 개발하느냐는 논란이 있다. 따라서 건축가 Tin Shun But는 항구 근처에 플로팅 묘지를 제안하였다. 납골당은 땅으로부터 플로팅 영면 장소로 이동이고, 그것은 인간의 육신이 한 줌의 재로 변환됨을 보여준다. 방문객은 배를 타고 납골당에 가서 지정된 곳에 유골을 보관하거나 바다에 뿌릴 수 있다.

이 플로팅 납골당은 육지의 기존 묘지와 비교할 때 완전히 다른 분위기가 있다. 이 구조물은 일종의 인공 공원으로 참배객에게 좋은 바다 풍경을 제공한다. 항구 쪽의 위치는 도시개발계획에서 장애가 되지 않는다.

---

[65] Cilento, Karen(2010), Columbarium at Sea / Tin-Shun But, ArchDaily(http://www.archdaily.com/?p=62362). Suzanne LaBarre(2010), Dead in the Water: A Floating Cemetery for Hong Kong, A concept building gives a whole new meaning to burial at sea, Fast Company(http://www.fastcompany.com/1654972/dead-water-floating-cemetery-hong-kong)

건축가에 의하면 이 시설의 목표는 "다음 세계로의 이동"을 체험하는 것이다. 즉 수평선과 이 공간에 묻히거나 바다에 뿌려지는 생명체를 축하하는 바다의 종합체. 또는 죽은 사람의 유골 재를 바다에 뿌리는 대신에 육지에 계류되어 있는 플로팅 납골당에 모실 수 있다. 이런 경우 플로팅 납골당을 영원한 휴가를 위한 일종의 크루즈 선으로 생각할 수 있다.

반면, 생태주의를 추구하는 스웨덴에서는 시신을 액체 질소에 넣어 냉동시킨 후 분쇄하는 것이 현재 합법적이다. 가족에게는 어느 정도 불안감을 주겠지만, 화장보다는 이 방식이 보다 친환경적이라고 추정할 수 있다.

시 공무원들이 동경 교외의 납골당을 방문해서, 가족들이 지하에 있는 유골을 보기 위하여 스마트카드를 스캔하는 것을 보았는데, 즉 기억의 어두운 면을 ATM 인출기 같은 것으로 전환하는 것처럼 말이다. 방문객들은 꽃과 장식물을 가지고 갈 수 있으나, 그 장소를 떠날 때는 치워야 한다. 또 시간을 내서 납골당을 방문하기 어려운 때에는 언제나 인터넷으로 유골 앞에서 기도할 수 있다.

Japan

P_JP_01
Marine City

| 개요
Outline | 건축가(Architects): Kikutake Kiyonori
위치(Location): Japan, Hawaii
면적(Project area): – sqm
연도(Project year): 1963 |

그림 588
Sketch for
Floating City, 1960

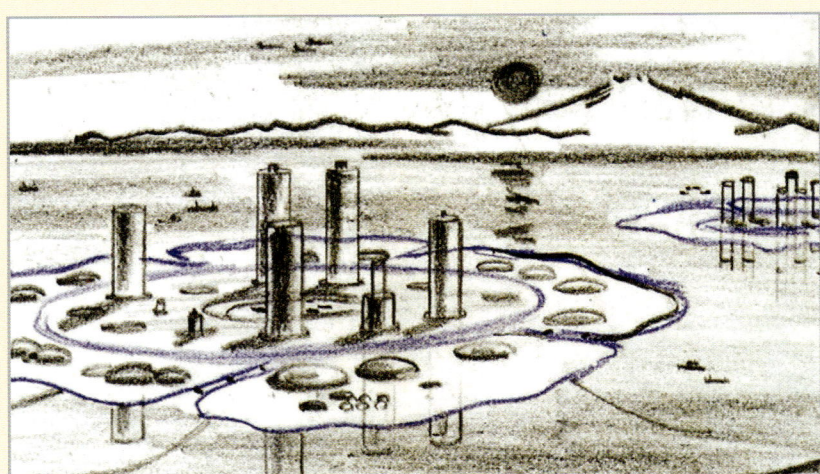

(Source: http://japanfocus.org/~Vivian-Blaxell/3386)

그림 589
Model for
Floating City, 1962

(Source: http://japanfocus.org/~Vivian-Blaxell/3386)

그림 590
**Floating City,
Hawaii, 1971**

(Source: http://japanfocus.org/-Vivian-Blaxell/3386)

설명(Description)[66]

1958년 동경시의 요청으로 Kikutake는 도시의 성장에 대한 계획을 구상한다. 그는 플로팅 도시를 위한 도면과 개요를 발표했다. 그 디자인은 실현되지 않았지만, 그는 지속적으로 1961년, 1963년 2개, 1968년 및 1971년에 플로팅 도시를 위한 개념, 개요, 계획을 발전시켰다. 그는 Metabolist 건축 원리와 해양 도시를 동시에 고려하는 창조적 공간을 발견하였다. 그의 비전은 너무 강력했고, 공학적 도전 정신이 철저했기 때문에, Buckminster Fuller 및 Paul Maymont과 함께, 그 분야의 선도적인 인물이 되었다. 즉 1960년대의 상당히 흥미롭고 비주류 건축 전통의 하나인 플로팅 도시 분야에서 말이다.

그는 전후 일본의 딜레마인 주거공간, 기술, 변화 및 인간 생활의 관계성 등에 대한 해결책으로서 제안한 것으로 그간 거주불가의 영역에 원초적이고 유기적으로 적응 가능한 인간 거주지를 검토하였다. 그의 플로팅 도시는 해양 주거지로서, 인간의 기술이 자원과 거주공간으로

---

66) Vivian Blaxell(2010), Preparing Okinawa for Reversion to Japan: The Okinawa International Ocean Exposition of 1975, the US Military and the Construction State, The Asia-Pacific Journal, 29-2-10(http://japanfocus.org/-Vivian-Blaxell/3386)

Japan R_JP_01 **Marine City**

 서 바다를 탐구하는 것이었다. 즉 Kikutake의 견해로는 인간 행복으로 이끌어 줄 유연한 공간의 재발견이었다.

 그의 비전은 미래지향적이고, 기술관료적이고, 로맨틱하고, 불가능한 것이었다. 그러한 기술은 아직 없는 상태였다. 그의 계획에는 상당한 비영토화, 병존, 재영토화가 있다. 플로팅 도시 디자인에서 인간 거주지를 선적인 공간인 대지로부터 유연한 공간인 바다로 이동시켰다. 그런 가운데 메타볼리즘 운동은 인간 주거지를 비영토화하고 바다를 재영토화하였다. 그의 플로팅 도시 디자인에서 도시는 극단적으로 유목민처럼 떠다니도록 되었고, 모듈화되고 메타볼릭하게 되었다. 즉 어떤 고정적인 지점에 정착되지 않았다. 필요하거나 요구되면 도시 전체나 일부가 새로운 계류지로 이동할 수 있다. 유용한 생명이 종료되면, 플로팅 도시는 바다 바닥에 가라앉고, 해체 모드가 되고, 자유롭게 이동한다. 즉 해양생태계의 산호초처럼 플로팅 도시는 재영토화된다.

Japan

P_JP_02
Triton City

개요
Outline

건축가(Architects): Richard Buckminster Fuller
위치(Location): Tokyo, Japan
면적(Project area): – sqm
연도(Project year): 1967

그림 591
Model 1 of Triton City

(Source: https://cup2013.wordpress.com/tag/triton-city/)

그림 592
Model 2 of Triton City

(Source: https://sourceable.net/four-failed-modern-urban-planning-designs/#)

Japan — Triton City

그림 593
Connection of
Triton City

(Source: https://www.behance.net/gallery/richard-buckminster-fullers-triton-city-project/2971307)

설명(Description)[67]

트리톤(Triton)은 해상에 건립되고 교량에 의해 육지와 연결될 수 있는 정착된 플로팅 도시를 위한 개념이다. 그것은 아파트 같은 것을 가진 사면체 구조의 집합이다.

1960년대 초 Richard Buckminster Fuller는 일본 후원자로부터 동경만을 위한 4면체 플로팅 도시 중 하나를 디자인해달라는 부탁을 받았다. 지구의 3/4은 물로 덮여 있는데, 그 물은 탈염되고 오염되지 않는 방법으로 재순환된다. 그것들은 선박의 기술적인 자치권을 갖는 선박이나, 또한 항상 정박되어 있는 선박이다. 그들은 어느 장소이든지 가야만 하는 것은 아니다. 그들의 형태와 인간 생활 수용은 타협되지 않는다. 즉 선박에서의 주거 지역의 형태를 가져야 하는데, 선체는 최대의 경제성을 갖도록 빠른 속도로 건설되어야 한다. 플로팅 도시는 심

---

67) Richard Buckminster Fuller's Triton City project, Bēhance(https://www.behance.net/gallery/richard-buckminster-fullers-triton-city-project/2971307). Cup2013(2011), Triton City, CUPtopia(https://cup2013.wordpress.com/tag/triton-city/)

해의 타종부표처럼 가장 부유하기 쉽고 안전함이 확인되도록 디자인되었다. 경사면이 단이 지도록 만든 사면체 구조물 방식은 주민들이 고층으로 된 건물에서 떨어질 위험을 방지하기 위하여 적용되었다.

트리톤 도시는 5,000인의 주민을 위한 플로팅 유토피아로 의도되었는데, 사람들이 자원을 공유하고 에너지를 보존하도록 유도하기 위하여 디자인되었다. 불행하게도 중간에 일본인 후원자가 사망하였으나, 미국 도시개발부가 Buckminster Fuller에게 추가적인 디자인과 분석을 의뢰하였다. 그의 디자인은 도시가 쓰나미에 대항하고, 가능한 한 많은 외부생활을 제공하고, 떠 있는 물을 소비할 수 있도록 담수화하고, 각 주거에 프라이버시를 보장하고, 가장 적은 볼륨으로 가장 많은 표면적을 제공하는 4면체를 만들 것을 요구했다. 교육에서부터 오락 및 레크리에이션까지 모든 것이 도시의 부분이 될 것이다. 또한 Fuller는 낮은 운영비가 결과적으로 높은 거주 수준으로 이어질 것이라고 주장했다.

Japan

P_JP_03
Green Float

개요
Outline

건축가(Architects): Shimizu Corporation
위치(Location): Japan
면적(Project area): – sqm
연도(Project year): 2010

그림 594
Green Float

(Source: http://www.shimz.co.jp/english/theme/dream/greenfloat.html)

그림 595
Functions of Green Float

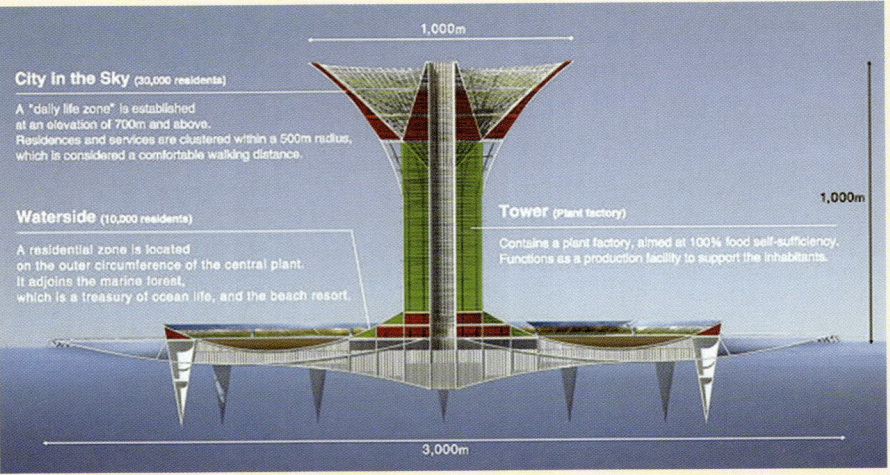

(Source: http://www.shimz.co.jp/english/theme/dream/greenfloat.html)

그림 596
Green Features of
Green Float

(Source: http://www.shimz.co.jp/english/theme/dream/greenfloat.html)

그림 597
Combinations of
Green Float

(Source: http://www.shimz.co.jp/english/theme/dream/greenfloat.html)

그림 598
Units of
Green Float

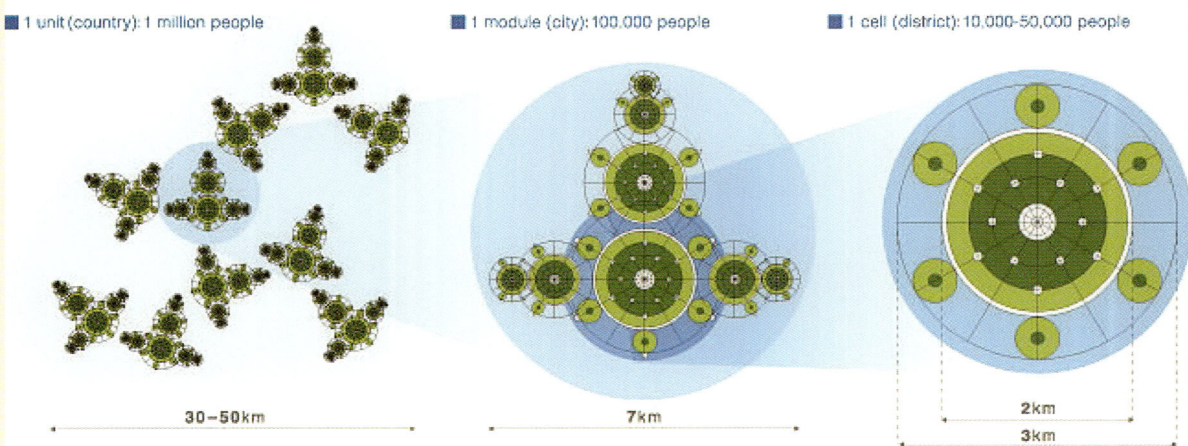

(Source: http://www.shimz.co.jp/english/theme/dream/greenfloat.html)

Japan P_JP_03
Green Float

설명(Description)[68]

미래의 플로팅 도시는 우리의 환경문제에 대한 많은 해결책을 찾아오고 있다. 즉 해수면 상승, 기온 상승 및 자원 감소. 최근 일본 건설회사인 Shimizu 건설은 완벽하게 자급자족적인 플로팅 에코토피아(Eecotopia)를 위한 계획안을 발표했다. 즉 에코토피아는 식생으로 덮여 있고, 필요한 전기를 생산하고, 식품을 재배하고, 쓰레기를 관리하고, 깨끗한 물을 제공한다.

Shimizu 건설은 최근 약간 황당한 개념을 가지고 열심히 개발해 왔는데, Green Float, 즉 생태환경 섬이 그것 중 하나이다. Green은 탄소 제로를 향한 이산화탄소 저감, 식품 자급자족 및 제로 쓰레기, 100% 재생에너지 등을 추구하는 개념이고, Float는 해수면 상승으로부터 섬 국가를 구하고, 지진이나 쓰나미의 충격에 적응하고, 태풍이나 허리케인으로부터 자유로운 개념을 말한다.

아마도 일본 근처인 무더운 지역을 위하여 디자인된 것으로, Green Float는 사람이 거주하며 일하고, 정원, 오픈 스페이스, 해변 및 심지어는 숲 등을 쉽게 얻을 수 있는 생태 초고층 도시를 갖는 일련의 플로팅 섬들을 위한 개념이다. 섬들은 모듈을 형성하며 상호 연결되고, 많은 모듈이 모여서 대략 100만 명의 도시를 형성한다.

섬의 중심에 있는 1,000m 타워는 주거, 상업 및 오픈 스페이스를 갖는 초고층 빌딩뿐만 아니라 수직 농장의 역할을 담당한다. 섬의 평지에 있는 녹색 공간, 해변 및 물 공급지는 전체적으로 보행거리 내에 있다. 섬을 위한 에너지는 태양, 바람, 바닷물 열 같은 재생에너지 자원으로부터 생산된다.

---

68) Bridgette Meinhold(2010), Futuristic Floating City is an Ecotopia at Sea, inhabitat(http://inhabitat.com/futuristic-floating-city-is-an-ecotopia-at-sea/). TRY2025 The Environmental Island -GREEN FLOAT, Shimizu Corporation(http://www.shimz.co.jp/english/theme/dream/greenfloat.html)

P_MEX_01
Floating Hotel_Maya

개요
Outline

건축가(Architects): Oceanic Creations, Sweden
위치(Location): Cancun, Mexico
면적(Project area): – sqm
연도(Project year): 2007

그림 599
Overview of
Floating Hotel_Maya

(Source: http://www.tu.no/bygg/2007/03/09/bygger-flytende-pyramidehotell)

그림 600
Site Plan of
Floating Hotel_Maya

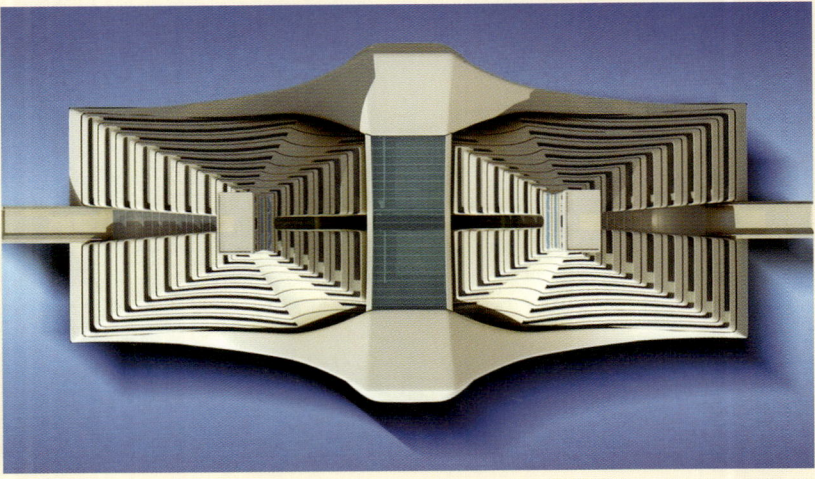

(Source: http://www.tu.no/bygg/2007/03/09/bygger-flytende-pyramidehotell)

Mexico — Floating Hotel_Maya

P_MEX_01

그림 601
Perspective of Floating Hotel_Maya

(Source: http://www.tu.no/bygg/2007/03/09/bygger-flytende-pyramidehotell)

그림 602
Elevation 1 of Floating Hotel_Maya

(Source: http://www.tu.no/bygg/2007/03/09/bygger-flytende-pyramidehotell)

그림 603
Elevation 2 of Floating Hotel_Maya

(Source: http://www.tu.no/bygg/2007/03/09/bygger-flytende-pyramidehotell)

설명(Description)[69] 　마야 호텔(Maya Hotel)은 스웨덴에 본사를 두고 있는 Oceanic Creations라는 회사가 계획하고 있는 대규모 피라미드 형태의 플로팅 리조트이다. 이 호텔은 카리브해의 멕시코 칸쿤(Cancun)에 설치될 예정이다. 또한 이 회사는 카지노, 인공섬 도시, 이동식 휴양 마을도 계획하고 있다.

　이러한 프로젝트를 가능하게 하는 것은 단열재를 내장한 독특한 플라스틱 복합 재료이다. 이 재료는 극한 및 극서의 모든 기후에 적합한데, 철재에 비하여 1/6로 가볍고 10배 강하며, 유지관리비도 30~40% 절감된다.

　이 재료를 이용하면 특히 두바이나 아부다비 등과 같이 조경에 많은 작업이 필요하고 일반적으로 건설에 모래와 진흙을 사용하는 나라에서 비용대비 효율성이 뛰어날 것으로 보고 있다.

　호텔 건물의 크기는 길이 220m, 폭 70m, 높이 70m 정도로 예상된다. 150,000,000리터/일 담수화 용량과 30메가와트 발전 용량을 갖춰서 거의 완전하게 자족적인 시설이 될 수 있을 것으로 예상된다.

---

69) Bill Christensen(2007), Maya Hotel Floating Pyramid Island In Caribbean Sea(http://www.technovelgy.com/ct/Science-Fiction-News.asp?NewsNum=984)

Qatar

P_QAT_01
Floating Stadium

| 개요
Outline | 건축가(Architects): stadiumconcept, Germany
위치(Location): Qatar
면적(Project area): 260,000 sqm
연도(Project year): 2011 |

그림 604
Floating Stadium
from Landside View

(Source: http://www.archdaily.com/138162/floating-offshore-stadium-stadiumconcept/)

그림 605
Floating Stadium
from Seaside View

(Source: http://www.archdaily.com/138162/floating-offshore-stadium-stadiumconcept/)

그림 606
Section of
Floating Stadium

(Source: http://www.archdaily.com/138162/floating-offshore-stadium-stadiumconcept/)

그림 607
3 Dimensional Diagram of
Floating Stadium

(Source: http://www.archdaily.com/138162/floating-offshore-stadium-stadiumconcept/)

그림 608
Comparison of
Queen Mary 2 and
Floating Stadium

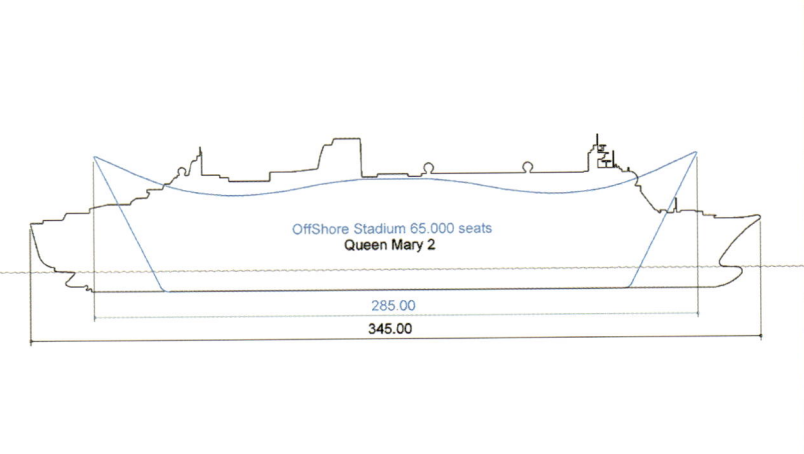

(Source: http://www.archdaily.com/138162/floating-offshore-stadium-stadiumconcept/)

Qatar P_QAT_01
Floating Stadium

설명(Description)[70]

독일 건축회사 stadiumconcept가 FIFA World Cup 2022를 위하여 개발한 해상 플로팅 스타디움으로, 독특하고 야심찬 개념을 보여준다. 해상 플로팅 스타디움은 바다를 건너서 다른 나라 해안도시에 재설치될 수 있는 유동적 구조물이다.

국제적인 이동성 덕분에, 이 스타디움은 예를 들면, FIFA 월드컵 같은 행사에 1회 이상 사용될 수 있기 때문에 전통적인 스타디움보다 훨씬 효율적이다. 사용된 시설을 다른 개최지로 실어 보냄으로써, 이러한 개념은 에너지 자원의 효율적인 사용을 희생하지 않고도 장기적인 투자의 적용을 극대화할 수 있는 미래지향적인 방법을 제안한다. 해상 플로팅 스타디움은 수열, 풍력 및 태양 에너지 같은 혼합된 재생에너지가 생태-효율적인 방식으로 공급된다.

해상 플로팅 스타디움의 이동성, 수십 년 사용 및 전반적인 생태-효율성은 전통적인 육상 스타디움 개념에 비하여 현저한 장점을 가져온다. 결과적으로 이러한 개념은 장기간에 걸친 투자자들에게 영구적인 재정적 이익을 갖게 하는 새로운 방식을 제안한다. 대중들에게도 마찬가지인데, 즉 최소한 세계의 많은 사람들이 즐길 수 있도록 만들어졌다.

영리적인 장기간 사용과 지속가능성은 이 해상 플로팅 스타디움으로 인하여 가능하게 되었다. 즉 이러한 방식은 21세기 스포츠 오락 건축을 위한 새로운 방식을 제안하고 있다.

국제적인 축구 경기 같은 대규모 행사 이후, 남아공에서와 같은 많은 실제 사례들을 보면, 중요한 재정적 자원이 불필요하게 낭비되었다는 결론이 도출된다. 이것은 주로 이후 두 번째 사용은 고려하지 않고 특정한 행사만을 위하여 요구되는 스타디움의 최대 용량의 과다한 사용이나 잘못된 사용에 기인한다. 이는 차후 대규모 축구 경기장

---

70) Sebastian Jordana(2011), Floating OffShore Stadium / stadiumconcept, ArchDaily(http://www.archdaily.com/?p=138162)

의 미사용으로 인한 모든 고정비용을 최종적으로 감당해야 하는 주최국 납세자들에게 경제적 불이익이 돌아간다. 이러한 스타디움은 대중들에 의해서 "흰 코끼리(돈만 많이 들고 더 이상 쓸모는 없는 것)"라고 불려진다.

많은 탐구적인 나라들은 추후 사용을 최적화하기 위해서 가변적이고 모듈화된 구조의 개발을 제안한다. 즉 적정한 수준인 지역의 클럽을 위한 미래 규모를 줄일 수 있도록. 이러한 해결방안—스타디움 건축의 기하학적 원칙에 따라서 달라지겠지만—일반적으로 가격이 올라가고 지속가능성 효과는 상대적으로 떨어진다.

경기장을 다른 운동 경기, 음악 콘서트 및 대중 행사 등 다목적으로 사용하는 것이나 호텔, 비즈니스 라운지, 회의장, 쇼핑센터 등과 같은 보완시설을 추가하는 것은 재투자하여 영구적으로 사용하는 대안적 방식이다. 그러나 그것이 국제적인 대회 경기장의 근본적인 문제를 해결하는 것은 아니다.

FIFA 월드컵이나 UEFA 유럽 축구 챔피언십 경기장을 수십 년 계획해 본 이후, 일반적인 대규모 스타디움 이벤트뿐만 아니라 국제적 스포츠 토너먼트의 차세대를 위한 근본적으로 새로운 스타디움이 제안되었다.

개념적인 장점을 고려해 볼 때, FIFA 월드컵과 대륙 간 토너먼트의 관련 주최국들의 높은 관심이 기대된다. 특히 카타르가 주최하는 2022 FIFA World Cup. 국제적으로 축구 결승전을 치를 만한 거의 모든 후보 주최국들이 바다로 접근이 가능하다는 점을 생각할 때, 이러한 독특한 모델은 가장 혁신적이고 지속가능한 세계적인 스타디움 개념을 실현할 수 있다. 이 시설의 생태-효율성과 장기 사용은 타의 추종을 불허한다.

해상 플로팅 스타디움은 국제적인 안전과 편안함 기준뿐만 아니라 FIFA와 UEFA 요구에 맞추기 위하여 현대적인 스타디움 형태에 기반한 기본적으로 '단순함 유지' 기술이다. 즉, 'Green Guide'나 유럽 표준 13200과 가장 최신 공학 기술에 바탕을 둔다.

Qatar P_QAT_01
Floating Stadium

일반적인 규모인 65,000석은 FIFA 월드컵 개막식과 결승전(국가 간 경기 규모)을 위하여 필요하다. 규모는 UEFA 최소 기준인 33,000석부터 88,000석까지 가능하며, 최대 시 거리와 C-값 90mm를 고려한다. 시선을 고려하여, 제시된 관람 품질은 FIFA 절대 최소 기준보다 50% 이상 높다. 콤팩트한 형태는 가격을 최적화한 디자인이다.

수직 프레임과 수평 슬래브의 리브 구조는 배에서와 같이 지지구조를 형성한다. 구조 개념은 지상 층과 단면 형태와 일치해야 한다. 플로팅 기초판—하나의 판이나 연결된 것으로 구축된—은 스타디움 상부를 받치고 있다. 스타디움 수면 하부에 있는 함체는 전체 구조체와 분리되어 있다.

다목적 사용을 위하여 일반적인 스타디움에서와 같이 개폐 가능한 지붕이 설치될 수 있다. 해상 플로팅 스타디움은 고 에너지 효율 디젤 엔진으로 작동된다. 즉 이 엔진은 플로팅 스타디움의 이동뿐만 아니라 난방과 전기 공급으로 기능이 전환된다. 대서양을 횡단하여 이동할 때는 견인 또는 미는 보트의 지원을 받는다.

Russia

P_RUS_01
Anaklia

개요 Outline

- 건축가(Architects): Arctic Trade And Transport Company, Russia
- 위치(Location): Southern Coastal Area of Russia
- 면적(Project area): – sqm
- 연도(Project year): 2009

그림 609
Anaklia 1

(Source: http://www.liveinternet.ru/users/4447151/post192446672/)

그림 610
Whole Structure of Anaklia

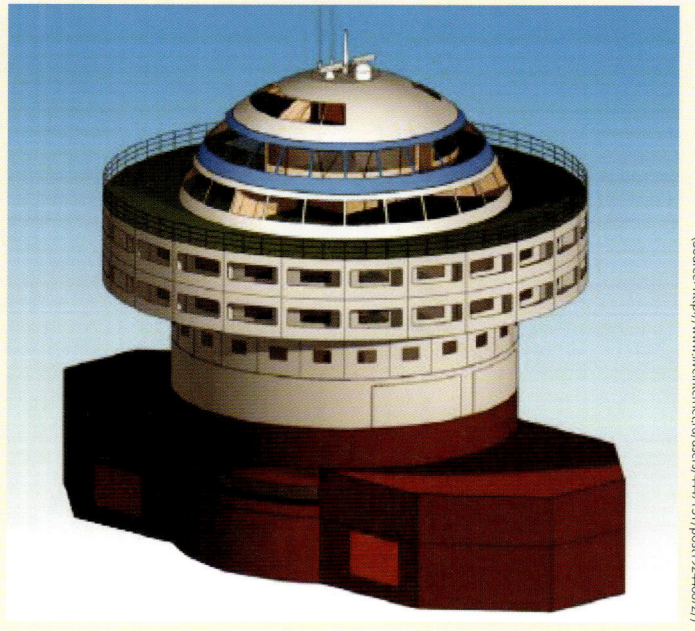

(Source: http://www.liveinternet.ru/users/4447151/post192446672/)

Russia

P_RUS_01
Anaklia

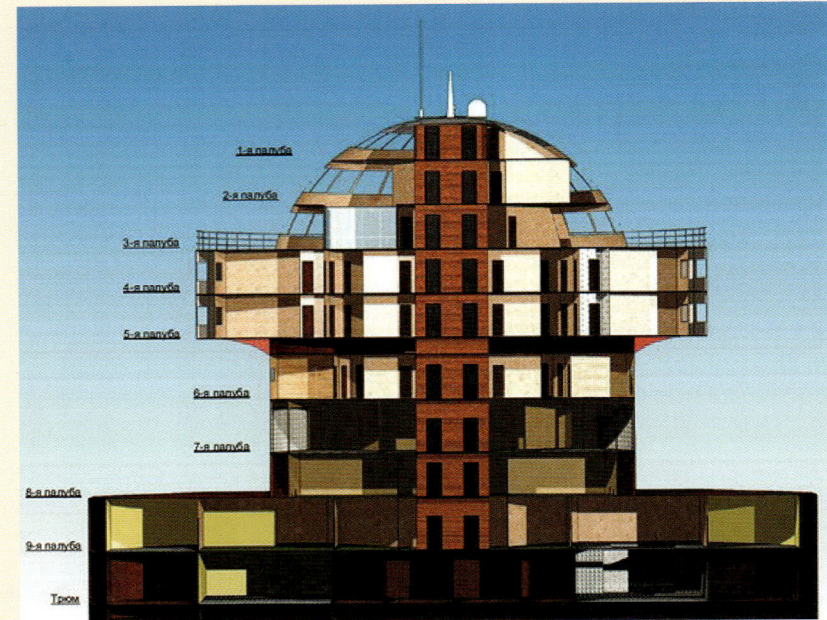

그림 611
Section Diagram of Anaklia

(Source: http://www.liveinternet.ru/users/4447151/post192446672/)

그림 612
Anaklia 2

(Source: http://www.liveinternet.ru/users/4447151/post192446672/)

설명(Description)[71]

러시아의 Arctic Trade And Transport Company가 개발한 해양 레저센터 Anaklia는 숙박, 관광, 비즈니스 미팅, 운동 경기 및 레크리에이션 등을 위한 시설로서, 풍부한 해양생물이 있으며 바람과 파도로부터 보호된 연안지역에 위치할 수 있다. 이 시설은 기 조립되어 있는 상태로서 설치장소로 예인하면 추가적인 작업 없이 바로 운영할 수 있다. 각종 설비는 해양생태계에 악영항을 주지 않도록 계획되었다.

상부 호텔 및 부대시설 부분은 높이 20.5m이고, 하부 기계실 부분은 높이 9.5m로 구성되어 있다. 상부 1층 부분은 다이빙, 수중관망대, 식당, 수족관 등이 있고, 2층~4층 부분은 영화관, 체육관, 사우나, 오락시설, 카지노 등이 있다. 5층~6층 부분은 5성급 호텔 객실로서 각 100m^2이며, 7층~9층은 바, 디스코텍, 클럽, 각종 레크리에이션, 상점, 회의실 등이 있다.

건축주의 요구에 의해서 다양하게 제작될 수 있는데, 잠수식, 반잠수식, 단일동식, 복수동(2동, 3동)식 등으로 구분된다. 이 시설과 육지 사이의 이동은 헬리콥터나 보트, 위그선, 잠수함 등을 이용한다. 전기는 적절한 디젤 발전기를 이용하거나 육지로부터 물밑으로 전기 케이블을 연결하여 공급 받는다.

---

[71] Marine Leisure Center "Anaklia"(http://nut-design.com/en/pages/project_anakliya). Flight-boat(2009), ANAKLIA Sea Hotel - floating underwater leisure center(http://www.youtube.com/watch?v=WwfQoaq_JJw)

Russia

P_RUS_02
The Ark

개요 Outline	건축가(Architects): Remistudio, Russia 위치(Location): – 면적(Project area): 14,000 sqm 연도(Project year): 2010

그림 613
The Ark on Water

(Source: http://www.archdaily.com/103324/the-ark-remistudio/)

그림 614
The Ark in Water

(Source: http://www.archdaily.com/103324/the-ark-remistudio/)

그림 615
Interior 1 of
The Ark

(Source: http://www.archdaily.com/103324/the-ark-remistudio/)

그림 616
Interior 2 of
The Ark

(Source: http://www.archdaily.com/103324/the-ark-remistudio/)

그림 617
Summer Energy Circulation of
The Ark

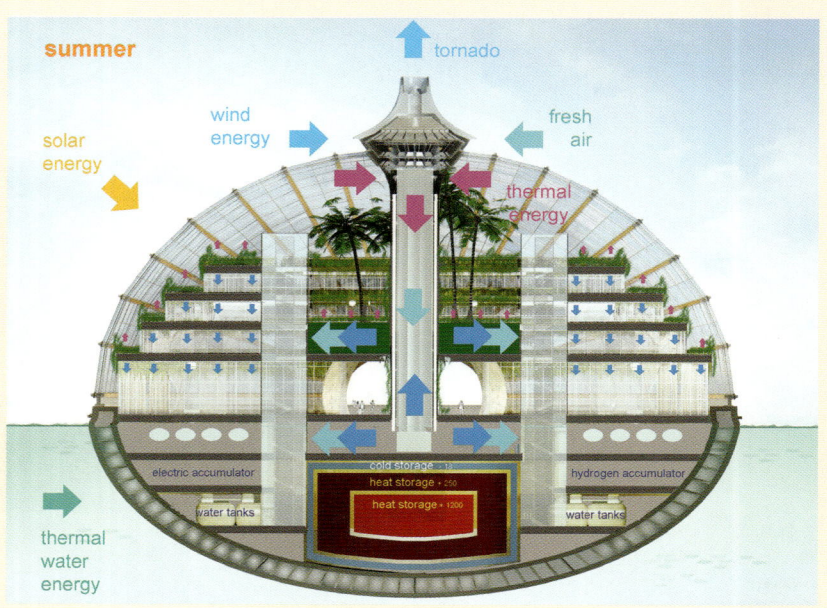

(Source: http://www.archdaily.com/103324/the-ark-remistudio/)

Russia — The Ark
P_RUS_02

그림 618
Winter Energy Circulation of The Ark

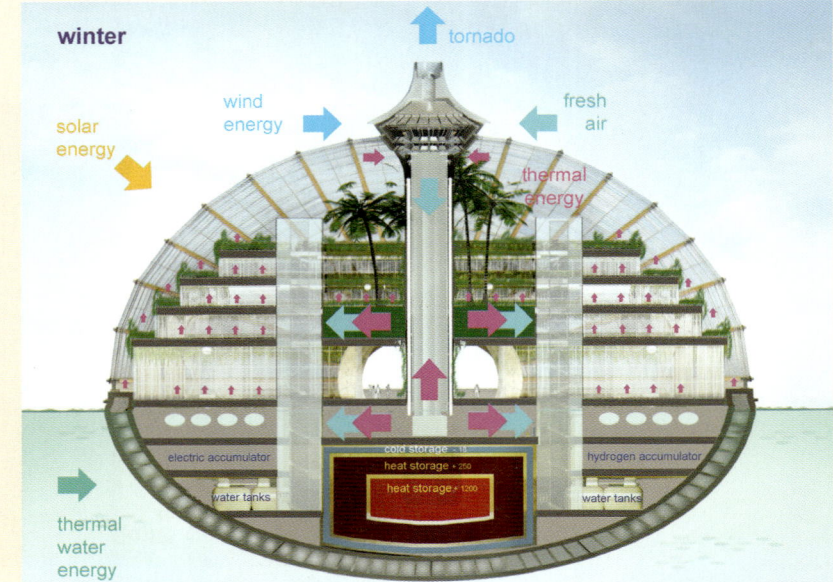

(Source: http://www.archdaily.com/103324/the-ark-remistudio/)

그림 619
The Ark 1 on Land

(Source: http://www.archdaily.com/103324/the-ark-remistudio/)

그림 620
The Ark 2 on Land

(Source: http://www.archdaily.com/103324/the-ark-remistudio/)

설명(Description)[72]

기후변화와 해수 레벨 상승을 고려하여, 러시아 건축가인 Remistudio의 Alexander Remizov가 설계한 생물기후학적인 호텔로서 극단적인 홍수에도 견딜 수 있다. 세계건축가연맹(UIA)의 〈재난 구제를 위한 건축(Architecture for Disasters Relief)〉 프로그램으로 이 플로팅 호텔이 디자인되었다. 아치 모양의 이 건물은 수면에 뜨고 자율적으로 떠다닐 수 있다. 물론 이 건물은 육지에도 건립될 수 있다.

건축가는 빨리 건립할 수 있고 구조적 통합성을 통하여 환경적 재난을 견뎌낼 수 있는 미래의 주택으로서 프로젝트를 계획했다. 또 폐쇄된 기능을 순환하는 요소를 포함하여 독립적인 생명지원 시스템을 갖춘 생물기후학적 건물로 디자인되었기 때문에 거주자들이 어떠한 환경에서도 몇 달 동안은 생존할 수 있다.

에너지 시스템은 태양전지를 이용하는데, 태양광을 잘 받을 수 있는 각도로 설치된다. 구조물과 접촉하고 있는 외부 공기나 물로부터의 열도 이용된다. 내부에 식생을 충분히 하여 생물기후학적인 건물이 되게 한다.

건축가는 호텔의 신축은 매우 빠르고 단순할 수 있다고 주장한다. 조립 가능한 부품으로 되어 있어서 3~4개월이면 건물이 완성될 수 있기 때문이다. 또한 어느 지역에서나 설치가 가능하고 건설 비용도 일반적인 에너지 효율적인 주택과 비슷할 것으로 본다.

---

[72] Anastasia Vdovenko(2010), Remistudio's Floating Ark Concept Battles Rising Tides, inhabitat(http://inhabitat.com/remistudios-massive-ark-building-can-save-residents-from-flood/). Antje Blinda(2011), A New Ark for Humanity, Floating Hotel Could Defy Rising Sea Levels(http://www.spiegel.de/international/zeitgeist/0,1518,737887,00.html). Furuto, Alison(2011), The Ark / Remistudio, ArchDaily(http://www.archdaily.com/?p=103324)

P_UAE_01
Floating Hotel

개요 **건축가(Architects):** Waterstudio, Netherlands
Outline **위치(Location):** Dubai, UAE
면적(Project area): – sqm
연도(Project year): 2007

그림 621
Floating Hotel

(Source: http://www.waterstudio.nl/projects/45)

그림 622
Night View of
Floating Hotel

(Source: http://www.waterstudio.nl/projects/45)

그림 623
Interior of
Floating Hotel

(Source: http://www.waterstudio.nl/projects/45)

그림 624
Floor Plans of
Floating Hotel

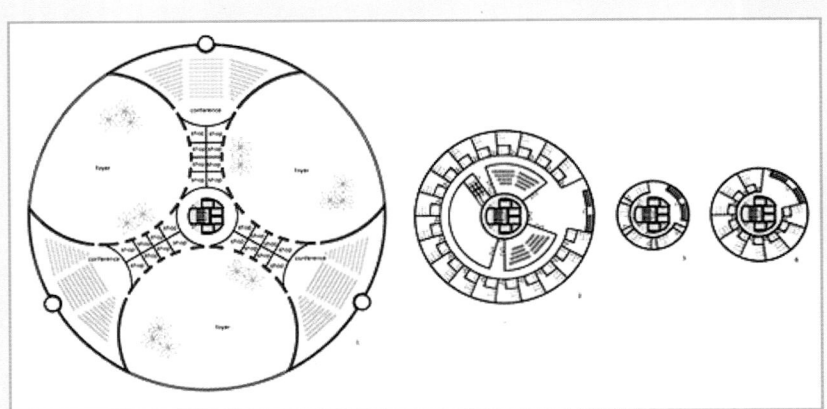

(Source: http://www.waterstudio.nl/projects/45)

설명(Description)[73]

네덜란드의 플로팅 건축 전문 건축사무소인 Waterstuio가 설계하고, 관련 플로팅 엔지니어링 전문 회사인 Dutch Docklands가 협동하여 제안한 계획안이다. 두바이 앞바다 물 위에 떠 있는 32층 높이의 호텔이다. 플로팅 건축의 장점을 살려서 매분 1도씩 회전한다. 모든 객실에 동등한 전망을 제공할 수 있는 장점이 있다.

기초는 약 10m 깊이의 함체가 될 것으로 예상된다. 통행은 호텔을 둘러싸는 플로팅 도로를 해안으로 연결하여 이루어진다. 네덜란드의 세계적으로 유명한 해양 플로팅 엔지니어링 전문회사인 Dutch Docklands가 철과 유리를 이용하는 구법으로 실시설계를 수행하여, 이 호텔은 안정된 구조체로 실현될 수 있을 것으로 보고 있다.

---

73) Dutch Docklands BV Homepage(http://www.dutchdocklands.com/page/96)

UAE

P_UAE_02
Floating Mosque

| 개요
Outline | 건축가(Architects): Waterstudio, Netherlands
위치(Location): Dubai, UAE
면적(Project area): – sqm
연도(Project year): 2007 |

그림 625
Overview of
Floating Mosque

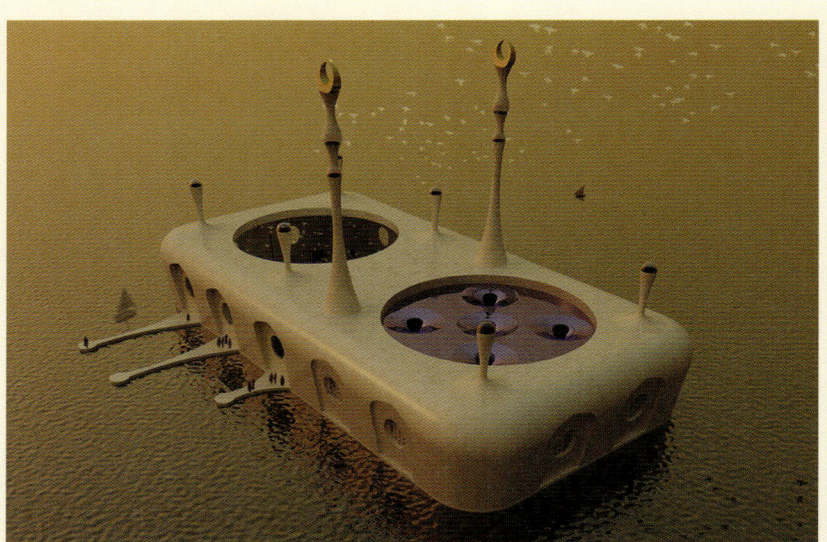

(Source: http://www.waterstudio.nl/projects/30#)

그림 626
Perspective of
Floating Mosque

(Source: http://www.waterstudio.nl/projects/30#)

그림 627
Interior 1 of
Floating Mosque

(Source: http://www.waterstudio.nl/projects/30#)

그림 628
Interior 2 of
Floating Mosque

(Source: http://www.waterstudio.nl/projects/30#)

그림 629
Water Circulation of
Floating Mosque

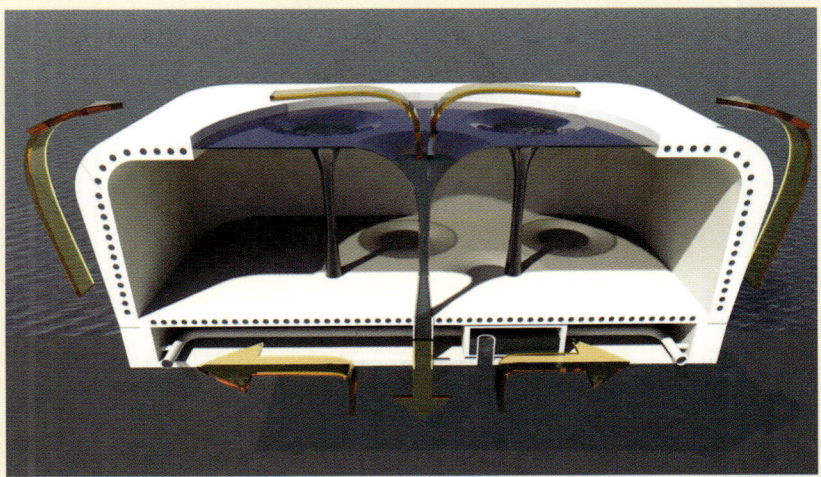

(Source: http://www.waterstudio.nl/projects/30#)

UAE Floating Mosque

설명(Description)[74]

이 플로팅 모스크는 전통적인 종교적 기능을 수용하면서 현대적으로 과감하게 디자인되었다. 이 건물은 전통적인 이슬람 아치와 2열의 투명한 플라스틱 기둥을 갖고 있다. 이 모스크는 콘크리트와 스티로폼으로 만들어진 대형 폰툰에 의해서 뜰 수 있으며 에너지 측면에서 거의 자급자족적이다.

이 건물 디자인에 도입된 2가지 친환경적인 요소를 보면 다음과 같다. 실내에는 깔때기 모양의 투명한 플라스틱 기둥이 있어서 지붕을 지지할 뿐만 아니라 햇빛을 끌어들여 실내를 밝힌다. 따라서 실내 조명을 위한 전기에너지가 상당히 절약된다.

또한 계절에 관계없이 온도가 일정한 바닷물을 여름철에 모스크의 지붕, 벽, 바닥 등에 매설된 파이프를 통하여 순환시킴으로써 건물 구조체의 온도를 낮출 수 있다. 이러한 시스템을 이용하면 15℃정도를 낮출 수 있기 때문에 냉방을 위한 전기에너지가 40퍼센트 이상 절감될 것으로 보고 있다.

지붕과 벽체는 거의 열을 흡수할 수 없는데, 외피는 매우 낮은 밀도의 스폰지 같은 세라믹 재질로 구성된 다공성 외벽 재료를 사용하기 때문이다. 두꺼운 외벽은 고밀도이기 때문에 열용량이 커서 에너지 관리 측면에서 유리하다.

---

74) James Reinl(2007), Floating Mosques for Palm & Creating a Modern Place to Worship, Focus Today, Emirates Today(2007.11.1), 1 & 18 page. Koen Olthuis and David Keuning(2010), Float! Building on Water to Combat Urban Congestion and Climate Change, Frame Publishers, p.219

P_UK_01
WaterNest 100

개요 Outline	건축가(Architects): Giancarlo Zema Design Group 위치(Location): London, UK 면적(Project area): 100 sqm 연도(Project year): 2015

그림 630
WaterNest 100

(Source: http://www.giancarlozema.com/waternest-100/)

그림 631
Solar PV of WaterNest 100

(Source: http://www.giancarlozema.com/waternest-100/)

UK P_UK_01
WaterNest 100

그림 632
Night View of
WaterNest 100

(Source: http://www.giancarlozema.com/waternest-100/)

그림 633
Living Room of
WaterNest 100

(Source: http://www.giancarlozema.com/waternest-100/)

그림 634
Dining Room of
WaterNest 100

(Source: http://www.giancarlozema.com/waternest-100/)

그림 635
Bedroom of
WaterNest 100

(Source: http://www.giancarlozema.com/waternest-100/)

설명(Description)[75]   생태친화 플로팅 주거 WaterNest 100은 EcoFloLife를 위하여 Giancarlo Zema가 설계하였으며, 100㎡의 주거단위이고, 직경 12m 높이 4m인데, 대부분 재사용된 집성목을 사용하였고, 하부는 재사용된 알루미늄으로 제작되었다. 발코니는 편리하게 측면에 위치하고 있으며, 큰 창문을 사용한 덕분에 물을 볼 수 있는 환상적인 조망을 즐길 수 있다.

욕실과 주방의 천창이 목재 지붕에 설치되어 있으며, 4KWp를 생산할 수 있는 60㎡ 무정형 PV 패널이 주거단위의 내부적 전기소요를 위하여 사용된다. WaterNet 100의 내부에는 다양한 거주나 작업 필요에 따라서 거실, 식당, 침실, 주방 및 욕실 또는 다른 공간이 설치된다. 이것은 생태 주택, 사무실, 라운지 바, 레스토랑, 가게나 전시를 위한 플로팅 공간으로 적합하다. EcoFloLife 카탈로그에서 선택된 가구는 최우수 디자인이고, 생태친화적이고 우아하여, 최상의 현대적 요구에 적합하다.

---

75) Giancarlo Zema Design Group Homepage(http://www.giancarlozema.com/waternest-100/)

UK WaterNest 100

　　WaterNest 100은 강이나, 호수, 만, 환상의 산호도 및 바다의 정수 구역에 설치될 수 있다. 재료의 사용이나 지속가능 생산 시스템으로 인하여 이 유닛은 98% 정도까지 재활용이 가능하다. 추가로, 실내 자연적 미세 환기 및 공기조화의 예민한 시스템 덕분에, 이것은 저에너지 주거단위로 분류된다.

　　WaterNest 100은 자연과 완벽한 조화를 이루면서 독자적, 배타적으로 거주하기를 원하는 사람들에게는 이상적인 해결책이다. WaterNest 100은 다양한 주거 또는 사무소 요구에 따라서 몇 가지 가능한 형태가 있다.

플로팅 건축,
새로운 건축 패러다임
Floating Architecture
as a New Building Paradigm

맺는 말
Epilogue

5년 동안의 발걸음이 새로운 시작으로

현재 우리나라에서 플로팅 건축을 건축물로 신축하는 것은 법제도 상의 문제로 인하여 거의 불가능한 상황이다. 연구기간 중 법제도화를 위하여 많이 노력하였으나 제대로 마무리하지 못했다. 건축법에서 위임된 것으로 판단되는 부분을 '군산시 부유식 건축물 조례'로 제정하고자 조례안을 제안하고 공청회도 열었으나, 군산시 건축과 담당자와 의견이 달라서 실현되지 못했다. 또한 국토교통부의 적극적인 협조도 아쉬웠다. 대안으로 군산시와 협조하여 '수면위에 건축하는 건축물의 적용의 완화 운영기준(군산시 고시 제2015-82호, 2015.6.15)'을 제정하였다.

국토부에도 여러 차례 방문하고 공식 비공식으로 플로팅 건축 제도화에 대한 의견을 전달했다. 현 정부에서 창조경제를 표방하고 있는데, 새로운 건축 유형인 플로팅 건축만큼 창조적인 건축도 찾아보기 힘들다는 생각이다. 국토교통부는 최근(2015.7.9) 대통령 주재 회의에서 '건축투자활성화 대책'의 일환으로 부유식 건축물 제도화 등 관련 법·제도를 4/4분기까지 정비하겠다고 발표하였다. 늦었지만 플로팅건축연구단의 노력이 현실화되는 느낌이고 필요하면 적극적으로 도울 생각이다.

다섯 번의 중간평가를 받으면서 매번 일부 평가위원들의 과제에 대한 이해가 부족하여 애를 먹기도 하였다. 특히 해양토목이나 조선 관련 분야 평가위원의 경우 자신의 전공 분야에 대한 이야기로 끌고 가서 초점이 흐려지기도 했다. 그러나 우리 연구단이 보완하고 대응을 잘해서 큰 문제없이 연구를 진행할 수 있었다.

기억에 남는 것은 연구단 출범 후 건축학회지에 특집으로 거의 모든 세세부 연구책임자가 플로팅 건축 전반에 관한 글을 게재했던 일, 매년 여름방학에 유럽과 미국의 플로팅 건축을 답사했던 일, 연구결과를 발표하기 위하여 몇 차례 해외학회에 참석했던 일, 서울시와 경기도 등에서 플로팅 건축에 대한 자문을 요청받아서 회의했던 일, 국토기술대전에 우리 연구단 부스를 설치했던 일, 매년 좋은 분위기에서 여러 차례 워크숍을 개최했던 일, 연 4회 우리 연구단 소식을 전하는 뉴스레터를 발간한 일, 건축신문과 해양 관련 잡지에 플로팅 건축에 대한 글을 실었던 일, 군산시 부유식 건축물 조례를 제정하고자 다양한 노력을 했던 일, 연구기간 말미에 목업(mock up)을 만들어 테스트한다고 법석을 떨었던 일 등이다.

아직 플로팅 건축을 낯설게 느끼는 사람이 많고, 땅도 많은데 왜 물에 건물을 지어야 하는가 하는 의문을 제기하기도 한다. 또한 육상의 건축에 비하여 플로팅 건축의 경제성을 묻는 사람도 많이 있다. 여러 가지 측면에서 플로팅 건축의 가능성과 타당성에 대하여 토론하고 알릴 필요가 있다. 그러나 적절한 시기가 오면 우리 연구단의 성과가 다양하게 실무에 적용될 것으로 기대하고 있다.

지난 5년간 플로팅 건축에 관심을 갖고 연구해오면서, 새로운 건축 유형을 접하게 되어 필자는 행복한 시간을 보냈다. 플로팅 건축은 기후변화에 따라서 세계적으로 관심이 증대되는 건축 유형이 되고 있다. 또한 지속가능성 측면에서도 플로팅 건축이 육지의 일반 건축보다는 유리한 측면이 많다. 환경적/경제적 측면의 지속가능성은 물론이고, 특히 자연과 가까이 하면서 편안하고 평화로운 분위기를 갖는 플로팅 건축은 사회/정신적 측면의 지속가능성도 매우 높다고 볼 수 있다.

연구단을 마무리함에 있어서, 우선 우리에게 이러한 기회를 제공해 주신 국토교통과학기술진흥원의 신혜경 전 원장님, 이재붕 원장님과 관계자에게 감사드린다. 5년간 세미나와 워크숍을 통해서 함께 많은 연구를 진행한 군산대, 한국해양대, 전남대의 참여 교수님 및 연구원, 위탁연구기관의 대표와 연구진, 참여기업 대표자, 연구단 행정지원에 고생한 문정인 선생님 등에게도 감사드린다.

해외 플로팅 건축 답사 시 협조를 아끼지 않은 네덜란드 DeltaSync의 Rutger de Graaf, Waterstudio의 Koen Olthuis, MVRDV의 Kyo Suk Lee(이교석), 스웨덴 SF Pontona의 Peter Santesson, Mats & Arne Arkitektkontor의 Arne, 미국 시애틀 시청의 Margaret Glowacki와 David B. Cordaro, 캐나다 International Marine Flotation Systems의 Dan Wittenberg, 플로팅 주택협회 임원 Sally, Don Bruchet, Everett McGowin, Paul Siniak 등에게도 감사의 뜻을 표한다.

또한 빠듯한 예산임에도 기꺼이 출판을 맡아준 (주)이음스토리 황용구 대표님과 좋은 아이디어를 제시하고 세세한 편집 작업을 도맡아 준 김성율 이사님과 출판디자인부 직원분들에게도 감사의 마음을 전하고 싶다.

우리나라의 경우 세빛섬이나 서울 마리나와 같이 플로팅 건축이 상업적인 용도에 한정되고 있으나, 좀 더 건축의 본질적인 측면을 고려한다면 주거건축이나 공공건축에 도입하는 방안도 적극적으로 검토해야 할 것이다. 앞으로 우리 플로팅건축연구단의 연구 성과가 초석이 되어 우리나라 강, 바다, 호수 등 곳곳에 다수의 플로팅 건축이 건립되고, 많은 사람들이 다양한 목적으로 이를 즐기는 상황을 상상해본다. 더 나아가 이러한 경험을 바탕으로 우리 관련 기업이 해외시장에도 진출하여 일자리도 창출하고 플로팅 건축의 글로벌화를 이룰 것을 기대한다.

참고자료 References

저 서
- 홍사영, 『초대형 부유식 해상구조물 설계매뉴얼』, 한국해양연구원, 2007.12
- Olthuis Koen and Keuning David(2010), *Float! Building on Water to Combat Urban Congestion and Climate Change*, Frame Publishers, 2010

논 문
- 문창호(2011), 「플로팅 호텔의 건축계획에 대한 사례연구」, 『한국항해항만학회지』 제35권 제6호, pp.515-522
- 문창호(2013), 「미주지역 플로팅 주거단지의 건축적 특징」, 『대한건축학회연합논문집』, 제15권 제2호(통권 54호), pp.129-137
- 문창호(2014), 「플로팅 건축에서 지속가능 요소 및 적용 방안에 대한 연구」, 『대한건축학회연합논문집』, 제16권 제4호(통권 62호), pp.79-87
- 박성신(2012), 「레저용 플로팅 건축물 설계를 위한 국내 마리나클럽 현황 및 공간구성에 관한 연구」, 『한국항해항만학회지』 제36권 제3호, pp.253-259
- Moon, Changho(2014), "Three dimensions of sustainability and floating architecture", *International journal of Sustainable Building Technology and Urban Development*, Vol. 5, No. 2, 123-127
- Moon, Changho(2015), Floating House for New Resilient Living, Proceeding of 2015 APNHR(The Asia-Pacific Network for Housing Research), Gwangju
- Watanabe E., Wang C.M., UTSUNOMIYA T. and MOAN T.(2004), Very Large Floating Structures: Applications, Analysis and Design, Core Report No. 2004-02, Center for Offshore Research and Engineering, National University of Singapore
- Koh, H.S. and Lim, Y.B.(2008), "Floating Performance Stage at the Marina Bay, Singapore: New Possibilities for Space Creation", *ASME 2008 27th International Conference on Offshore Mechan-*

ics and Arctic Engineering, pp.755-763
- Kiyonori, Kikutake(1977). The necessity of taking the sea as human habitat, Kenchiku Zasshi, Vol.92, No.1126, p.35

기 타

- 문창호(2014), 「플로팅 건축물의 법적 지위」, 대한건축학회지 『건축』, 제58권 제12호, pp.4-5
- 문창호(2014), 「플로팅 건축의 현황과 전망」, 『현대해양』, 2014년 8월, 9월, 10월
- Reinl, James(2007), "Floating Mosques for Palm & Creating a Modern Place to Worship", Focus Today, Emirates Today(2007.11.1.), pp.1 & 18

웹사이트

- 서울 마리나 야경, 씨케이의 사진 갤러리(http://blog.naver.com/PostView.nhn?blogId=imck81&logNo=80158290016)
- 서울 마리나 선유도 강변 산책, LEMIUEX(http://blog.naver.com/iccky/150185283077)
- 세빛섬 홈페이지(http://www.somesevit.co.kr/)
- 스페셜리포트, 이코노조선 2013년 11월 109호(http://economyplus.chosun.com/special/special_view.php?boardName=C01&t_num=7312)
- 여름밤의 플로팅 스테이지, 잉경소리(http://blog.naver.com/sorigag1/108032881)
- 여의도 물빛 무대 홈페이지(http://www.floating-stage.com/index.asp)
- 여의도 서울 마리나 야경, 내 안의 아날로그 감성을 만나다(http://blog.naver.com/PostView.nhn?blogId=yolizori&logNo=150138282745)Floating Homes Utrecht
- 여의도 한강의 명물 플로팅 스테이지, Project Seoul(http://blog.naver.com/demian67/20100826723)
- 프로포즈장소-서울 마리나클럽&요트, The Once(http://blog.naver.com/theoncejung/150183359427)
- 플로팅 스테이지 바이올린 연주회, 2010.05, 여행을 디자인하라(http://blog.naver.com/choihs1205/207365764)
- 플로팅 스테이지, 나의 포토 이야기(http://blog.naver.com/howard0325/50092135060)
- 한강 위의 인공섬: 한강 플로팅 아일랜드(Floating Island), 루네 (lunelake)(http://blog.naver.com/lunelake?Redirect=Log&logNo=110079911850)
- 10 floating homes Utrecht, ABC Arkenbouw(http://www.hollandhouseboats.com/project-construction/overview/floating-homes-in-utrecht)
- A striking contemporary home on the water | Steeltec37, 2013.1.12, SmallHouseBliss(http://smallhousebliss.com/2013/01/12/steeltec37-floating-home-at-the-lausitz-resort/)
- Adam Khan Architects Homepage(http://www.adamkhan.co.uk/)
- Agence France-Presse(2013), 10 dead, thousands evacuated as floods sweep Europe, INQUIRER.

- net(http://newsinfo.inquirer.net/420141/10-dead-thousands-evacuated-as-floods-sweep-europe)
- Aiola Island Bridge, pixgood.com(http://pixgood.com/aiola-island-bridge.html)
- Amphibious homes, Maasbommel, The Netherlands, Urban Green-Blue Grids for Sustainable and Resilient Cities(http://www.urbangreenbluegrids.com/projects/amphibious-homes-maasbommel-the-netherlands/)
- Anastasia Vdovenko(2010), Remistudio's Floating Ark Concept Battles Rising Tides, inhabitat (http://inhabitat.com/remistudios-massive-ark-building-can-save-residents-from-flood/)
- Antje Blinda(2011), A New Ark for Humanity, Floating Hotel Could Defy Rising Sea Levels(http://www.spiegel.de/international/zeitgeist/0,1518,737887,00.html)
- Aquapolis Heads for Shanghai Scrapyard, Japan Update(http://www.japanupdate.com/archive/?id=2615)
- AR-CHE Aqua Floathome by Steeltec37, 2011.12.7, contemporist(http://www.contemporist.com/2011/12/07/ar-che-aqua-floathome-by-steeltec37/)
- Architekten Martin Förster Homepage(http://www.architekten-mf.de/)
- Arctia Headquarters / K2S Architects, 2013.9.26, ArchDaily(http://www.archdaily.com/431501/arctia-headquarters-k2s-architects/)
- AUTARK HOME Homepage(http://www.autarkhome.com/)
- Autark Home, Mosa(http://www.mosa.nl/en/inspiration/references/?refslug=autark-home)
- Beth Buczynski(2013), 5 Amphibious Houses Built to Survive the Coming Floods, care2(http://www.care2.com/causes/5-amphibious-houses-built-to-survive-the-coming-floods.html)
- Beth Means and Bill Keasler(1986), A Short History of Houseboats in Seattle, the Seattle Floating Homes Association(http://www.seattlefloatinghomes.org/about/history)
- Bill Christensen(2007), Maya Hotel Floating Pyramid Island In Caribbean Sea(http://www.technovelgy.com/ct/Science-Fiction-News.asp?NewsNum=984)
- Bridget Borgobello(2013), Finnish shipping company gets floating HQ, Gizmag(http://www.gizmag.com/arctia-floating-office-k2s/29248/)
- Bridgette Meinhold(2010), Floating Dining Room Sets Sail on 1,672 Bottle Raft in Vancouver, inhabitat(http://inhabitat.com/elegant-floating-plastic-dining-room-in-vancouver/2/)
- Bridgette Meinhold(2010), Futuristic Floating City is an Ecotopia at Sea, inhabitat(http://inhabitat.com/futuristic-floating-city-is-an-ecotopia-at-sea/)
- Bridgette Meinhold(2011), Brockholes: UK's First Floating Nature Reserve Is Now Open For Exploration, inhibitat(http://inhabitat.com/brockholes-uks-first-floating-nature-reserve-is-now-open-for-exploration/)
- Bridgette Meinhold(2011), Cottonwood Cove Marina Set to be World's First LEED-Certified

- Floating Building, inhibitat(http://inhabitat.com/cottonwood-cove-marina-set-to-be-worlds-first-leed-certified-floating-building/)
- Bridgette Meinhold(2012), Floating Pool Could Clean the Water in Prague's Vltava River, inhabitat(http://inhabitat.com/floating-pool-could-clean-the-water-in-pragues-vltava-river/)
- Bridgette Meinhold(2012), Modular AR-CHE Aqua Floathome Enjoys On-The-Lake-Living in Germany, inhabitat(http://inhabitat.com/modular-ar-che-aqua-floathome-enjoys-on-the-lake-living-in-germany/)
- Brockholes Visitor Centre, Lancashire by Adam Khan Architects, 2012 RIBA Award Winners Announced(http://www.archdaily.com/247076/2012-riba-award-winners-announced-3/5_northwest_brockholes03ioana-marinescu/)
- Casappo & Associates Homepage(http://www.casappo.com/en/projects.html)
- Catherine Lazure-Guinard(2010), Floating Sauna, Nordic Design(http://nordicdesign.ca/floating-sauna/)
- Christana Nicole Photography Blog(http://blog.christanicolephotography.com/)
- Cilento, Karen(2010), Columbarium at Sea / Tin-Shun But, ArchDaily(http://www.archdaily.com/?p=62362)
- Coastal Floating Home Homepage(http://www.coastalfloatinghomes.info/index.htm)
- Connor Walker(2014), Jellyfish Barge Provides Sustainable Source of Food and Water, ArchDaily(http://www.archdaily.com/?p=569709)
- Costas Voyatzis(2008), The first floating hotel in Sweden(http://www.yatzer.com/The-first-floating-hotel-in-Sweden)
- Cottonwood Cove Marina, M SPACE(http://www.mspaceholdings.com/project/cottonwood-cove-marina)
- Cup2013(2011), Triton City, CUPtopia(https://cup2013.wordpress.com/tag/triton-city/)
- Darren Quick(2012), IBA_Dock: The green, floating building, gizmag(http://www.gizmag.com/iba-dock-floating-building/21941/)
- DENI KIRKOVA(2013), Meet the man who lives – and works – in an egg: Giant floating wooden pod is artist's studio and home, Associated Newspapers Ltd(http://www.dailymail.co.uk/sciencetech/article-2478313/Meet-man-lives—works—egg-Giant-floating-wooden-pod-artists-studio-home.html)
- Drijf in Lelystad / Attika Architekten, 2014.11.11, ArchDaily(http://www.archdaily.com/?p=564243)
- Dutch Docklands BV Homepage(http://www.dutchdocklands.com/)
- emhamvui(2011), In memories of Saigon Floating Hotel, SkyscraperCity(http://www.skyscrapercity.com/showthread.php?t=488700&page=117)

- EQUIPEMENTS CULTURELS PROJETS TERRE, Jacques Rougerie Architecte(http://rougerie.com.pagesperso-orange.fr/rea_proj2/cultuprj.htm)
- Eric Hunting(2010), Impact of the Financial Crisis on the Human Colonization of Space In(http://tech.groups.yahoo.com/group/luf-team/message/12488)
- Exbury Egg – House for Stephen Turner, e-architect(http://www.e-architect.co.uk/england/exbury-egg)
- exbury egg by PAD studio, SPUD group & stephen turner, designboom(http://www.designboom.com/architecture/exbury-egg-by-pad-studio-spud-group-stephen-turner/)
- Expo '75, Wikipedia(http://de.wikipedia.org/wiki/Expo_%E2%80%9975)
- Expo '75, World's Fair Photos(http://www.worldsfairphotos.com/expo75/postcards.htm)
- Fennell Residence Floats on River (Oregon, USA), Solaripedia(http://www.solaripedia.com/13/164/Fennell+Residence+Floats+on+River+%28Oregon%2C+USA%29.html)
- Flightboat(2009), ANAKLIA Sea Hotel – floating underwater leisure center(http://www.youtube.com/watch?v=WwfQoaq_JJw)
- Floating Baths on Vltava River, ANDREA JAŠKOVÁ ARCHITECT(http://www.andreajaskova.cz/en/1/projects/29/)
- Floating Dining Room / Goodweather Design & Loki Ocean, 2010.8.3, ArchDaily(http://www.archdaily.com/71382/floating-dinning-room-goodweather-design-loki-ocean/)
- Floating Home Association Pacific Canada Homepage(http://www.floathomepacific.com/index.htm)
- FLOATING HOME RENTALS, ImageJuicy(http://www.imagejuicy.com/images/pools/f/floating-pool/27/)
- Floating Homes Homepage(http://www.floatinghomes.de/)
- Floating Hotel Near Australia's Great Barrier Reef, Popular Mechanics, 1988.1, p.86(http://books.google.co.kr/books?id=IuQDAAAAMBAJ&pg=PA86&lpg=PA86&dq=floating+hotel+great+barrier+Reef&source=bl&ots=we5xnooT_9&sig=pB3yFrRnOMGOTT6oM7ERhxzAkso&hl=en&ei=yVjPTI2vC8Gclgf VxfGWBg&sa=X&oi=book_result&ct=result&resnum=2&ved=0CCEQ6AEwATgK#v=onepage&q=floating%20hotel%20great%20barrier%20Reef&f=false)
- Floating Hotel, Great Barrier Reef, Queensland Places(http://www.queenslandplaces.com.au/node/14069)
- Floating House / MOS Architects, 2008.12.29, ArchDaily(http://www.archdaily.com/?p=10842)
- Floating House, Building Butler(http://www.buildingbutler.com/bd/Waterstudio/Hamburg/Floating-House/4938)

- Floating Houses IJburg, Architectenbureau Marlies Rohmer(http://www.rohmer.nl/en/project/waterwoningen-ijburg/)
- Floating Houses in IJburg / Architectenbureau Marlies Rohmer, 2011.5.20, ArchDaily(http://www.archdaily.com/?p=120238)
- Floating mosque, United Arab Emirates, Waterstudio(http://www.waterstudio.nl/projects/30#)
- Floating Sauna, competitionline(http://www.competitionline.com/en/projects/52464)
- Floating Sauna, Norway - Hardangerfjord Building, 2009.2.26, e-architect(http://www.e-architect.co.uk/norway/floating-sauna)
- FLOATSTONE, 호텔해금강(야경), Panoramio(http://static.panoramio.com/photos/original/9692151.jpg)
- Furuto, Alison(2011), The Ark / Remistudio, ArchDaily(http://www.archdaily.com/?p=103324)
- Genbery Underwater Hotels Homepage(http://underwaterroom.com/the-story/)
- Giancarlo Zema Design Group Homepage(http://www.giancarlozema.com/waternest-100/)
- Graz Tourist Office Homepage(http://www.graztourismus.at/en/see-and-do/sightseeing/sights/island-in-the-mur_sh-1223)
- Haeahn Architecture Homepage(http://www.haeahn.com/index.do)
- Iba Dock / Architech, 2012.11.3, ArchDaily(http://www.archdaily.com/?p=288198)
- IBA DOCK: The floating climatic house, BES(http://www.bes-eu.com/en/architects-and-designers/solar-architecture/iba-dock-the-floating-climatic-house)
- Ingrid Spencer(2007), Fennell Residence, Architectural Record(http://www.calvertglulam.com/arch_record.pdf)
- International Marine Floatation Systems Inc. Homepage(http://www.floatingstructures.com/)
- Jacobine Das Gupta, ROTTERDAM FLOATING PAVILION: DUTCH ICON OF BUILDING ON WATER, 2010.10.18(http://thegreentake.wordpress.com/2010/10/18/rotterdam/)
- Jantzen Beach Moorage, Inc. Homepage(http://www.jbmi.net/)
- Japanese Architecture in Change, Geocities(http://www.geocities.ws/evhuang/japanarch/trans5.html)
- Jenny Soffel and Natasha Maguder, Can Rotterdam become the world's most sustainable port city?, 2013.8.26, CNN(http://edition.cnn.com/2013/08/19/world/europe/can-rotterdam-become-the-sustainable/)
- Joanna Seow(2014), Floating Platform 'dream backdrop' for NDP, SPH DIGITAL NEWS / ASIAONE GROUP(http://news.asiaone.com/news/singapore/floating-platform-%E2%80%98dream-backdrop%E2%80%99-ndp)
- Jonathan Fincher(2013), Manta Resort offers a private island where you sleep beneath the waves(http://www.gizmag.com/manta-resort-underwater-room/29852/)

- Jordana, Sebastian(2011), Floating OffShore Stadium / stadiumconcept, ArchDaily(http://www.archdaily.com/?p=138162)
- KAI 10 Homepage(http://www.kai10.de/en/)
- Kai 10, Location Award(http://www.location-award.de/fileadmin/redakteure/dokumente/presse/2010/Kai10_Floating_Experience_Locationfoto.jpg)
- KIYONORI KIKUTAKE, AQUAPOLIS, OKINAWA, 1975, Archive of Affinities(http://archiveofaffinities.tumblr.com/image/45851561964)
- Lake Erie Floating Homes Homepage(http://www.lakeeriefloatinghomes.com/)
- Lake Erie Floating Homes, Floating Object Database(http://db.flexibilni-architektura.cz/o/240)
- Lake Union Float Home by Designs Northwest Architects, 2011.11.18, HomeDSGN(http://www.homedsgn.com/2011/11/18/lake-union-float-home-by-designs-northwest-architects/)
- Lake Union Floating Home / Vandeventer + Carlander Architects, 2010.5.8, ArchDaily(http://www.archdaily.com/?p=58850)
- Lauren Payne, Dockers In New Jersey's only floating community, you can catch dinner out your window, 20084.30, New Jersey Monthly(http://njmonthly.com/articles/jersey-living/dockers/)
- Lausitzer Schwimmhauswerft, Wilde Metallbau GmbH(http://www.wilde-metallbau.de/lausitzer-schwimmhauswerft/)
- Leo Byrne(2014), How Saigon's premier night spot ended up in North Korea, NK News(http://www.nknews.org/2014/09/how-saigons-premier-night-spot-ended-up-in-north-korea/)
- Lloyd Alter(2007), Villa Nãckros: Swedish Floating Prefabs, treehugger(http://www.treehugger.com/modular-design/villa-nackros-swedish-floating-prefabs.html)
- Makoko Floating School / NLE Architects, 2013.3.14, ArchDaily(http://www.archdaily.com/?p=344047)
- Makoko Floating School, NLE Architects(http://www.nleworks.com /case/makoko-floating-school/)
- Manta Resort & the Underwater Room in Pemba Island, ideasgn(http://www.ideasgn.com/travel/manta-resort-underwater-room-pemba-island/)
- Marina Bay Floating Stadium viewed from Marina Bay Skypark, Panoramio(http://www.panoramio.com/photo/49828800)
- Marine Leisure Center "Anaklia"(http://nut-design.com/en/pages/project_anakliya).
- McFarland Marceau Architects Ltd. Homepage(http://www.mmal.ca/)
- Mercedes Martty, Failed Modern Urban Planning Designs, sourceable(https://sourceable.net/four-failed-modern-urban-planning-designs/#)
- Mike Hanlon, The floating Nackros Villa, gizmag(http://www.gizmag.com/go/5671/)

- Miki Megumi(2006), Tokyo's Waterfront City - first completed project, World Architecture News(http://www.worldarchitecturenews.com/project/2006/305/wan-editorial/waterline-in-tokyo.html?i=31)
- Molly Cotter(2011), Robert Oshatz's Floating Fennell House is a Passive Riverside Dream Home, inhabitat(http://inhabitat.com/robert-oshatzs-floating-fennell-house-is-a-passive-riverside-dream-home/)
- Mona Strande(2007), Bygger flytende pyramidehotell, Teknisk Ukeblad Media AS(http://www.tu.no/bygg/2007/03/09/bygger-flytende-pyramidehotell)
- Mt. Kumgang Tour Homepage(http://www.mtkumgang.com/)
- Murinsel, Wikipedia(http://en.wikipedia.org/wiki/Murinsel)
- Nick Gromicko and Kenton Shepard, Inspecting Floating Homes, InterNACHI(http://www.nachi.org/inspecting-floating-homes.htm)
- Not a Petroleum Refinery, Silly, it's an Aquarium, 2011.11.12, Jeffrey Friedl's Blog(http://regex.info/blog/2011-11-12/1883)
- Ocean Expo Park, Wikimedia Commons(http://commons.wikimedia.org/wiki/Category:Ocean_Expo_Park?uselang=en)
- Opening Drijvend Paviljoen, Team Van Maanen(http://www.tvm-c.nl/MVO
- Oregon Yacht Club Homepage(http://www.oregonyachtclub.com/)
- Randy Laybourne(2010), Sea Village Houseboats, Vancouver Is Awesome(http://vancouverisawesome.com/2010/05/17/sea-village-houseboats/)
- Richard Buckminster Fuller's Triton City project, Bēhance(https://www.behance.net/gallery/richard-buckminster-fullers-triton-city-project/2971307)
- River Kwai Jungle Rafts Homepage(http://www.riverkwaijunglerafts.com/)
- River Kwai Jungle Rafts, Google+(https://plus.google.com/s/River%20Kwai%20Jungle%20Rafts)
- River Kwai Jungle Rafts, panoramio(http://www.panoramio.com/photo/47578723)
- Robert Harvey Oshatz-Architect Part Two, KCMODERN blog(http://kcmodern.blogspot.kr/2010_04_25_archive.html)
- Ryo Saeba, The floating stadium, flickriver(http://www.flickriver.com/photos/ryosaeba/tags/singapura/)
- Saigon Floating Hotel Homepage(http://saigonfloatinghotel.com/)
- Saji Matuk, FLOAT House, Archinect(http://archinect.com/sajimatuk/project/float-house)
- Sakaigahama Marina Homepage(http://www.bella-vista.jp/marina.html)
- Salt & Sill Homepage(http://www.saltosill.se/)
- Sea Village' is False Creek's Most Unique Real Estate, 2010.11.15, False Creek Real Estate(http://

- falsecreekrealestate.ca/2010/11/sea-village-false-creeks-real-estate/)
- Sebastian Jordana(2011), Floating OffShore Stadium / stadiumconcept, ArchDaily(http://www.archdaily.com/?p=138162)
- Seoul Floating Islands / Haeahn Architecture + H Architecture, 2012.7.12, ArchDaily(http://www.archdaily.com/?p=252931)
- Seoul Floating Islands / Haeahn Architecture + H Architecture, 2012.7.12, ArchDaily(http://www.archdaily.com/?p=252931)
- Singapore-Travel Guide and Travel Info, Exotic Travel Destination(http://themisanthropesjournal.blogspot.kr/2011/08/singapore-travel-guide-and-travel-info.html)
- SmallBizConnect, Environmental Sustainability, Small Business Tool Kit(http://toolkit.smallbiz.nsw.gov.au/part/17/86/371)
- Social Sustainability, Wikipedia(http://en.wikipedia.org/wiki/Social_sustainability)
- Springer(2011), Aiola Island Bridge, ArchLinked(http://architecturelinked.com/profiles/blogs/aiola-island-bridge)
- square cloud, Kiyonori Kikutake, Aquapolis, Lower Hull Plan, Okinawa, Japan, 1975, tumblr(http://squarecloud.tumblr.com/post/66773861878/archiveofaffinities-kiyonori-kikutake)
- stadiumconcept design consulting Homepage(http://www.stadiumconcept.de/site/english.php)
- Stephen Turner's EXBURY EGG Blog(http://www.exburyegg.org/)
- Sumit Singhal(2014), MUR ISLAND in Graz, Austria by Acconci Studio, AECCAFE(http://www10.aeccafe.com/blogs/arch-showcase/2014/01/04/mur-island-in-graz-austria-by-acconci-studio/)
- Sustainability, Wikipedia(http://en.wikipedia.org/wiki/ Sustainability #Definition)
- Suzanne LaBarre(2010), Dead in the Water: A Floating Cemetery for Hong Kong, A concept building gives a whole new meaning to burial at sea, Fast Company(http://www.fastcompany.com/1654972/dead-water-floating-cemetery-hong-kong)
- The Float at Marina Bay, Wikipedia(http://en.wikipedia.org/wiki/The_Float_at_Marina_Bay)
- The FLOAT House – Make it Right / Morphosis Architects, 2012.8.2, ArchDaily(http://www.archdaily.com/?p=259629)
- The FloatHouse River Kwai Resort Homepage(http://www.thefloathouseriverkwai.com/)
- The FloatHouse River Kwai Resort, SERENATA Hotels & Resorts Group(http://www.serenatahotels.com/kanchanaburi-hotels/the-floathouse-river-kwai-resort-en.html)
- The John M.S. Lecky UBC Boathouse Homepage(http://ubcboathouse.com/)
- TRY2025 The Environmental Island –GREEN FLOAT, Shimizu Corporation(http://www.shimz.co.jp/english/theme/dream/greenfloat.html)
- Urbansun Floating Home, Bureau of Planning and Sustainability, City of Portland, Oregon, 2010

(http://www.portlandoregon.gov/bps/article/437433)
- Villa Näckros, Strindberg Arkitekter AB(http://strindberg.se/en/living/villa-nackros).
- Vivian Blaxell(2010), Preparing Okinawa for Reversion to Japan: The Okinawa International Ocean Exposition of 1975, the US Military and the Construction State, The Asia-Pacific Journal, 29-2-10(http://japanfocus.org/-Vivian-Blaxell/3386)
- Vivian Blaxell(2010), Preparing Okinawa for Reversion to Japan: The Okinawa International Ocean Exposition of 1975, the US Military and the Construction State, The Asia-Pacific Journal, Japan Focus29-2-10(http://japanfocus.org/-Vivian-Blaxell/3386)
- Waterstudio'nun Sele Dayanıklı Mimarisi, Enteresan(http://www.enteresan.com/haber/waterstudio-nun-sele-dayanikli-mimarisi.5wc.4.1.html)
- What Is Economic Sustainability?, wiseGEEK(http://www.wisegeek. org/what-is-economic-sustainability.htm)
- Wikimedia Commons(http://commons.wikimedia.org/)
- Zuuda Jr(2011), Unique Architecture of Floating House from Robert Harvey Oshatz, Viahouse.Com(http://www.viahouse.com/2011/03/unique-architecture-of-floating-house-from-robert-harvey-oshatz/)
- Морские (подводные) отели "АНАКЛИЯ", liveinternet (http://www.liveinternet.ru/users/4447151/post192446672/)
- ウィキペディア,マリンパーク境ガ浜, Wikipedia(http://ja.wikipedia.org/wiki/%E3%83%9E%E3%83%AA%E3%83%B3%E3%83%91%E3%83%BC%E3%82%AF%E5%A2%83%E3%82%AC%E6%B5%9C)

플로팅 건축,
새로운 건축 패러다임

Floating Architecture
as a New Building Paradigm

플로팅 건축 연표
Chronology of Floating Architecture

	Before 1970	1971~1980	1981~1990
Asia		Aquapolis (1975)_ Japan River Kwai Jungle Rafts (1976)_ Thailand	
Europe			
America	Oregon Yacht Club (1910)_ USA	Sea Village (1980년대)_ Canada	Sea Village Marina (1980)_ USA Tenas Chuck Moorage (1996)_ USA
Africa			
Oceania			

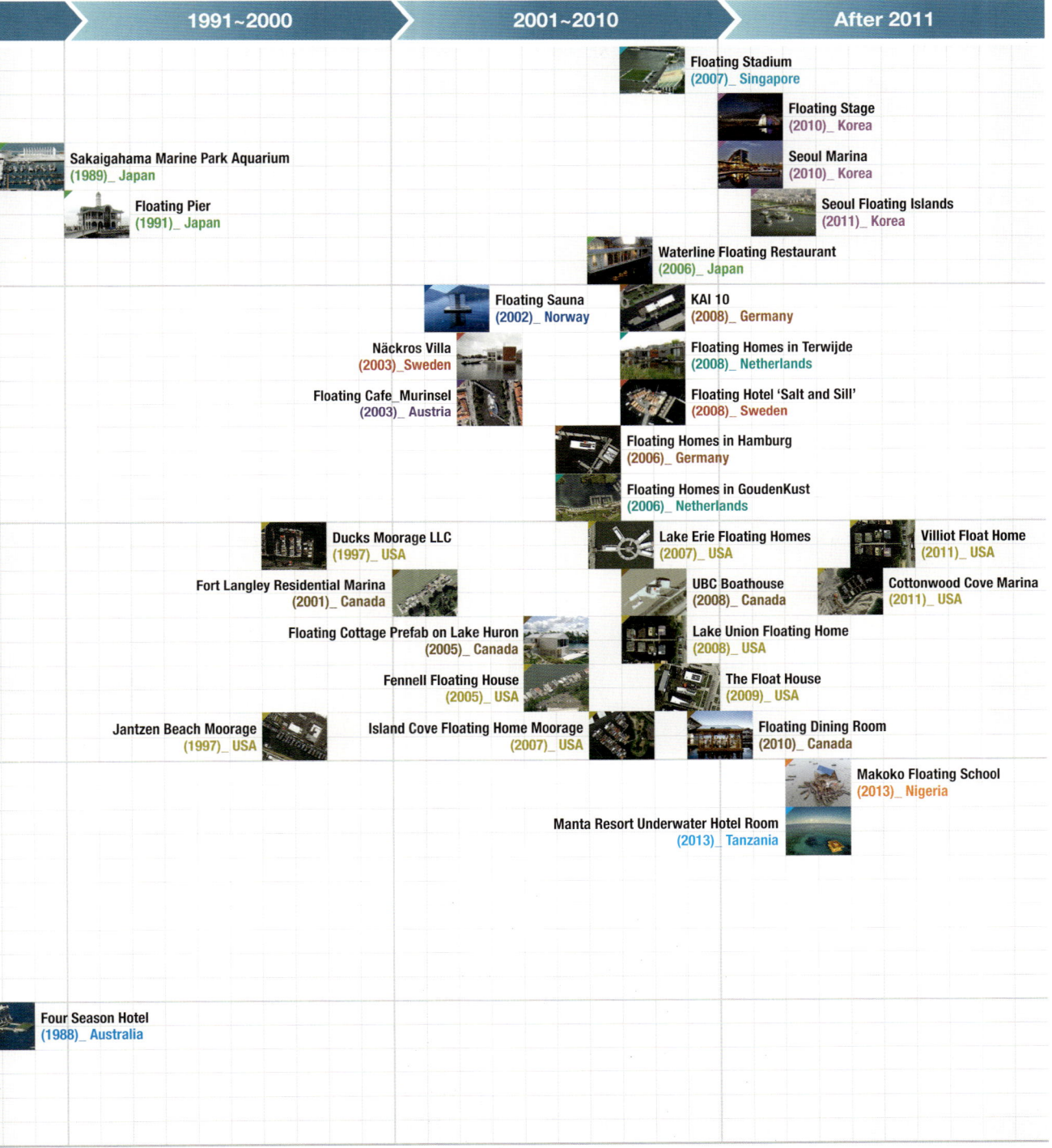

플로팅 건축 위치도
Location Map of Floating Architecture

Netherlands
- R_NL_01 Floating Homes in GoudenKust
- R_NL_02 Floating Homes in Terwijde
- R_NL_03 Floating Pavilion
- R_NL_04 Floating Houses in IJburg
- R_NL_06 Floating Homes in Lelystad
- R_NL_05 Autark Home

Sweden
- R_S_02 Floating Hotel 'Salt and Sill'
- R_S_01 Näckros Villa

Norway
- R_N_01 Floating Sauna

Finland
- R_FS_01 Arctia Headquarters

UK
- R_UK_01 Brockholes Visitor Center
- R_UK_02 The Egg Home

Austria
- R_AUS_01 Floating Cafe_Murinsel

Italy
- R_I_01 Floating Off-grid Greenhouse

Germany
- R_D_01 Floating Homes in Hamburg
- R_D_02 KAI 10
- R_D_03 IBA Dock
- R_D_04 AR-CHE Aqua Floathome

Korea
- R_KR_01 Floating Stage
- R_KR_02 Seoul Floating Islands
- R_KR_03 Seoul Marina

Japan
- R_JP_03 Floating Pier
- R_JP_04 Waterline Floating Restaurant
- R_JP_02 Sakaigahama Marine Park Aquarium
- R_JP_01 Aquapolis

Thailand
- R_THA_01 River Kwai Jungle Rafts
- R_THA_02 The FloatHouse River Kwai Resort

Singapore
- R_SIN_01 Floating Stadium

Nigeria
- R_NIG_01 Makoko Floating School

Tanzania
- R_TAN_01 Manta Resort Underwater Hotel Room

Australia
- R_AU_01 Four Season Hotel

R_CA_01
Riversbend Floating Homes

R_CA_02
Richmond Marina

R_CA_03
Ladner Reach Marina

R_CA_04
Fort Langley Residential Marina

R_CA_05
Sea Village

R_CA_07
UBC Boathouse

R_CA_08
Floating Dining Room

Canada

R_USA_03
Tenas Chuck Moorage

R_USA_11
Lake Union Floating Home

R_USA_14
Villiot Float Home

R_CA_06
Floating Cottage Prefab on Lake Huron

R_USA_02
Sea Village Marina

R_USA_07
Coastal Floating Home

USA

R_USA_13
Cottonwood Cove Marina

R_USA_08
Lake Erie Floating Homes

R_USA_12
The Float House

R_USA_01
Oregon Yacht Club

R_USA_04
Jantzen Beach Moorage

R_USA_05
Ducks Moorage LLC

R_USA_06
Fennell Floating House

R_USA_09
Island Cove Floating Home Moorage

R_USA_10
Newport Seafood Grill

플로팅 건축 위치도 Location Map of Floating Architecture

# 플로팅 건축,
새로운 건축 패러다임
Floating Architecture
as a New Building Paradigm

발행일	2015년 8월 10일
지은이	문창호
펴낸이	황용구
펴낸곳	(주)이음스토리
신고번호	제2015-000011호
신고일자	2011년 8월 25일
주소	서울특별시 성동구 성수일로4길 25, 812호
	(성수동2가, 서울숲코오롱디지털타워)
전화	02 964 0561
팩스	02 964 0563
홈페이지	www.eumstory.net
전자우편	eum@eumstory.net
책임편집	김성율
교정	정희주
디자인	정주영
인쇄	새한문화사

ⓒ 문창호, 2015
ISBN 978-89-98555-07-8(93540)

※ 이 책은 저작권법에 따라 보호를 받는 저작물이므로 무단전재와 복제를 금합니다.
　이 책의 전부 또는 일부 내용을 사용하려면 사전에 저작권자의 서면동의를 받아야 합니다.

이 도서의 국립중앙도서관 출판예정도서목록(CIP)은 서지정보유통지원시스템 홈페이지
(http://seoji.nl.go.kr)와 국가자료공동목록시스템(http://www.nl.go.kr/kolisnet)에서
이용하실 수 있습니다.(CIP제어번호: CIP2015020369)